农业主要外来入侵植物防控技术手册

◎ 张国良　付卫东　王忠辉　宋　振　张　岳　著

中国农业科学技术出版社

图书在版编目（CIP）数据

农业主要外来入侵植物防控技术手册 / 张国良等著. --北京：中国农业科学技术出版社，2023. 5

ISBN 978-7-5116-6228-6

Ⅰ. ①农… Ⅱ. ①张… Ⅲ. ①作物-外来入侵植物-防治-中国-技术手册 Ⅳ. ①S45-62

中国国家版本馆CIP数据核字（2023）第044487号

责任编辑 马维玲
责任校对 李向荣
责任印制 姜义伟 王思文

出 版 者 中国农业科学技术出版社
北京市中关村南大街 12 号 邮编：100081
电 话 （010）82109194（编辑室） （010）82109702（发行部）
（010）82109702（读者服务部）
网 址 https: // castp.caas.cn
经 销 者 各地新华书店
印 刷 者 北京建宏印刷有限公司
开 本 210 mm × 285 mm 1/16
印 张 16
字 数 472 千字
版 次 2023 年 5 月第 1 版 2023 年 5 月第 1 次印刷
定 价 128.00 元

著者名单

张国良　　付卫东

王忠辉　　宋　振

张　岳

《农业主要外来入侵植物防控技术手册》

前　言

外来物种入侵是全球性问题，严重影响入侵地生态环境及生物多样性，损害农、林、牧、渔业可持续发展，关乎国家安全和人民群众身体健康。粮食安全是“国之大者”，外来物种由于其突发性和不确定性，会给粮食等产业的安全生产造成极大隐患，需更加有效地进行防范。近年来，随着我国商品贸易和人员往来日益频繁，外来入侵物种扩散途径更加多样化、隐蔽化。面向未来，需进一步夯实、提升我国粮食产业外来物种入侵防控工作，以保障粮食产业健康发展和国家粮食安全，并促进全球生物安全和经济发展。

在国家“十四五”重点研发计划（2021YFD1400300、2022YFC2601404）、农业农村部病虫害疫情监测与防治2021—2022政府采购项目等项目支撑下，著者在现有工作基础上，采用国际通用的多指标综合评判风险分析等方法，对我国现有的外来入侵物种进行定性和定量评估。利用SOM工具对风险排序，初步筛选了100种对我国农、林、牧、渔业生产安全和粮食安全造成严重危害及潜在风险的外来入侵植物，在充分考虑行业和产业发展需求基础上，对个别植物进行调整。100种外来入侵植物分别属于31个科，其中，满江红科1种，商陆科1种，落葵科1种，石竹科1种，藜科1种，苋科8种，仙人掌科1种，莼菜科1种，罂粟科1种，十字花科1种，豆科6种，酢浆草科1种，牻牛儿苗科1种，大戟科3种，漆树科1种，锦葵科1种，柳叶菜科1种，小二仙科1种，伞形科3种，茜草科2种，旋花科4种，马鞭草科2种，茄科8种，玄参科1种，葫芦科1种，紫葳科1种，菊科32种，水鳖科1种，雨久花科1种，禾本科11种，天南星科1种。本书介绍的100种外来入侵植物中，大米草、水葫芦、仙人掌、薇甘菊、含羞草、马缨丹、南美蟛蜞菊7种被列入100 of the World’s Worst Invasive Alien Species；紫茎泽兰、水葫芦、假臭草、藿香蓟、豚草、三裂叶豚草、三叶鬼针草、互花米草、刺果瓜、刺苍耳等33种被列入《重点管理外来入侵物种名录》；节节麦、紫茎泽兰、飞机草、齿裂大戟、黄顶菊、假苍耳、野莴苣、毒麦、北美刺龙葵、银毛龙葵、黄花刺茄、假高粱等18种被列入《中华人民共和国进境植物检疫性有害生物名录》。这些入侵植物分布区域广、入侵生境多，侵占农田、果园、茶园、人工草地、养殖水塘等生态系统，危害水稻、小麦、玉米、蔬菜、油料、土豆、果树、茶叶、牧草、烟草等作物生产和水产养殖，毒害人类、牲畜，传播疫病，均为具有典型性和代表性的重大外来入侵植物。

书中所列物种，其内容包括每种入侵植物学名、中文名、英文名、异名、俗名、主要入侵生境、原产地、国内外分布、形态特征、田间识别要点、相似种鉴别要点、生物习性与生态特性、传播扩散与危害特点及主要防控措施等，同时选配入侵植物根、茎、叶、花、子实等原色图片。书中植物的属、种科学名和中文名与《中国植物志》新修订的版本保持一致，中国植物志尚未收录的植物科学名原则上与其原产地植物志或专业工具书保持一致。按照“一种一策”精准治理原则，明确每种植物的防控关键时期、分布重点区域和主要防控措施，指导地方因地制宜选用农艺措施、物理清除、化学防除、生物防治等技术措施，实施高效防控，为建立安全高效、经济可行的综合治理技术模式提供技术指导。

由于掌握资料有限，著者对书中筛选的外来植物入侵危害认知、潜在扩散风险识别存在局限性，难免有不足之处，恳请广大读者和使用者提出宝贵意见并指正。

著　者

2023年1月1日

目　录

1 细叶满江红

细叶满江红 *Azolla filiculoides* Lam. 隶属满江红科 Azollaceae 满江红属 *Azolla*。

【英文名】Water fern。

【异名】*Azolla japonica*、*Azolla pinnata* var. *japonica*。

【俗名】蕨状满江红、细满江红、细绿萍。

【入侵生境】常生长于水田、河流、池塘、湖泊等生境。

【管控名单】无。

一、起源与分布

起源：美洲。

国外分布：各大洲均有分布。

国内分布：江苏、浙江、江西、云南、台湾等地。

二、形态特征

植株：多年生水生漂浮植物，植株长 3~5 cm，披针形。

根：须根。

茎：根状茎横走、斜升或近直立。羽状分枝，分枝出自叶腋之外，且分枝数目少于茎生叶，自分枝下生出须根，伸向水中。

叶：叶无柄，互生，形如芝麻，覆瓦状排列，常分裂为背裂片和腹裂片两部分；背（上）裂片肉质、绿色、有膜质边缘，浮于水面，可进行光合作用，秋后变为紫红色，表面具乳头状突起，基部肥厚，于表层下形成共生腔，腔内具有与藻类共生的胶质；腹（下）裂片没入水中，膜质透明。

▲ 细叶满江红各部分形态（张国良　摄）

孢子果：孢子果成对着生于分枝基部的下裂片上，大孢子果呈橄榄形，内含 1 个大孢子囊，囊外有 3 个浮膘，囊内有 1 个大孢子；小孢子果比大孢子果大，呈桃形，内含 80~120 个小孢子囊，每个小孢子囊内有 64 个小孢子，分别埋藏在 6 个无色海绵体的泡胶块中，泡胶块上有锚状毛。

田间识别要点：细叶满江红与满江红的区别在于其植株形状不规则，呈近三角形，根状茎能斜升或近直立，呈羽状分枝，不是二歧状分枝，分枝出自叶腋外，而不是叶腋，孢子囊外的浮膘仅3个，而不是9个。

三、生物习性与生态特性

细叶满江红适应能力强，对温度的耐受幅度较广；有较强的耐低温能力，在短时间冰冻条件下可成功越冬；在中国新疆[①]，从3月底至10月在自然条件下可正常生长。当气温达到5 ℃时，开始恢复生长，15～20 ℃为最适生长温度，35 ℃以上停止生长。细叶满江红的无性繁殖是通过侧枝断裂和在主茎上形成次生侧芽进行，具有惊人的繁殖速度。在浙江南部的气候条件下，1年的繁殖次数（或繁殖量）为20～32次。其次是有性繁殖，结孢子果的高峰期分别在4—5月和10月至翌年1月，成熟期分别在5月底至6月初和11月底至12月初。形成孢子果的最适气温为日平均13～25.3 ℃。

四、传播扩散与危害特点

（一）传播扩散

1977年由中国科学院植物研究所作为绿肥和饲料从德国引种栽培，同年由广东省农业科学院土壤肥料研究所和温州市农业科学研究所从中国科学院植物研究所引种试验，之后随着各农业院所的引种在国内传播。现已广泛分布于长江流域。可随河流、沟渠、水禽活动在水体间传播；人类有意或无意的传播是其扩散的主要原因，如引种试验、船舶携带、园艺贸易等。

（二）危害特点

细叶满江红为河流、池塘、湖泊中常见杂草，覆盖河道，造成水下生物死亡，破坏水体生态系统。

五、防控措施

物理防治：对于发生量少的水面，可人工打捞；水田灌溉时，在出水口加过滤网；在河流静流处，湖泊的出水口、进水口，设置拦截网。

化学防治：在细叶满江红结孢子果前，可选择草甘膦等除草剂，均匀喷雾。草甘膦对鱼类和藻类有毒，在除草剂分解之前，水不能用于灌溉或放养。

生物防治：在自然水域释放取食细叶满江红的天敌昆虫象甲（*Stenopelmus rufinasus*）能取得较好的控制效果。

▲ 细叶满江红危害（张国良　摄）

①新疆维吾尔自治区简称新疆。全书中出现的自治区均用简称。

2 垂序商陆

垂序商陆 *Phytolacca Americana* L. 隶属商陆科 Phytolaccaceae 商陆属 *Phytolacca*。

【英文名】American pokeweed。

【异名】*Phytolacca decandra*。

【俗名】美洲商陆、美国商陆、十蕊商陆、洋商陆、美商陆。

【入侵生境】常生长于果园、茶园、荒地、林缘、路旁、住宅旁等生境。

【管控名单】属“重点管理外来入侵物种名录”。

一、起源与分布

起源：北美洲。

国外分布：亚洲、欧洲、非洲的热带和亚热带地区。

国内分布：北京、天津、河北、上海、江苏、安徽、浙江、福建、山东、河南、湖北、湖南、江西、广东、广西、重庆、四川、贵州、云南、陕西、香港、台湾等地。

二、形态特征

植株：多年生草本植物，植株高 1～2 m，全株光滑无毛。

根：肉质根粗壮，圆锥形，多分支，外皮淡黄色，有横长皮孔。

茎：茎直立，有时显蔓性；近肉质，圆柱形，带紫红色，棱角较为明显。

叶：无托叶，叶片长卵形或卵状披针形，长 9～18 cm，宽 5～10 cm，先端急尖，基部楔形，叶背面带紫色，羽状网脉，叶柄长 1～4 cm。

花：总状花序顶生或侧生，长 20～30 cm，小花 40～60 朵，花梗长 1～1.5 cm，粉红色，单被花，花被白色带红晕，雄蕊 10，心皮及花柱通常 10，合生，绿色，柱头具短喙。

子实：浆果黑色，扁球形；种子肾形，稍扁平，黑褐色，具光泽。

田间识别要点：叶互生，花被片 5，白色或淡红色，雄蕊 10，心皮 10，合生，果序下弯，果实扁球形，多汁液，熟时紫黑色。近似种商陆（*Phytolacca acinosa*）花序较为粗壮，雄蕊 8，心皮 8，分离，果序直立。

▲ 垂序商陆植株（张国良　摄）

▲ 垂序商陆茎（张国良　摄）

▲ 垂序商陆叶（张国良　摄）

▲ 垂序商陆花（张国良　摄）

▲ 垂序商陆子实（张国良　摄）

▲ 近似种商陆（张国良　摄）

三、生物习性与生态特性

垂序商陆对土壤要求不严，适应性强。繁育系统为自交、异交亲和，以自交为主。种子产量极高，每花序结实量 200～500 粒，每株结实量 1 000～10 000 粒，种子寿命可长达 39 年；种子千粒重为 6.43 g。种子种皮比较坚硬，具休眠特性；实验室条件下，垂序商陆的种子萌发率不高，播种后的第 20 天其累积萌发率为 18.5 %；种子用 98 % H_2SO_4 处理 40 min，再用 100 mg/mL 赤霉素处理 1 h，可提高种子的萌发率；对从鸟粪中分离出来的种子进行发芽试验显示，8 天后种子发芽率可达 84 %。在自然条件下，春季萌发，花期 6—8 月，种群花期 45～70 天，单花花期 2～3 天，果期 8—10 月。

四、传播扩散与危害特点

（一）传播扩散

垂序商陆 1932 年或更早被作为药用植物引入山东，1932 年首次在山东采集到该物种标本，《中国植物图鉴（第一版）》（1937 年）首次记载。垂序商陆主要以种子繁殖，也可以根茎繁殖。在自然环境中种子通过食果动物尤其是鸟类取食后，过腹排出传播，已成为其扩散的重要途径，有研究者在收集到的 70 份鸟粪样品中分离出 1 695 粒结构完整的垂序商陆种子。通过适生性评估，垂序商陆最适宜区为安徽南部、江苏中西部、湖北西南部、浙江、四川东部、重庆、湖南中西部、福建东部、贵州东北部、广西、广东东部和西部；次适宜区为北京、天津、河北东南部、河南、山东、宁夏北部、陕西中南部、甘肃东部边缘、安徽北部、江苏东部、湖北中北部、四川中部、湖南东部、江西、福建中西部、云南、贵州西南、广东中部、海南、台湾部分地区、西藏南部边缘。

▲ 垂序商陆危害（张国良　摄）

（二）危害特点

垂序商陆的茎具一定的蔓性，叶片宽阔，能覆盖其他植物，具化感作用，可抑制其他植物生长，导致其他植物生长不良甚至死亡；垂序商陆具有较为肥大的肉质直根，消耗土壤肥力。垂序商陆对环境要求不严格，生长迅速，在营养条件较好时，易形成单一优势种群，降低入侵地生物多样性。垂序商陆全株有毒，尤其是根部和果实，对人类及家畜均有毒害。

五、防控措施

农艺措施：在作物播种或定植前对土壤进行深度不少于 20 cm 的深耕，将土壤表层种子翻到深层，可有效抑制垂序商陆种子萌发，降低种子出苗率；结合栽培管理，在垂序商陆出苗期间，进行中耕除草，可有效控制其种群密度；清理农田附近田埂、边坡的垂序商陆植株，保持田园环境清洁，防止其扩散至农田。

物理防治：对于点状、零散发生的垂序商陆，在苗期或果实成熟前，可人工连根拔除；对于大面积发生的垂序商陆，可机械铲除。拔除或铲除的植株应统一收集，进行深埋、暴晒、烧毁等无害化处理。

化学防治：在垂序商陆苗期，可选择草甘膦等除草剂，茎叶喷雾。

生物防治：在入侵地种植紫穗槐（*Amorpha fruticosa*）、沙打旺（*Astragalus laxmannii*）、紫花苜蓿（*Medicago sativa*）等具有较好生态效益和经济效益的替代植物，可有效控制垂序商陆的种群扩散。

3 落葵薯

落葵薯 *Anredera cordifolia*（Tenore）Steenis 隶属落葵科 Basellaceae 落葵薯属 *Anredera*。

【英文名】Madeira vine。

【异名】*Boussingaultia gracilis*、*Boussingaultia cordifolia*、*Boussingaultia gracilis* var. *pseudobaselloides*、*Boussingaultia gracilis* f. *pseudobaselloides*。

【俗名】藤三七、藤子三七、川七、洋落葵、田三七、细枝落葵薯、藤七等。

【入侵生境】常生长于果园、农田、荒地、住宅旁、林缘、河边、公路等生境。

【管控名单】属“重点管理外来入侵物种名录”。

一、起源与分布

起源：南美洲中部与东部地区。

国外分布：巴拉圭、巴西、阿根廷、澳大利亚、新西兰、南非、克罗地亚等。

国内分布：浙江、福建、湖北、湖南、江西、广西、广东、重庆、四川、贵州、云南、澳门、台湾等地。

二、形态特征

植株：多年生缠绕藤本植物，具肉质蔓茎，长可达数米。

茎：肉质根状茎，老茎灰褐色，具外突皮孔，幼茎略带紫红色。

叶：具短柄，叶片卵圆形至卵状披针形，长 2～6 cm，先端急尖或钝，基部圆形或心形，全缘，稍肉质，叶腋常具小块茎（珠芽）。

花：总状花序具多数花，腋生或顶生，花序轴纤细，长 7～25 cm，下垂；花两性，有梗，苞片狭，长不超过花梗，宿存；花托顶端杯状；小苞片 2 对，花被状，上面 1 对扁平，圆形至宽椭圆形，宿存；花被 5 深裂，花直径约 5 mm，花被片白色，渐变黑色，顶端钝圆；雄蕊白色，与花被片同数且对生，花丝在蕾中反折，开花时伸出花外；子房卵球形，花柱 3，白色，柱头头状。

子实：胞果藏于宿存的花被及小苞片内，果皮稍肉质。

▲ 落葵薯植株（张国良　摄）

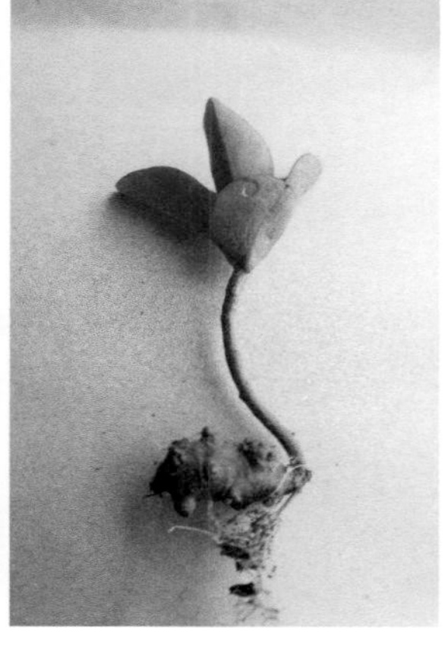
▲ 落葵薯幼苗（张国良　摄）

▲ 落葵薯茎（张国良　摄）

▲ 落葵薯叶（付卫东　摄）

▲ 落葵薯花（张国良　摄）

▲ 落葵薯子实（张国良　摄）

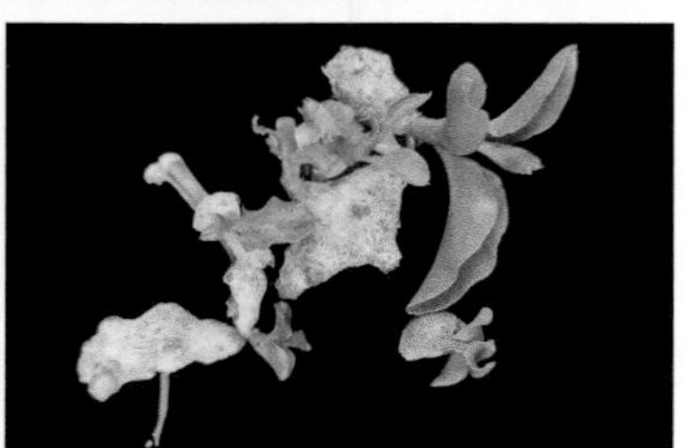
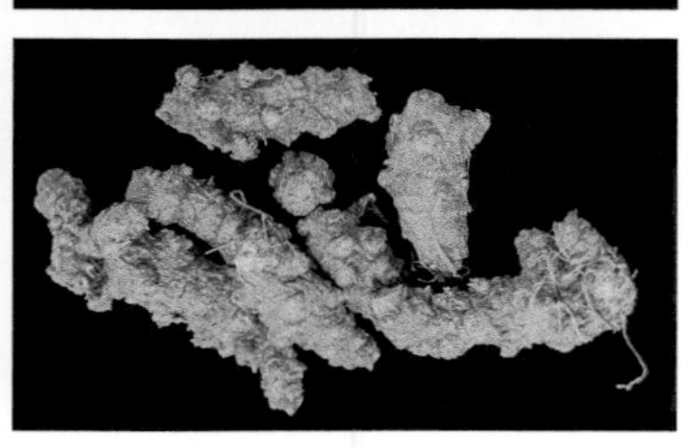
▲ 落葵薯珠芽与块茎（张国良　摄）

田间识别要点：缠绕草质藤本，总状花序，花具柄，花被花期开展。近似种落葵（*Basella alba*）花序为穗状，花被片肉质，淡红色或淡紫色，花期几乎不开展，花丝在花蕾中直立。

▲ 落葵（张国良　摄）

三、生物习性与生态特性

落葵薯 3 种繁殖方式为茎蔓扦插、珠芽、块根。珠芽营养物质积累越多对其萌发生长越有利，0.08～0.1 g 珠芽成活率为 95 %，0.9～1 g 以上珠芽成活率为 100 %，以珠芽重量为 1.4～1.5 g 出苗最壮、根最多。落葵薯珠芽繁殖能力很强，只要条件适宜，就可以长成新植株。块茎主要集中在根基部，当块茎从母体分离时，只要条件适宜，也可以长成新植株。藤蔓生长神速，1 周最快能长 1 m，1 个生长季能长 3～6 m；通过对落葵薯一年生植株 1 m^2 样方调查，地下部分生物量为 2.35 kg，其中块根重 1.25 kg，共有块根 210 个，单个块根鲜重

1～10 g，根系重 1.1 kg。地上部分生物量鲜重为 5.65 kg，其中茎 2.25 kg，叶 3 kg，珠芽 0.4 kg，共有珠芽 580 个，单个珠芽鲜重 0.045～1.5 g。落葵薯 3 月上旬顶芽和珠芽开始萌动进入生长期，4—10 月是主要生长期，形成大量珠芽，6—10 月珠芽物质积累最快。分枝主要是腋芽的部分珠芽萌发而成，花期 6—10 月，通常不孕，没有种子。

四、传播扩散与危害特点

（一）传播扩散

《经济植物手册》（1955 年）有记载，其名称为马德拉藤。于 20 世纪 20 年代作为观赏植物首次引入南京栽培。1926 年首次在江苏南京采集到该物种标本。落葵薯块根、珠芽、断枝都能进行无性繁殖。随人为引种栽培而传播，其繁殖体可随水流、农产品、农业机械、人类活动无意携带扩散。落葵薯适应性强，对土壤条件要求不严格，喜湿润，但也耐干旱，抗逆性强，无病虫害。可能扩散到华北地区。

（二）危害特点

落葵薯地上部分水溶液具化感作用，可抑制邻近其他植物的生长；落葵薯藤蔓可覆盖其他原生植物，影响其光合作用及土壤中种子的萌发，妨碍其生长，常形成单一优势种群，严重危害原生植物，破坏生态环境，降低物种丰富度，影响生物多样性。

▲ 落葵薯危害（①②③张国良　摄，④付卫东　摄）

五、防控措施

农艺措施：在春季、秋季，对农田、果园及周边的落葵薯植株进行清除，挖除根茎，把地里珠芽、藤茎、块根、断根清除干净，可减少落葵薯的危害；不定期对落葵薯进行刈割，可减少珠芽数量。

物理防治：对于点状发生区域，可人工铲除藤蔓，并挖出地下块根，同时清理散落的块茎、珠芽、藤蔓等，统一进行暴晒、粉碎或深埋等无害化处理；对于发生面积大的区域，可机械铲除，拔除地表藤蔓，彻底挖出地下块根，同时清理地上散落的块茎，统一进行暴晒、粉碎或深埋等无害化处理。

化学防治：落葵薯苗期，可选择草甘膦、草甘膦铵盐、甲嘧磺隆等除草剂，茎叶喷雾。

4 大爪草

大爪草 *Spergula arvensis* L. 隶属石竹科 Caryophyllaceae 大爪草属 *Spergula*。

【英文名】Corn spurry。

【异名】*Spergula linicola*、*Spergula sativa*、*Spergula maxima*、*Spergula vulgaris*。

【俗名】地松毛、飞机草。

【入侵生境】常生长于路旁、荒地、农田、草场、荒漠、河谷等生境。

【管控名单】无。

一、起源与分布

起源：欧洲。

国外分布：全球北温带地区，日本、印度、俄罗斯、墨西哥等。

国内分布：黑龙江、重庆、四川、贵州、云南、西藏、青海、新疆等地。

二、形态特征

植株：一年生草本植物，植株高 13～50 cm。

茎：茎丛生，多分枝，被疏柔毛，上部被短腺毛。

叶：叶片线形，长 1.5～4 cm，宽 0.5～0.7 mm，顶端尖，稍弯曲，具 1 条明显中脉，无毛或疏被腺毛；托叶小，膜质。

花：聚伞花序稀疏；花小，白色；花梗细，果时常下垂；萼片卵形，长约 3 mm，顶端钝，被腺毛，边缘膜质；花瓣卵形，全缘，顶端钝，稍长于萼片；雄蕊 10，短于萼片；子房卵圆形，花柱极短。

子实：蒴果宽卵形，直径约 4 mm，5 瓣裂，明显长于宿存萼；种子近圆形，稍扁，直径 1.2～1.3 mm，具狭翅，两面具乳头状凸起。

▲ 大爪草植株（付卫东　摄）

▲ 大爪草茎（付卫东　摄）

▲ 大爪草叶（付卫东　摄）

▲ 大爪草子实（①付卫东　摄，②张国良　摄）

田间识别要点：茎丛生，多分枝，被疏柔毛，叶片线形，聚伞花序稀疏；花小白色；花梗细，果时常下垂，蒴果宽卵形，5瓣裂。

三、生物习性与生态特性

大爪草以种子繁殖，分布于海拔2 000 m以下，年平均温度12 ℃以上地区；具抗逆性强、繁殖快、适应性广等特点。大爪草产籽率高，每株能结10～40个花蕾，到夏季、秋季每个花蕾能产生20粒左右籽粒，并且边开花边结籽，同一植株的上部还在开花下部的籽粒已经成熟；籽粒一般30天左右成熟。自然条件下，云南11—12月当土壤含水量为10 %～15 %时，埋藏于土壤表层4 cm以上的种子开始萌发、出苗；以幼苗越冬，翌年2—4月气温回升后生长迅速，单株常产生8～25个直立或倾斜的分枝，群体与作物等高，花果期4月中旬至5月初，产生大量种子落于田间。

四、传播扩散与危害特点

（一）传播扩散

大爪草1972—1979年从墨西哥引进小麦种时夹带传入云南。由于大爪草产籽量大，籽粒小，重量轻，除自身繁殖扩散外，还可借助风力、动物过腹等途径扩散。也可通过粮食贸易、牲畜贸易、作物种子调运远距离传播。可能扩散的区域为温带、亚热带地区。

▲ 大爪草危害（付卫东　摄）

（二）危害特点

大爪草入侵农田，可大量吸收土壤肥力，造成粮食作物减产甚至绝收的现象；常危害麦类、玉米（*Zea mays*）、马铃薯（*Solanum tuberosum*）、烟草（*Nicotiana tabacum*）、豆类、绿肥、蔬菜、荞麦（*Fagopyrum esculentum*）和燕麦（*Avena sativa*）等；据报道，当大爪草在小麦田的分布密度为3～5株/m^2时，小麦分蘖减少20 %～30 %，株高降低15 %～20 %，减产25 %～40 %。大爪草有同年多发性、再发性、发展快等特点，使防治成本增加。

五、防控措施

植物检疫：应加强对大爪草发生区域的粮食贸易、牲畜贸易、种子调运等货物及包装物的检验检疫。若发现大爪草种子，应对货物作检疫除害处理，并溯源，上报当地外来入侵物种主管部门。

农艺措施：对作物种子进行精选，剔除混入作物种子的杂草种子，提高作物种子的纯度；作物播种或定植前，对农田进行深度不小于20 cm的深耕，土壤表层杂草种子可翻至深层，降低大爪草出苗率；结合作物栽培管理措施，在大爪草出苗期间，进行中耕除草，可控制大爪草的种群密度；对田园周边的杂草植株进行清除，防止传入农田。

物理防治：对于点状、零散发生的大爪草，在苗期或开花结果前人工铲除或拔除。

化学防治：

小麦田：播后苗前，可选择乙草胺等除草剂，均匀喷雾，土壤处理；小麦苗期或拔节期，大爪草苗期，可选择苯磺隆、2甲4氯、氯吡·苯磺隆、绿麦隆、苯达松等除草剂，茎叶喷雾。

荒地、路旁：大爪草苗期，可选择2甲4氯、草甘膦、草铵膦等除草剂，茎叶喷雾。

5 土荆芥

土荆芥 *Dysphania ambrosioides*（L.）Mosyakin & Clemants 隶属藜科 Chenopodiaceae 腺毛藜属 *Dysphania*。

【英文名】Mexican tea。

【异名】*Chenopodium ambrosioides*、*Atriplex ambrosioides*、*Blitum ambrosioides*、*Ambrina ambrosioides*。

【俗名】杀虫芥、鹅脚草、臭草、臭杏、香藜草、洋蚂蚁草。

【入侵生境】常生长于荒地、农田、果园、河岸、道路、公路等生境。

【管控名单】无。

一、起源与分布

起源：美洲热带地区。

国外分布：全球热带和温带地区。

国内分布：上海、江苏、安徽、浙江、福建、湖北、湖南、江西、广东、广西、海南、重庆、四川、贵州、云南、香港、台湾等地。

二、形态特征

植株：一年生或多年生草本植物，植株高 50～100 cm，有强烈的刺激性气味。

茎：茎直立，多分枝，具棱，分枝常较细，被腺毛、短柔毛并兼有具节的长柔毛，有时近无毛。

叶：叶长圆状披针形至披针形，先端急尖或渐尖，边缘具稀疏不整齐的大锯齿，基部渐狭，具短柄；正面平滑无毛，腹面具散生黄褐色腺点并沿叶脉疏生柔毛；下部叶长可达 15 cm，上部叶片则渐狭小而近全缘。

花：花两性及雌性，通常 3～5 朵簇生于上部叶腋，再组成穗状花序；花被片 5，稀为 3，卵形，绿色；雄蕊 5，花药长约 0.5 mm；花柱不明显，柱头通常 3，较少为 4，丝状，伸出花被外，子房表面具黄色腺点。

子实：胞果扁球形，完全包于宿存花被内；种子横生或斜生，黑色或红褐色，平滑具光泽，边缘钝，直径约 0.7 mm。

▲ 土荆芥植株（张国良　摄）

▲ 土荆芥茎（付卫东　摄）

▲ 土荆芥子实（张国良　摄）

▲ 土荆芥叶（张国良　摄）

田间识别要点：全株具浓烈气味，茎直立具条棱，叶边缘具稀疏而不整齐的大锯齿，花通常3~5个团聚。近似种菊叶香藜（*Dysphania schraderiana*）叶边缘羽状浅裂至深裂，花序呈复合的二歧聚伞花序。

▲ 土荆芥花（张国良 摄）

三、生物习性与生态特性

土荆芥以种子繁殖，自交亲和，可产生大量种子，形成土壤种子库。种子具有较好的初始萌发能力，无休眠期，不需要任何特殊处理就能萌发。土荆芥种子为光敏性种子，在黑暗条件下，萌发率极低；种子萌发的最佳温度范围为15~20 ℃，低于5 ℃时不能萌发。土荆芥种子适合低温保存，在 −20 ℃和4 ℃条件下，种子储藏3个月，萌发率分别为86.3 %和84.7 %。在自然条件下，土荆芥在春季出苗，花果期6—10月。但在温暖地区，几乎全年均可见开花结果的植株。

四、传播扩散与危害特点

（一）传播扩散

何谏约撰写于清康熙末年的《生物药性备要》有记载，1891年土荆芥在中国台湾有分布记录。1864年首次在中国台湾台北采集到该物种标本。土荆芥种子量大，且细而轻，千粒重为（0.381 3 ± 0.01）g，饱满率为（42.5 ± 10.33）%，易于传播。种子可随人类各种干扰活动及交通工具进行传播、扩散。全国均为其潜在扩散区域。

▲ 土荆芥危害（张国良 摄）

（二）危害特点

土荆芥为常见路旁杂草。入侵农田，对于小麦（*Riticum aestivum*）、水稻（*Oryza sativa*）、小白菜（*Brassica rapa*）、莴苣（*Lactuca sativa*）、黄瓜（*Cucumis sativus*）、辣椒（*Capsicum annuum*）、豇豆（*Vigna unguiculata*）等多种作物具有化感作用，抑制作物根和茎的生长，导致作物减产，造成经济损失。土荆芥的入侵，可排挤和抑制本土植物生长，破坏生态系统，降低物种丰富度，影响生物多样性。土荆芥开花时花粉量大，是花粉过敏原，危害人体健康。

五、防控措施

农艺措施：春季作物播种前，对农田和果园进行深度不小于20 cm深耕，将土壤表层种子翻到深层，可降低杂草种子出苗；结合作物栽培管理，在土荆芥出苗期，对作物进行苗期除草、中耕除草，可有效控制杂草种群数量；在春季、冬季农闲时，对田园、果园及周边的杂草进行清理，可有效降低土壤种子库数量。

物理防治：对于点状发生区域，在土荆芥苗期人工连根拔除；对于片状发生区域，在土荆芥开花结实前机械铲除。

化学防治：从土荆芥苗期到花期前，可选择草甘膦、2甲4氯等常规除草剂，定向喷雾。

6 喜旱莲子草

喜旱莲子草 *Alternanthera philoxeroides* (Mart.) Griseb. 隶属苋科 Amaranthaceae 莲子草属 *Alternanthera*。

【英文名】Alligator weed。

【异名】*Telanthera philoxeroides*、*Bucholzia philoxeroides*、*Achyranthes philoxeroides*。

【俗名】空心莲子草、水花生、革命草、水蕹菜、空心苋、长梗满天星、空心莲子菜。

【入侵生境】常生长于池塘、湖泊、水库、水田、湿地、沼泽、沟渠、河道、田埂、草坪、果园、旱地等生境。

【管控名单】属“重点管理外来入侵物种名录”。

一、起源与分布

起源：南美洲的巴拉那河流域。

国外分布：阿根廷、玻利维亚、巴西、秘鲁、哥伦比亚、圭亚那、墨西哥、巴拉圭、美国、印度、印度尼西亚、老挝、缅甸、泰国、澳大利亚、新西兰等。

国内分布：北京、河北、上海、安徽、江苏、浙江、福建、山东、河南、湖北、湖南、江西、广东、海南、重庆、四川、贵州、云南、山西、陕西、香港、澳门、台湾等地。

▲ 喜旱莲子草植株
（①张国良　摄，②付卫东　摄）

二、形态特征

植株：多年生水生或陆生草本植物，具匍匐茎，长 50～150 cm。

根：水生型喜旱莲子草茎在节上形成须根，无根毛；陆生型喜旱莲子草具肉质储藏根，即宿根，茎节可生根。

茎：茎基部匍匐，上部斜升或全株平卧，中空，节上生细根。

叶：叶对生，叶片长椭圆形至倒卵状针形，先端尖或圆钝，全缘或有缺刻，具短柄。

花：头状花序单生于叶腋，球状，具 1～6 cm 的总花梗；苞片和小苞片膜质，白色，花被片 5，白色，基部略带粉红色。

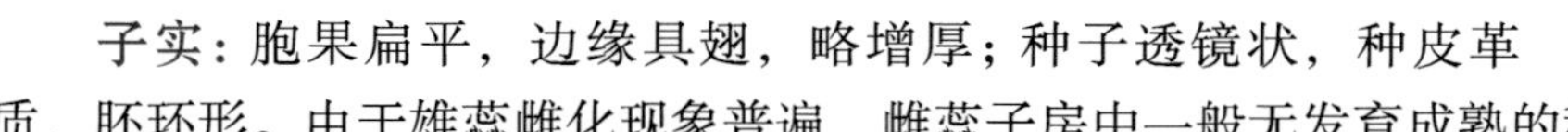

子实：胞果扁平，边缘具翅，略增厚；种子透镜状，种皮革质，胚环形。由于雄蕊雌化现象普遍，雌蕊子房中一般无发育成熟的种子。

田间识别要点：头状花序球形，单一，具 1～6 cm 的总花梗。近似种刺花莲子草（*Alternanthera pungens*）头状花序无总花梗，苞片及外花被片顶端具刺。

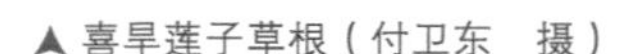

▲ 喜旱莲子草根（付卫东　摄）　▲ 喜旱莲子草茎（付卫东　摄）　▲ 喜旱莲子草叶（付卫东　摄）

三、生物习性与生态特性

▲ 喜旱莲子草花（张国良　摄）

喜旱莲子草3—4月根茎出土（或萌芽），花期5—11月，花期长，不结实或结实率低。旱生型喜旱莲子草的生长旺季为3—6月和9—11月，水生型喜旱莲子草的生长旺季为7—8月。

喜旱莲子草可塑性强，对光、温度、水分、养分、盐度等的耐受幅度均较广，对重金属、除草剂等的抗逆性强。生长发育温度范围为10～40 ℃，最适宜温度为30 ℃，低于5 ℃不能出芽。冬季水温降至0 ℃时，水面植株冻死，水下部分仍有生活力，同时能耐高达10 %的盐溶液，能够在重金属污染的土壤迅速生长，对土壤中的铜、锌、镉、砷、铅等具吸附能力。

四、传播扩散与危害特点

（一）传播扩散

20世纪30年代由日本人作为马饲料引种到我国上海郊区、浙江杭州种植。1958年开始，作为猪、牛饲料大面积推广种植，扩散到华东、华中、华南、西南地区，后逃逸为野生，并成为恶性入侵杂草。1930年首次在浙江宁波采集到该物种标本。喜旱莲子草茎中空，脆且易断裂，往往一段植株碎片或茎节就可能是一个新的侵染源，且茎节随水流、船舶、农业机械及人类活动传播。喜旱莲子草在1月等温线0 ℃以上的地区可以自然越冬，随着气候变暖，在黄河流域扩散危害逐年加重。

（二）危害特点

喜旱莲子草发达的根系与繁茂的茎叶危害农田，降低作物产量；覆盖水面，堵塞航道，影响人类水上经济活动；入侵公园、草坪等城市绿地，破坏园林景观，增加养护成本。繁殖力强，排挤其他植物，形成单一优势种群，降低植物群落的稳定性，严重影响生物多样性，破坏生态环境。植株体内含有皂苷，牲畜误食后会引起腹泻；滋生蚊蝇，且常附着有害寄生虫，传播各种人、畜疾病，危害人类和牲畜健康。

▲ 喜旱莲子草危害（张国良　摄）

五、防控措施

农艺措施：深秋和初冬 2 次深度不小于 20 cm 的深耕，使地下茎充分暴露在土壤表层，使其能被严寒冻死；夏季，结合耕作措施薄膜覆盖高温灭草，农事操作中耕除草；严格控制农田氮肥施用量，防止喜旱莲子草疯长。

物理防治：对于散生或不适宜化学防治的区域，可在喜旱莲子草营养生长期，人工或使用打捞船打捞水域中的喜旱莲子草，尽量将水中的根茎全部打捞出来，集中暴晒、烧毁；对于陆生型喜旱莲子草，需深挖，将地下的根和根状茎全部挖出，清除所有具有生命力的部分，集中暴晒、烧毁。

化学防治：

水稻田：在喜旱莲子草生长期，可选择 2 甲 4 氯、氯氟吡氧乙酸、麦草畏等除草剂，均匀喷雾。

玉米田：在喜旱莲子草生长期，可选择氯氟吡氧乙酸、氯氟吡氧乙酸 +2 甲 4 氯、麦草畏等除草剂，定向茎叶喷雾。

果园：在喜旱莲子草生长期，可选择氯氟吡氧乙酸、氯氟吡氧乙酸 + 草甘膦、乙氧氟草醚等除草剂，定向茎叶喷雾。

荒地、路旁：在喜旱莲子草生长期，可选择氯氟吡氧乙酸、草甘膦、草甘膦 + 甲嘧磺隆等除草剂，定向茎叶喷雾。

生物防治：4—5 月，最低气温回升到 10 ℃以上时，释放莲草直胸跳甲（*Agasicles hygrophilus*）成虫，每公顷释放约 3 000 头取食水生型喜旱莲子草，可控制其危害与蔓延。

▲ 连草直胸跳甲虫态及防治效果（付卫东　摄）

7 刺花莲子草

刺花莲子草 *Alternanthera pungens* H. B. K. 隶属苋科 Amaranthaceae 莲子草属 *Alternanthera*。

【英文名】Khaki weed、Creeping chaffweed。

【异名】*Alternanthera repens*、*Achyranthes repens*。

【俗名】地雷草。

【入侵生境】常生长于路旁、荒地、农田、公园绿地、河岸、草坪、海滨等生境。

【管控名单】无。

一、起源与分布

起源：南美洲。

国外分布：美国、澳大利亚、中南半岛、不丹、缅甸、泰国等。

国内分布：福建、广东、海南、四川、云南、香港等地。

二、形态特征

▲ 刺花莲子草子实（张国良　摄）

植株：多年生草本植物。

根：主根为粗壮直根，具分枝，膨大；茎节具须根。

茎：披散匍匐，密生伏贴白色硬毛，多分枝，常呈棕红色。

叶：叶对生，对生之两叶大小不等；叶片卵形、倒卵形或椭圆状倒卵形，最长处与最宽处近等长，顶端圆钝，具短尖头，具短柄。

花：头状花序无总花梗，1~3个，腋生，球形或矩圆形，白色；苞片披针形，长约4 mm，顶端有锐刺；小苞片披针形，长3~4 mm，顶端渐尖，无刺；花被片5，大小不等，近基部疏生柔毛，2外花被片披针形，花期后变硬，中脉伸出成锐刺，中部花被片长椭圆形，2内花被片小；雄蕊5，退化雄蕊边缘齿状，短于正常雄蕊；花柱极短。

子实：胞果宽椭圆形，极扁平，常包裹于宿存的多刺花被片中；种子细小，外表光滑，透镜状。

▲ 刺花莲子草植株（张国良　摄）

▲ 刺花莲子草茎（张国良　摄）

▲ 刺花莲子草（张国良　摄）

田间识别要点：头状花序，无总花梗，苞片及2枚外花被片顶端有刺。近似种匙叶莲子草（*Alternanthera paronychioides*）叶匙形，长1.5~2 cm。

三、生物习性与生态特性

刺花莲子草以匍匐茎和种子繁殖。具粗壮的直根，茎节处生大量不定根，可在地表迅速形成密集的垫子。种子产量大，几乎每一茎节的叶腋处均有成熟果实，且种子活力强，可在2年内保护萌发活性。刺花莲子草适应性强，具有一定的耐旱、耐盐能力。在自然条件下，花果期5—10月。

四、传播扩散与危害特点

（一）传播扩散

▲ 刺花莲子草子实（张国良　摄）

20世纪50年代初期先后在福建（厦门）和海南（昌江）被发现，最早于1957年在四川采集到该物种标本。通过货物贸易、旅行的行李和人畜携带等途径传播扩散。刺花莲子草在西南地区的传播可能与茶马古道上的商业活动紧密相关；福建的传播可能随人类的经济活动传入，来源于东南亚的海岛国家。刺花莲子草主要传播介质为种子，偶尔为植物片段。果实具刺，易附着于人类衣物、动物皮毛及汽车轮胎上，经货物运输（如粮食贸易）、人畜携带无意识的行为而传播，同时自然因素如风、水流等也有助于其传播扩散。

（二）危害特点

刺花莲子草属无意引入杂草，入侵途径不确定。在我国是一种外来入侵农田杂草。生命力强，扩散速度快，对本地作物造成较大危害。对猪和羊有毒，会使牛患皮肤病，同时，其花被片顶端变成刺，可扎伤人类和牲畜。

▲ 刺花莲子草危害（张国良　摄）

五、防控措施

农艺措施：对作物进行合理的密植，增加作物的覆盖度，减少刺花莲子草的入侵空间；作物播种或定植前，对农田进行深度不小于 20 cm 的深耕，将土壤表层杂草种子翻到深层，减少杂草出苗；农田施用的厩肥应腐熟后方可下田，减少厩肥中杂草种子。

物理防治：对于刚入侵、呈零散分布的刺花莲子草，发现后立即人工拔除；对于发生面积大的刺花莲子草，在开花结果前进行刈割，减少杂草种子量。拔除或刈割的植株应进行暴晒、深埋、烧毁等无害化处理。

化学防治：在刺花莲子草苗期，可选择草甘膦、2 甲 4 氯等除草剂，茎叶喷雾。

8 假刺苋

假刺苋 *Amaranthus dubius* Mart. ex Thell. 隶属苋科 Amaranthaceae 苋属 *Amaranthus*。

【英文名】Indian spinach、Marog、Wild spinach。

【异名】*Amaranthus dubius*。

【俗名】无。

【入侵生境】常生长于果园、苗圃、路旁、荒地等生境。

【管控名单】无。

一、起源与分布

起源：美洲热带地区及西印度群岛。

国外分布：欧洲、亚洲、非洲热带和亚热带地区。

国内分布：北京、安徽、浙江、福建、浙江、河南、江西、广东、海南、云南、台湾等地。

二、形态特征

植株：一年生草本植物，雌雄同株，植株高 30～150 cm。

根：根粗壮，具侧根。

茎：茎粗壮，直立或上升，分枝较少，下部无毛，上部被微柔毛，绿色或绿色带紫红色。

叶：叶片无毛或近无毛，略肉质，呈卵状菱形，长 8～12 cm，宽 7～9 cm，基部楔形，边缘全缘，先端钝，具凹口，小凸尖；叶柄长达 16 cm，绿色或绿色带紫红色。

花：花顶生和腋生，集成顶生穗状花序或圆锥花序，排列紧密，植株顶端圆锥花序几乎无叶，花序长 15～30 cm，圆锥花序侧生分枝开展至下垂；苞片膜质，三角状卵形，具直立的芒，短于花被片，长约 1.2 mm，宽 0.4～0.6 mm；雌花被片 5，膜质，长椭圆形，先端急尖，通常具短尖头，内轮花被长约 1.2 mm，外轮花被长 1.4～1.6 mm，柱头 3，流苏状；雄花着生于花序的顶端，偶见簇生呈团伞花序，花被片 5，相等或近等长，雄蕊 5，花药黄色，花丝白色，开花时花药伸出花被外。

子实：胞果卵球形或近球形，长 1.5～2 mm，稍短于花被，光滑至稍不规则皱缩，果皮规则横裂，横盖长 1 mm；种子透镜状或近球形，直径 0.8～1 mm，红棕色至黑色，光滑，具光泽。

▲ 假刺苋植株（张国良　摄）

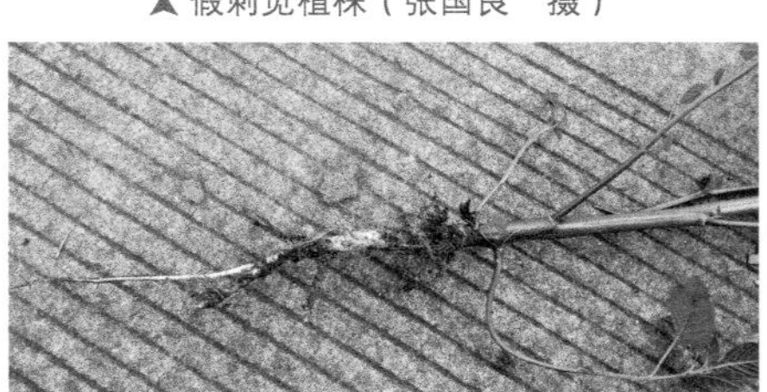

▲ 假刺苋根（王忠辉　摄）

▲ 假刺苋茎（①张国良　摄，②王忠辉　摄）

▲ 假刺苋叶（张国良　摄）

▲ 假刺苋花（①张国良　摄，②王忠辉　摄）

▲ 假刺苋子实
（①王忠辉　摄，②张国良　摄）

田间识别特征：圆锥花序松散，有较长的侧生穗状花序，与中央穗状花序近等长，偶见花序顶端下垂，雌花苞片比花被短，花期柱头较长。

三、生物习性与生态特性

假刺苋以种子繁殖，花果期9—11月，在热带地区全年花果期。据观察，假刺苋花序上的花排列紧密，数量较多，野外初步估算，每株种子量4 000～6 000粒。在广东潮州，自然条件下，种子可以全年萌发，花期为全年。在日间温度高于25 ℃、夜间温度不低于15 ℃条件下，假刺苋长势较好。喜肥沃、排水良好、结构松散土壤。

四、传播扩散与危害特点

（一）传播扩散

2002年首次在中国台湾花莲采集到假刺苋标本，中国大陆地区于2009年在广东东莞采集到该物种标本，可能随种子贸易或矿砂等渠道无意传入。假刺苋种子数量多，体积小，每克种子含有4 000～6 000粒，可通过河流、风力、昆虫等近距离扩散，也可随农产品、粮食贸易、种子调运等进行远距离传播。适宜生长于热带和亚热带地区，并且该物种分布区多为海洋沿岸。可能扩散至我国的热带和亚热带地区。

（二）危害特点

假刺苋种子数量大，易繁殖，具有扩散和入侵的风险。为秋熟旱作农田主要阔叶杂草，主要危害棉花（*Gossypium hirsutum*）、花生（*Arachis hypogaea*）、豆类、瓜类、薯类、蔬菜等多种秋熟旱作物。花粉量大，容易使人发生过敏反应。

▲ 假刺苋危害（张国良　摄）

五、防控措施

农艺措施：复耕荒地或弃耕地，减少其繁衍空间；作物播种或定植前，对农田进行深度不小于20 cm的深耕，将表层种子翻至底层，可降低种子出苗率；对作物种子进行精选，提高种子纯度，可减少田间种群数量；结合作物农事操作，在出苗高峰期进行中耕除草，可减少田间种群数量；在作物种植前和收获后对田园进行清洁，清除假刺苋植株，可减少土壤中种子库数量。

物理防治：针对发生量不大或不适宜化学防治的区域，可在假刺苋种子成熟前人工铲除。

化学防治：

玉米田：在玉米3～5叶期，可选择烟嘧磺隆、氨氯吡啶酸等除草剂，定向茎叶喷雾。

荒地、路旁：在刺苋苗期至开花期，可选择草甘膦、氨氯吡啶酸等除草剂，茎叶喷雾。

9 长芒苋

长芒苋 *Amaranthus palmeri* S. Watson 隶属苋科 Amaranthaceae 苋属 *Amaranthus*。

【英文名】Careless weed、Dioecious amaranth、Palmer's pigweed、Pigweed。

【异名】*Amaranthus palmeri* var. *glomeratus*。

【俗名】无。

【入侵生境】常生长于农田、果园、荒地、沟渠、河边、河床、铁路、公路、港口、垃圾场、仓库周围、住宅旁等生境。

【管控名单】属"重点管理外来入侵物种名录""中华人民共和国进境植物检疫性有害生物名录"。

一、起源与分布

起源：美国西南部至墨西哥北部。

国外分布：塞浦路斯、葡萄牙、西班牙、奥地利、白俄罗斯、比利时、捷克、法国、德国、拉脱维亚、荷兰、挪威、俄罗斯、英国、瑞典、加拿大、美国、阿根廷、印度、日本、韩国、以色列、澳大利亚等。

国内分布：北京、天津、河北、辽宁、上海、江苏、安徽、浙江、山东、湖南、广东、广西等地。

二、形态特征

植株：一年生草本植物，雌雄异株，植株高 0.8～3 m。

茎：茎直立，下部粗壮，黄绿色，具脊状条纹；雌株茎常绿色，偶见紫红色；雄株茎常红色至紫红色，有时变淡红紫色，无毛或上部散生短柔毛，分枝斜展至近平展。

叶：叶无毛，叶片卵形至菱状卵形，茎上部者可呈披针形，长（2）5～8 cm，宽（0.5）2～4 cm，先端钝、急尖或微凹，常具小突尖，基部楔形，略下延，边缘全缘，侧脉每边 3～8 条，叶柄长（0.7）4～8 cm，纤细。

花：花序顶生和腋生，多为穗状花序或圆锥花序，直伸或略弯曲，生叶腋者较短，呈短圆柱状至头序；苞片钻状披针形，长于花被片，长 4～6 mm，先端芒刺状；雌花苞片下半部具狭膜质边缘，雄花苞片下部约 1/3 具宽膜质边缘，雌花的苞片比雄花的苞片坚硬；雌花花被片 5，发育完全，膜质，不等长，最外面 1 片倒披针形，长 3～4 mm，先端急尖，中肋粗壮，先端具芒尖，其余花被片匙形，长 2～2.5 mm，先端截形至微凹，上部连续啮蚀状，芒尖较短；柱头 2 或 3，开展，流苏状；雄花花被片 5，膜质，卵状披针形，中脉不明显，不等长，最外面的花被片长 3.5～4 mm，先端延伸成芒尖，其余花被片长 2.5～3 mm，中肋较弱且外伸，雄蕊 5。

子实：胞果近球形，果皮膜质，上部微皱，周裂；种子近圆形或宽椭圆形，直径 1～1.2 mm，深红褐色，具光泽。

田间识别特征：全株近无毛，圆锥花序直立，苞片和花被片顶端芒刺明显，花被片 5，雄蕊 5，胞果周裂。

▲ 长芒苋植株（张国良　摄）

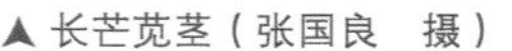

▲ 长芒苋茎（张国良　摄）

▲ 长芒苋叶（张国良　摄）

▲ 长芒苋花（张国良　摄）

▲ 长芒苋子实（张国良　摄）

三、生物习性与生态特性

长芒苋以种子繁殖，种子成熟后，在温度、湿度条件适宜时即可萌发。据在北京观察，长芒苋 5 月下旬出苗，6 月 9 日为 5 叶期，6 月 12 日为分枝初期，7 月 4 日为抽穗初期，10 月中旬植株开始枯黄死亡。

长芒苋种子在 35 ℃ /15 ℃变温条件下，发芽势为 76.7 %，显著高于恒温环境（恒温 25 ℃发芽势为 38.3 %）；长芒苋种子在有光条件下萌发率比黑暗条件下稍高，可能是因为长芒苋种子发芽需要一定的光刺激；长芒苋种子在覆土 0.5～1 cm，出苗率最高，分别达 42.2 % 和 36.7 %，覆土深度达 8 cm 时，出苗率为 0。在田间随机抽取雌、雄植株各 10 株进行测定，雄株株高为 253.5 cm，茎粗为 2.4 cm，花序长为 48.6 cm；雌株株高为 275.5 cm，茎粗为 3.3 cm，花序长为 61.5 cm，种子千粒重为 0.33 g，单株平均结种子重量为 38.56 g，单株平均结种子数量为 113 540.4 粒。

四、传播扩散与危害特点

（一）传播扩散

长芒苋于 1985 年 8 月首次在北京丰台被发现，通过调查，被确认为通过进口棉花、大豆、粮食及家禽饲料传入。可通过农产品调运、河流、风力等扩散蔓延，2012 年在浙江绍兴发现，2013 年在安徽巢湖发现。通过适生区模型评估，长芒苋在我国中东部地区与华北平原最为适生，可能扩散的区域有华北、东北、西北、华东、华中及西南地区。

（二）危害特点

长芒苋为农田和果园的重要杂草。入侵农田，危害玉米（*Zea mays*）、棉花（*Gossypium hirsutum*）、大豆（*Glycine max*）、蔬菜、果树等作物，与作物争夺肥、水、光照和生存空间，严重抑制作物的生长，造成作物减产，可使玉米产量损失高达 91 %，大豆产量损失高达 79 %，棉花产量损失高达 65 %。长芒苋结种子数量极大，每株大约能产生 50 万粒种子，有利于繁衍和扩散，很容易形成优势种群，大面积覆盖入侵生境，抑制其他植物的生长，对当地生物多样性和生态环境破坏极大。长芒苋植株内含有硝酸盐，家畜、家禽过量采食后会引起中毒，对畜牧业构成严重威胁。

▲ 长芒苋危害（①张国良　摄，②付卫东　摄）

五、防控措施

植物检疫：加强植物检疫，杜绝长芒苋种子随农副产品调运传入新的区域，若发现长芒苋种子，应彻底清除。

农艺措施：作物种子在播种前要严格精选，发现带有长芒苋种子时，应彻底清除；作物播种或定植前，对土壤进行深度不小于 20 cm 的深耕，将土壤表层的长芒苋种子翻至土壤下层，可减少长芒苋种子出苗；结合作物农事操作，在长芒苋出苗盛期，进行中耕除草，可有效控制长芒苋的种群；作物收获后清洁田园里或周边的长芒苋植株，避免种子撒落，减少土壤里长芒苋种子库数量。

物理防治：在长芒苋幼苗期至植株结种子前，可人工或机械铲除，防止长芒苋种子成熟后扩散蔓延。

化学防治：在长芒苋苗期，可选择灭草松等除草剂，茎叶喷雾。

10 反枝苋

反枝苋 *Amaranthus retroflexus* L. 隶属苋科 Amaranthaceae 苋属 *Amaranthus*。

【英文名】Redroot pigweed。

【异名】*Amaranthus retroflexus* var. *retroflexus*、*Amaranthus retroflexus* var. *delilei*。

【俗名】西风谷、人苋菜、野苋菜。

【入侵生境】常生长于农田、果园、荒地、公园、道路、河岸、生活区等生境。

【管控名单】无。

一、起源与分布

起源：北美洲。

国外分布：全球温带地区。

国内分布：北京、天津、河北、山西、内蒙古、黑龙江、吉林、上海、安徽、江苏、浙江、福建、河南、湖北、湖南、江西、广东、广西、海南、重庆、四川、贵州、云南、西藏、陕西、甘肃、宁夏、青海、新疆、台湾等地。

二、形态特征

植株：一年生草本植物，全株密被短柔毛，植株高 20～80 cm。

茎：茎直立，粗壮，单一或分枝，具棱角至凹槽，淡绿色，有时带紫色条纹。

叶：叶片菱状卵形或椭圆状卵形，长 5～12 cm，宽 2～5 cm，淡绿色，有时淡紫色，先端锐尖或尖凹，具小凸尖，基部楔形，全缘或波状缘，两面及边缘被柔毛，背面毛较密；叶柄被柔毛，长 1.5～5.5 cm。

花：花序顶生和腋生，穗状花序集成圆锥花序，直立或顶端反折，绿色或绿白色，通常短而粗壮；苞片钻形，长 4～6 mm，白色，基部 1/2～2/3 处具膜质边缘，背面有 1 龙骨状突起，伸出顶端呈白色尖芒；雌花被片 5，矩形或矩圆状倒卵形，2～4 mm，不等长，薄膜质，白色，较长花被片中脉延伸至花被片先端，具芒尖，较短花被片绿色中脉不延伸，先端微钝，柱头 3，直立或开展，流苏状；雄花位于花序顶端，膜质，数量较少，花被片 5，雄蕊 5，稍长于花被片。

子实：胞果扁卵形，长 2～2.5 mm，短于宿存花被片或与其近等长，环状横裂；种子近球形，直径约 1 mm，呈棕色或黑色，边缘钝。

田间识别要点：全株被短柔毛，圆锥花序顶生或生于上部叶腋，胞果包于宿存的花被内。近似种绿穗苋（*Amaranthus hybridus*）圆锥花序较细长，胞果超出花被片。

▲ 反枝苋植株（张国良　摄）

▲ 反枝苋茎（付卫东　摄）

▲ 反枝苋叶（①张国良　摄，②付卫东　摄）

▲ 反枝苋花（张国良　摄）

▲ 反枝苋子实（①付卫东 摄，②张国良 摄）

▲ 近似种绿穗苋（王忠辉 摄）

三、生物习性与生态特性

反枝苋以种子繁殖。不同的生长条件下，种子的数量变化很大；种子在 5~40 ℃条件下均可萌发，最适宜发芽温度为 35~40 ℃，在温度小于等于 5 ℃和大于 40 ℃条件下均不萌发；反枝苋为需光性种子，在中等光（10 000 lx）的萌发指数显著高于无光、弱光（5 000 lx）、较强光（20 000 lx），无光条件下发芽指数最低；反枝苋种子只能在浅层土壤中萌发，不同土壤反枝苋种子出苗土层深度不同，如黏土为 4 cm，壤土为 5 cm，沙土为 6 cm；反枝苋种子在 pH 值 5~8 均可萌发。在常温条件下，新采收的反枝苋种子休眠期为 11 个月，采用变温 20 ℃ /35 ℃，或恒温 35~40 ℃可打破种子休眠而顺利发芽。在自然条件下，华北地区早春萌发，4 月初出苗，4 月中旬至 5 月上旬为出苗高峰期，花期 7—8 月，果期 8—9 月；黑龙江 5 月上旬出苗，一直持续到 7 月下旬，7 月初开始开花，7 月末至 8 月初种子陆续成熟。

四、传播扩散与危害特点

（一）传播扩散

1914 年首次在天津采集到反枝苋标本。依靠种子传播扩散，平均每株种子量为 1 万~3 万粒，种子小而轻，千粒重仅为 0.38 g。种子可通过风力、农业机械、水流、鸟类、堆肥及部分昆虫传播；也可随农产品贸易扩散。可能扩散的区域为全国，华东、华北以及东北、西北为高风险地区。

（二）危害特点

反枝苋为秋熟旱作农田主要阔叶杂草之一，主要危害棉花（*Gossypium hirsutum*）、花生（*Arachis hypogaea*）、豆类、瓜类、薯类、蔬菜等作物。入侵农田后，覆盖在农田地表侵占地上部分空间，与作物争光、争水、争肥，抑制作物生长，导致作物持续减产；同时还是多种作物害虫［如桃蚜（*Myzus persicae*）等］和病毒［如黄瓜花叶病毒（CMV）］的替代寄主。反枝苋具有化感作用，分泌的化感物质能够抑制其他植物生长，排挤本土植物并阻碍植被的自然恢复，破坏生态环境，降低物种丰富度，影响生物多样性。反枝苋茎和分枝可以累积和浓缩硝酸盐，对牲畜有毒；花粉会引起人类过敏反应。

五、防控措施

农艺措施：精选作物种子，剔除杂草种子，提高纯度；对于农田和果园，在播种或定植前进行深度不小于 20 cm 的深耕，将土壤表层种子翻至深层，可降低反枝苋种子出苗率；结合作物栽培管理，在反枝苋出苗时期，进行中耕除草，可有效控制种群密度；清理农田及附近田埂、边坡的反枝苋植株，防止其扩散至农田。

物理防治：对于点状、零星发生的反枝苋，在幼苗期，可人工拔除或铲除；对于发生面积大，且不适宜化学防治的区域，在种子成熟前，可机械铲除。

化学防治：

玉米田：玉米 3～5 叶期，反枝苋苗期，可选择二甲戊灵、乙草胺、硝磺草酮、烟嘧磺隆、环磺酮等除草剂，茎叶喷雾。

棉花田：棉花 3～4 叶期，反枝苋苗期，可选择氟啶草酮、氟咯草酮＋二甲戊灵、氟咯草酮＋乙草胺、乙草胺、环磺酮等除草剂，茎叶喷雾。

大豆田：大豆 3～4 叶期，反枝苋苗期，可选择二甲戊灵、乙草胺、乙羧氟草醚、氟磺胺草醚等除草剂，茎叶喷雾。

荒地、路旁：反枝苋苗期，可选择草甘膦等除草剂，茎叶喷雾。

11 刺苋

刺苋 *Amaranthus spinosus* L. 隶属苋科 Amaranthaceae 苋属 *Amaranthus*。

【英文名】Spiny amaranth。

【异名】*Amaranthus caracasanus*、*Amaranthus diacanthus*。

【俗名】竻苋菜、勒苋菜。

【入侵生境】常生长于农田、果园、菜地、荒地、苗圃、住宅旁、路旁、垃圾堆等生境。

【管控名单】属“重点管理外来入侵物种名录”。

一、起源与分布

起源：美洲热带地区。

国外分布：印度、日本、菲律宾、马来西亚、美洲。

国内分布：北京、河北、山西、江苏、安徽、浙江、福建、山东、河南、湖北、湖南、江西、广西、广东、海南、重庆、四川、云南、贵州、西藏、陕西、香港、台湾等地。

二、形态特征

植株：一年生直立草本植物，植株高 30～150 cm。

茎：茎直立，粗壮，圆柱形或钝菱形；多分枝，具纵条纹，绿色或绿色带紫色，无毛或稍被柔毛。

叶：叶互生，卵状披针形或菱状卵形，长 3～12 cm，宽 1～5.5 cm，顶端圆钝，具微凸头，基部楔形，全缘，无毛或幼时沿叶脉稍被柔毛；叶柄无毛，长 1.5～5 cm，旁边具成对的刺，刺长 0.5～1.5 cm。

花：花序顶生和腋生，穗状花序或集成圆锥花序，直立或先端下垂，长 3～25 cm，上部为雄花，下部为雌花，腋生近球形花簇多为雌花与雄花混生；苞片在腋生花簇及顶生穗基部变成 2 个尖锐直刺，长 0.5～1.5 cm，少数具 1 刺或无刺，在顶生花穗上部苞片狭披针形，长约 0.15 cm，顶端急尖，具凸尖，中脉绿色；雌花被片 5，膜质，倒卵状披针形或匙状披针形，等长或近等长，长 1.2～1.5 cm，先端短尖或短芒，花柱分枝，柱头 2 或 3，开展；雄花被片 5，膜质，等长或近等长，雄蕊 5，花药黄色，开花时，花丝与花被对生。

子实：胞果卵圆形至近圆形，直径为 1.5～2.5 mm，不规则开裂或不开裂；种子近球形直径约 1 mm，黑色或带棕黑色。

田间识别要点：叶柄基部两侧各有 1 枚长刺。

▲ 刺苋植株（①王忠辉　摄，②张国良　摄）

▲ 刺苋茎（张国良　摄）

▲ 刺苋叶（①张国良　摄，②付卫东　摄）

▲ 刺苋花（张国良　摄）

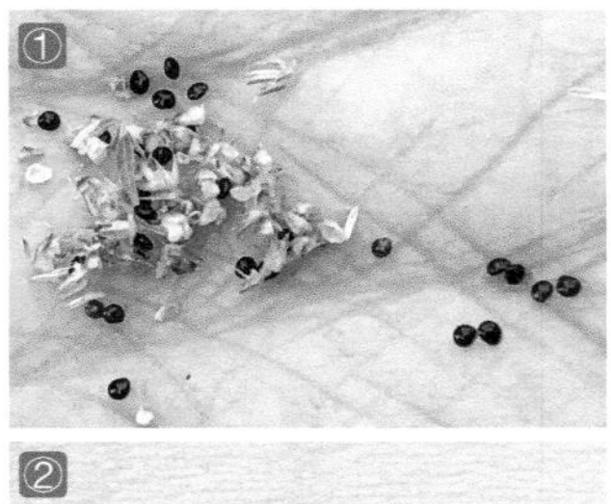

▲ 刺苋子实
（①付卫东　摄，②张国良　摄）

三、生物习性与生态特性

刺苋花期 5—9 月，果期 8—11 月。在热带、亚热带地区盛花期一般为 5—11 月，在广州花果期全年。刺苋自交亲和，风媒传粉，可产生大量可育种子。刺苋以种子繁殖为主，同时具有无性繁殖的能力，可以从距离地面很近的茎部产生不定根扎入土壤后形成新的植株，其嫩枝也极容易扦插生根成活。种子具休眠特性，休眠期为 18 个月，低温（-18 ℃）贮存可使种子休眠期延长，若改变发芽条件（变温 20 ℃ /35 ℃）可使种子解除休眠而顺利发芽。

四、传播扩散与危害特点

（一）传播扩散

1849 年有文献记载刺苋在中国有分布，*Flora of Kwangtung and Hongkong*（1912 年）记载刺苋在中国香港的大屿山岛、新界和广东汕头、中国澳门有分布。1836 年首次在中国澳门采集到刺苋标本。刺苋可能是混入作物种子、牧草种子无意传入。种子量大，单株平均可产生 235 000 粒种子；种子小，重量轻，种子千粒重仅为 0.14~0.25 g。种子可通过水流和风力进行自然扩散，也可夹杂在作物或牧草种子中，随人类活动和农产品贸易携带进行远距离传播。刺苋对环境的适应性强，在潮湿或干燥的地方均能生长，可扩散到全国，华东、华北及东北和西北部分地区为高风险区。

（二）危害特点

旱地作物常见杂草，危害玉米（*Zea mays*）、棉花（*Gossypium hirsutum*）、花生（*Arachis hypogaea*）、甘蔗（*Saccharum officinarum*）、芒果（*Mangifera indica*）、高粱（*Sorghum bicolor*）、大豆（*Glycine max*）、烟草（*Nicotiana tabacum*）、棕榈（*Trachycarpus fortune*）、红薯（*Ipomoea batatas*）、香蕉（*Musa nana*）、菠萝（*Ananas comosus*）等，与作物争水、争肥，侵占地上部分空间，影响作物的光合作用，同时刺苋对作物具化感作用，可抑制作物生长，导致作物减产；同时刺苋还是棉花红蜘蛛（*Araneida*）、蚜虫（*Aphidoidea*）、菜粉蝶（*Pieris rapae*）的寄主，可加大作物的害虫危害。刺苋具化感作用，能排挤或抑制本土植物的正常生长，在入侵地极易形成单一优势种群，导致入侵地生物多样性降低。刺苋植株具坚硬的刺，会扎伤人和牲畜，影响农事操作；刺苋花粉是重要吸入性过敏原，吸入后可引起花粉过敏症状，影响人体健康；刺苋植株富含硝酸盐，误食可能导致家畜中毒。

▲ 刺苋危害（王忠辉　摄）

五、防控措施

农艺措施：复耕荒地或弃耕地，减少其繁衍空间；作物种植前，对农田进行深度不小于 20 cm 的深耕，将土壤表层种子翻至深层，可减少种子出苗量；对作物种子进行精选，可减少田间种群数量；结合作物农事操作，在出苗高峰期进行中耕除草，可减少田间种群数量；在作物种植前和收获后对田园环境进行清洁，减少土壤中种子库数量。

物理防治：针对发生量不大的生境或不适宜化学防治的区域，可在刺苋种子成熟前人工进行铲除。

化学防治：

玉米田：玉米 4 叶期，刺苋苗期，可选择烟嘧磺隆、氨氯吡啶酸、甲酰胺嘧磺隆、烟嘧 · 莠去津等除草剂，定向喷雾。

小麦田：小麦 3 叶期以后、刺苋苗期，可选择 2 甲 4 氯、苯磺隆、氯吡 · 苯嘧磺隆等除草剂，定向喷雾。

荒地、路旁等：在刺苋苗期至开花期，可选择草甘膦、氨氯吡啶酸等除草剂，茎叶喷雾。

12 皱果苋

皱果苋 *Amaranthus viridis* L. 隶属苋科 Amaranthaceae 苋属 *Amaranthus*。

【英文名】Slender amaranth。

【异名】*Euxolus viridis*、*Amaranthus gracilis*。

【俗名】绿苋、野苋、细苋。

【入侵生境】常生长于农田、果园、菜地、牧场、荒地、铁路、公路、沟渠、住宅旁等生境。

【管控名单】无。

一、起源与分布

起源：非洲地区。

国外分布：全球热带、亚热带和温带地区。

国内分布：北京、河北、黑龙江、吉林、辽宁、内蒙古、山西、上海、江苏、安徽、浙江、福建、山东、河南、江西、广东、广西、海南、重庆、四川、贵州、云南、陕西、甘肃、新疆、台湾等地。

二、形态特征

植株：一年生草本植物，全株无毛，植株高 30～80 cm。

茎：直立，稀平卧或斜升，有不明显棱角，上部稍有分枝，绿色或带紫色。

叶：叶片卵形、卵状矩圆形或卵状椭圆形，长 3～9 cm，宽 2.5～6 cm，基部宽楔形或近截形，全缘或微呈波状缘，顶端尖凹或凹缺，少数圆钝，具小短尖；叶柄长 2～6 cm，绿色或带紫红色。

花：花序顶生或腋生，为穗状花序或集成圆锥花序，呈暗红色或棕褐色；苞片卵形至披针形，长不及 1 mm，具小短尖；雌花花被片 3，膜质，狭椭圆形或倒卵状椭圆形，长 1～1.2 mm，先端圆形或近急尖，具小短尖，背部有 1 绿色隆起中脉，柱头 2 或 3，流苏状；雄花大部分生于花序顶端，不明显，花被片 3，雄蕊 3，短于花被片。

子实：胞果卵圆形至压扁状球形，直径约 2 mm，具条纹褶皱，且纵向分布，皱缩，不裂；种子近球形，直径约 1 mm，黑色或黑褐色，具薄且锐的环状边缘。

▲ 皱果苋植株（张国良　摄）

▲ 皱果苋茎（张国良　摄）

▲ 皱果苋叶（①张国良　摄，②付卫东　摄）

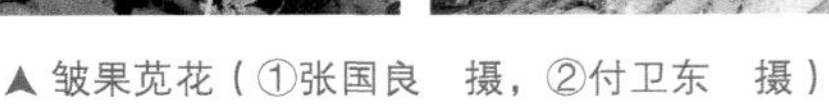

▲ 皱果苋花（①张国良　摄，②付卫东　摄）

▲ 皱果苋子实
（①付卫东　摄，②张国良　摄）

田间识别要点：全株无毛，花序顶生或腋生，为穗状花序或集成圆锥花序，暗红色或棕褐色，顶生花穗长，直立，花被片 3，雄蕊 3，果不裂，皱缩。

三、生物习性与生态特性

在热带或亚热带地区，皱果苋全年可通过种子进行繁殖。种子在高温条件下难丧失活力；用浓硫酸处理可促进种子萌发，35 ℃条件下萌发率可达 100 %。皱果苋适应性强，耐干旱、耐瘠薄、耐酸性土壤，也耐盐碱，但怕涝、怕霜冻。种子春季出苗，苗期 4—5 月，花期 7—8 月，果期 8—11 月。

四、传播扩散与危害特点

（一）传播扩散

1861 年 *Flora Hongkongensis* 记录皱果苋在中国香港有分布，1875 年 *Florule de Shang-hai* 记录皱果苋分布于中国香港和江苏，1935 年出版的《中国北部植物图志》第 4 卷有记载。1844 年首次在中国澳门采集到皱果苋标本，1864 年在中国台湾淡水有采集记录。皱果苋种子小，可通过水流、风力或被鸟类和其他动物取食过腹排泄自然传播。也可随农产品贸易、种子调运等远距离扩散蔓延。皱果苋高风险区包括北京、天津、河北南部、山东、河南、湖北、安徽、江苏、浙江、上海、福建、江西、湖南、贵州、四川东部、重庆、云南、广西、广东、海南以及台湾的部分地区，可能扩散的区域为全国。

▲ 皱果苋危害（张国良　摄）

（二）危害特点

皱果苋为菜地和秋旱地作物田间杂草，危害玉米（*Zea mays*）、大豆（*Glycine max*）、棉花（*Gossypium hirsutum*）、甘薯（*Dioscorea escucenta*）等，与作物争光、争水、争肥，消耗土地肥力，严重影响作物的正常生长，导致作物的品质下降和减产；可与凹头苋杂交，猪取食后会中毒。

五、防控措施

农艺措施：作物播种前，对种子进行精选，剔除皱果苋种子，提高种子的纯度；对于农田和果园，在播种前进行深度不小于 20 cm 深耕，将土壤表层种子翻至深层，可有效抑制皱果苋种子出苗量；结合栽培管理，在皱果苋出苗期，进行中耕除草，可有效控制其种群密度，降低对作物的危害；清理农田及附近田埂、边坡的皱果苋，保持田园生境清洁，防止其扩散至农田。

物理防治：对于点状、零星发生的皱果苋，在幼苗期人工拔除或铲除；对于发生面积大，且不适宜化学防治的区域，在种子成熟前机械铲除。拔除或铲除的植株应统一进行暴晒、深埋、烧毁等无害化处理。

化学防治：在皱果苋 2～3 叶期，可选择灭草松、草甘膦等除草剂，茎叶喷雾。

13 银花苋

银花苋 *Gomphrena celosioides* Mart. 隶属苋科 Amaranthaceae 千日红属 *Gomphrena*。

【英文名】Bachelor's button、Prostrate globe-amaranth。

【异名】*Gomphrena decumbens*。

【俗名】鸡冠千日红、假千日红、地锦苋。

【入侵生境】常生长于农田、果园、菜地、荒地、路旁等生境。

【管控名单】无。

一、起源与分布

起源：美洲热带地区。

国外分布：全球热带地区。

国内分布：福建、广东、广西、海南、香港、澳门、台湾等地。

二、形态特征

植株：一年生直立或披散草本植物，植株高约 35 cm。

茎：茎直立，被贴伏白色长柔毛。

叶：单叶对生；叶片长椭圆形至近匙形，长 3 ~ 5 cm，宽 1 ~ 1.5 cm，先端急尖或钝，基部渐狭，背面密被或疏被柔毛；叶柄短或无。

花：头状花序顶生，银白色，初呈球状，后呈长圆形；无总花梗；苞片宽三角形，长约 3 mm；小苞片白色，长约 6 mm，脊棱极狭；花被片背面被白色长柔毛，花期后变硬，外侧 2 片脆革质，内侧薄革质；雄蕊管稍短于花萼，先端 5 裂，具缺口；花柱极短，柱头 2 裂。

子实：胞果梨形，果皮薄膜质；种子凸镜状，棕色，光亮平滑。

田间识别要点：叶对生，茎被白色长柔毛，花银白色，花被片花期后变硬。

▲ 银花苋植株（张国良　摄）

▲ 银花苋茎（①张国良　摄，②王忠辉　摄）

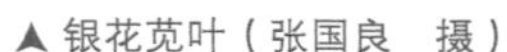

▲银花苋叶（张国良　摄）

▲银花苋花（张国良　摄）

▲银花苋子实（张国良　摄）

三、生物习性与生态特性

银花苋花果期2—6月，我国华南地区几乎全年均可开花结果。银花苋以种子繁殖；种子量大，常温（25 ℃）条件下种子萌发率为60 %以上，且属于暴发型萌发，具有萌发早、持续时间长、萌发速率快、萌发率高的特点。银花苋幼苗生长速度快，植株的平均绝对生长速率为0.13 g/天，短期内可产生大量花朵并结实，土壤种子库中所含银花苋种子为885粒/m^2。银花苋根系发达，耐高温、耐干旱、耐贫瘠，不耐寒，常生长于低海拔地区。

四、传播扩散与危害特点

（一）传播扩散

《南京中山植物园栽培植物名录》（1959年）收录了银花苋，名为鸡冠千日红；《海南植物志》（1965年）第1卷也有记载。1961年首次在海南海口采集到银花苋标本，此后，在中国广东（1964年）、香港（1968年）、台湾（1968年）有标本采集记录。银花苋种子小而轻，长（0.18 ± 0.002）cm，宽（0.12 ± 0.001）cm，千粒重为（2.63 ± 0.04）g。种子容易混入作物种子、粮食和土壤中，随引种栽培、粮食贸易、种子调运、花卉苗木贸易等途径传播扩散。

（二）危害特点

银花苋为一般性杂草。常入侵农田、果园、绿化带，危害农林生产，影响园林景观，破坏生态平衡。具有较强的化感作用，其叶水提液对蔬菜的生长具有不同程度的抑制作用。在世界热带和亚热带地区被视为分布广泛的杂草。

五、防控措施

引种管理：控制银花苋的引种，在高危风险区应严禁引种。

农艺措施：对作物种子进行精选，提高种子的纯度；作物播种或定植前对农田进行深度不小于20 cm的深耕，将土壤表层杂草种子翻至深层，减少银花苋出苗；对田园周边的杂草植株进行清理，防止银花苋传入农田。

物理防治：对于点状、零散发生的银花苋，在开花前人工铲除。

化学防治：银花苋开花前，可选择麦草畏、2甲4氯等除草剂，茎叶喷雾。

▲银花苋危害（王忠辉　摄）

14 仙人掌

仙人掌 *Opuntia dillenii*（Ker Gawl.）Haw. 隶属仙人掌科 Cactaceae 仙人掌属 *Opuntia*。

【英文名】Cactus。

【异名】*Opuntia stricta* var. *dillenii*、*Cactus dillenii*。

【俗名】仙巴掌。

【入侵生境】常生长于沙漠、草原、高山、海岛、热带雨林等生境。

【管控名单】无。

一、起源与分布

起源：加勒比海地区。

国外分布：全球热带和亚热带地区。

国内分布：江苏、福建、浙江、湖南、江西、广东、广西、海南、重庆、四川、贵州、云南、陕西、香港、澳门、台湾等地。

二、形态特征

植株：多年生丛生肉质灌木植物，植株高 1～3 m。

茎：下部木质，圆柱形，上部具分枝；上部茎扁平、肉质，呈倒卵形至椭圆形，长约 20 cm，幼时鲜绿色；小窠疏生，具刺 1～12，黄色，基部略扁，稍弯曲，密被短绵毛和倒刺刚毛，后脱落。

叶：叶钻形，绿色，生于小窠之下，早落。

花：花辐状，单生于小窠之上；花被片离生、多数，萼片状花被片黄色，具绿色中肋，长 1～2.5 cm，宽 0.6～1.2 cm，瓣状花被片黄色，长 2.5～3 cm，宽 1.2～2.3 cm；雄蕊多数，花丝淡黄色；花柱直立，淡黄色，柱头 5。

子实：浆果卵形或梨形，顶端凹陷，表面平滑无毛，成熟时呈紫红色，4～6 cm；种子多数，扁圆形，淡黄褐色。

▲ 仙人掌植株（①张国良　摄，②王忠辉　摄）

▲ 仙人掌下部茎（张国良　摄）

▲ 仙人掌上部茎（①②④王忠辉　摄，③张国良　摄）

▲ 仙人掌花（王忠辉　摄）

▲ 仙人掌子实（张国良　摄）

田间识别要点：仙人掌上部分枝幼时鲜绿色，渐呈灰绿色，每个小窠具刺1~12，黄色；柱头5，浆果顶端凹陷，表面平滑无毛。近似种单刺仙人掌（*Opuntia monacantha*）分枝鲜绿，具光泽，小窠结节状，具1~3个直立的灰色刺，浆果每侧具10~15个小窠。近似种梨果仙人掌（*Opuntia ficus-indica*）分枝淡绿色至灰绿色，小窠垫状，无刺或具开展的白色刺1~6，柱头6~10，浆果每侧具小窠25~35个。

▲ 近似种单刺仙人掌（张国良　摄）

▲ 近似种梨果仙人掌（张国良　摄）

三、生物习性与生态特性

仙人掌的繁殖方式有种子繁殖和无性繁殖，花果期6—10月。仙人掌果实被动物食用，过腹后种子相对容易萌发。仙人掌的叶状茎比较容易从母株上脱落，当条件适宜时生根发育成新的植株。仙人掌适宜生长在年平均气温20～30 ℃、年最低降水量150～250 mm的区域。

▲ 仙人掌危害（王忠辉 摄）

四、传播扩散与危害特点

（一）传播扩散

仙人掌在明朝末年通过植物贸易引入南方栽培而逸生。陈淏子撰写的《花镜》（1688年）首次记载，1702年《岭南杂记》有记载。1910年首次在中国澳门采集到仙人掌标本。仙人掌主要通过种子和破碎的叶状茎进行快速传播，茎段可以随动物、鞋类和交通工具传播，也可借助水流和园艺垃圾扩散，果实被各种动物食用后，借助排泄物四处扩散。在我国南方沿海地区常见栽培，扩散区域包括热带和亚热带地区。

（二）危害特点

仙人掌是世界100种入侵最严重的入侵植物之一。具有"雨根"浅根系统，耐干旱，即使降水量比较小时，也能及时充分吸收水分。可形成密集的灌丛，影响海岸生态景观，显著降低原生植被的生物多样性，其刺和刺状刚毛可刺伤人类和家畜，阻碍人类和动物的活动。

五、防控措施

物理防治：发现野外逸生植株应及时清除，可人工铲除或机械连根挖除。铲除或挖除的植株应进行深埋、暴晒、焚烧、破碎等无害化处理，防止破碎的植株碎片形成新的植株。

化学防治：在仙人掌生长期，可选择氨氯吡啶酸等除草剂，均匀喷雾。

生物防治：利用仙人掌蛾（*Catoblastis cacorum*）、胭脂虫（*Dactylopius coccus*）等昆虫是控制仙人掌比较有效的方法，尤其对仙人掌种群密度比较高、大面积发生的区域效果明显。

15 水盾草

水盾草 *Cabomba caroliniana* A. Gray 隶属睡莲科 Nymphaeaceae 水盾草属 *Cabomba*。

【英文名】Carolina fanwort、Fanwort、Carolina water-shield。

【异名】*Cabomba aquatica*、*Cabomba australis*。

【俗名】绿菊花草、竹节水松。

【入侵生境】常生长于河流、湖泊、池塘、沟渠等生境。

【管控名单】属"重点管理外来入侵物种名录"。

一、起源与分布

起源：美洲。

国外分布：美国、巴西、荷兰、比利时、斯洛文尼亚、罗马尼亚、澳大利亚、日本、东南亚、南亚等。

国内分布：北京、上海、江苏、安徽、浙江、福建、山东、湖北、湖南、江西、广东、广西、重庆、云南、台湾等地。

二、形态特征

植株：多年生水生植物，植株长 1~2 m。

茎：基部近光滑，向上具锈色毛。

叶：沉水叶对生，三至四回掌状细裂，末回裂片线状；浮水叶少数，仅出现在花期，互生于花枝顶端，盾状着生，狭椭圆形，全缘或基部有缺刻。

花：花单生枝上部叶腋，花萼白色，边缘黄色，稀淡紫色或紫色，长 7~8 mm；花瓣和萼片颜色、大小基本一致，先端圆钝或凹陷，基部具爪，具 1 对黄色腺体，雄蕊 3~6，离生；雌蕊 2~4，心皮 3，被短柔毛，子房 1 室。

子实：坚果，直径 4~7 mm。

▲ 水盾草植株（张国良　摄）

▲ 水盾草茎（张国良　摄）

▲ 水盾草叶（张国良　摄）

▲ 水盾草花（张国良　摄）

田间识别要点：茎基部光滑，向上具锈色毛，沉水叶对生，三至四回掌状细裂，花萼白色，边缘黄色、稀淡紫色或紫色。

三、生物习性与生态特性

水盾草喜温暖湿润、全年有雨、年均温 15~18 ℃的气候，在富营养的水体中生长良好。在温度适宜区域可全年生长，花果期为夏季和秋季。水盾草茎叶易断，断枝的营养繁殖能力很强，能够发育成完整植株并快速建立种群。水盾草虽然能耐 −7 ℃的低温，但最适宜生长温度为 13~27 ℃；适宜生长水体的 pH 值为 4~6，在 pH 值为 7~8 的水体中生长受到抑制。

四、传播扩散与危害特点

（一）传播扩散

1993 年首次在浙江宁波鄞县发现，可能是作为水族馆观赏水草引入，后逸生，然后在平缓水体中定殖，并建立种群。水盾草主要依靠无性繁殖，有很强的繁殖能力，在合适的环境下，一个节间的残枝即可生长成完整的植株。可借助水流四处传播，具有很强的自然扩散能力。同时水生观赏植物引种、跨区域引水，也是水盾草扩散的新途径。

（二）危害特点

大量水盾草死亡后腐烂耗氧，对渔业造成危害，同时影响水体质量。水盾草生态位较宽，可对原生物种造成威胁，导致原生水生植物的多样性降低。水盾草入侵自然生态系统，会阻碍航行、堵塞水渠等。

▲ 水盾草危害（张国良　摄）

五、防控措施

农艺措施：对农田中发生的水盾草，可采取排水、干燥、放水露干等手段裸露土壤表层。

物理防治：对于水库、河道等水盾草发生水域，可使用人工打捞、机械打捞、拉拦截网、设置水底栅栏或降低水位等措施，对漂浮在水面和没入水中的水盾草进行防除。应妥善处理打捞的水盾草及其残体，采取深埋、暴晒、粉碎等方式进行无害化处理，防止其二次扩散。

生物防治：在河道、池塘等水域，可采用放养食草鱼类取食水盾草的方法进行生物控制。也可以释放象甲（*Hydrotimetes natans*）成虫采食水盾草的叶片和茎，控制水盾草的生长。

16 蓟罂粟

蓟罂粟 *Argemone mexicana* L. 隶属罂粟科 Papaveraceae 蓟罂粟属 *Argemone*。

【英文名】Mexican poppy、Prickly poppy。

【异名】*Argemone alba*、*Argemone leiocarpa*、*Argemone mucronata*、*Argemone sexvalis*、*Argemone spinosa*。

【俗名】刺罂粟、老鼠簕、花叶大蓟、箭罂粟。

【入侵生境】常生长于农田、果园、苗圃、荒地、路旁、河谷等生境。

【管控名单】无。

一、起源与分布

起源：美洲热带地区。

国外分布：全球热带地区。

国内分布：江苏、福建、广东、海南、四川、云南、香港、台湾等地。

二、形态特征

植株：一年生草本植物，通常粗壮，植株高 30～100 cm。

茎：茎具分枝，被稀疏、黄褐色平展的刺，无毛。

叶：基生叶密聚，叶片阔倒披针形、倒卵形或椭圆形，长 5～20 cm，宽 2.5～7.5 cm，先端急尖，基部楔形，边缘羽状深裂，裂片具波状齿，齿端具尖刺，两面无毛，沿脉散生尖刺，表面绿色，沿脉两侧灰白色，背面灰绿色；叶柄长 0.5～1 cm；茎生叶互生，与基生叶同形，但下部叶较大，无柄，或常半抱茎。

花：花密集排列成顶生花序，花梗极短；花芽近球形，长约 1.5 cm；萼片舟状，长约 1 cm，顶端具距，距尖成刺，外面散生少数刺，于花开时即脱落；花瓣 6，宽倒卵形，先端半圆形，基部宽楔形，长 1.7～3 cm，黄色或橙黄色；花丝长约 7 mm，花药狭长圆形，长 1.5～2 mm，开裂后弯成半圆形至圆形；子房椭圆形或长圆形，长 0.7～1 cm，被黄褐色伸展的刺，花柱极短，柱头 3～6 裂，深红色。

子实：蒴果宽长圆形，长 2.5～5 cm，宽 1.5～3 cm，疏被黄褐色的刺，4～6 瓣自顶端开裂至全长的 1/4～1/3；种子球形，具明显的网纹。

▲ 蓟罂粟植株（张国良　摄）

▲ 蓟罂粟茎（张国良　摄）

▲ 蓟罂粟叶（张国良　摄）

▲ 蓟罂粟花（张国良　摄）

田间识别要点：茎具分枝，被黄褐色平展刺，无毛，叶边缘羽状深裂，裂片具波状齿，齿尖具刺，花芽近球形，花瓣橙黄色。

蓟罂粟子实（张国良　摄）

三、生物习性与生态特性

蓟罂粟在温带地区，6—8 月开花，7—9 月种子成熟；在热带地区花期 2—11 月，果期 3—11 月或全年开花。蓟罂粟结实量大，植株平均种子产量 18 000～36 000 粒，种子成熟后有数周或数月休眠期，也可以在土壤中休眠多年。种子通常在 15 ℃下萌发，发芽期 3～4 周。蓟罂粟适应性强，对土壤要求不高，耐贫瘠，尤其在低磷土壤中长势良好。

四、传播扩散与危害特点

（一）传播扩散

蓟罂粟约公元 17 世纪时由波斯地区传入中国，1857 年在中国香港有报道记录。可能作为观赏花卉引种或混杂在粮食作物中随贸易无意引入。蓟罂粟种子细小，极易随水流和鸟类取食传播。也经常混杂在其他作物种子中，通过食粮贸易、种子调运传播。蓟罂粟有较高的自交率，即使一粒种子都可能建立一个新的种群。扩散的区域有华南、西南、华东、华北等。

（二）危害特点

蓟罂粟为庭院、路旁、荒地和农田杂草。具化感作用，产生的化感物质可抑制其他植物生长，影响当地生物多样性。种子库具有持久性，为热带和暖温带地区多种作物主要杂草，危害大麦（*Hordeum vulgare*）、谷物、豆类、蔬菜、纤维作物［棉花（*Gossypium hirsutum*）、剑麻（*Agave sisalana*）］和多年生作物［咖啡（*Coffea arabica*）、甘蔗（*Saccharum officinarum*）］生产；植物体内含有毒的生物碱，叶具刺，容易对牲畜造成伤害。

五、防控措施

引种管理：严格控制随意引种，加强对引种区的监测，防止逸生；加强对发生区货物贸易、农产品、种子调运的检疫，防止蓟罂粟扩散。

农艺措施：结合作物栽培管理，在蓟罂粟出苗期，进行中耕除草，可降低杂草种群密度；在条件允许情况下，可对农田采取休耕措施或种植多年生牧草控制入侵危害。

物理防治：对于点状或零散发生的蓟罂粟，在种子成熟之前人工铲除；对于发生面积大，且不适宜化学防治的区域，可机械刈割。铲除或刈割的植株应统一收集进行暴晒、烧毁、深埋等无害化处理。

化学防治：

玉米、水稻田：在蓟罂粟苗期，可选择麦草畏等除草剂，茎叶喷雾。

荒地、路旁：在蓟罂粟苗期，可选择草甘膦、草铵膦等除草剂，茎叶喷雾。

17 北美独行菜

北美独行菜 *Lepidium virginicum* L. 隶属十字花科 Brassicaceae 独行菜属 *Lepidium*。

【英文名】Virginia pepperweed、Poor-man's pepperweed、Peppergrass。

【异名】*Lepidium virginicum* L. var. *virginicum*。

【俗名】独行菜、辣椒菜、星星菜。

【入侵生境】常生长于田边、荒地、园林绿地、住宅旁等生境。

【管控名单】无。

一、起源与分布

起源：北美洲。

国外分布：全球热带至温带地区。

国内分布：北京、天津、河北、山西、上海、江苏、安徽、浙江、福建、山东、河南、江西、广东、广西、重庆、四川、贵州、云南、陕西、甘肃、宁夏、青海等地。

二、形态特征

植株：一年生或二年生草本植物，植株高 20～50 cm。

茎：茎单一，直立，上部分枝，具柱状腺毛。

叶：基生叶倒披针形，长 1～5 cm，羽状分裂或大头羽裂，裂片大小不等，卵形或长圆形，边缘具锯齿，两面被短伏毛；叶柄长 1～1.5 cm；茎生叶具短柄，倒披针形或线形，长 1.5～5 cm，宽 2～10 mm，顶端急尖，基部渐狭，边缘具尖锯齿或全缘。

花：总状花序顶生；萼片椭圆形，长约 1 mm；花瓣 4，白色，倒卵形，比萼片稍长；雄蕊 2 或 4，花丝扁平。

子实：短角果近圆形，长 2～3 mm，宽 1～2 mm，扁平，顶端微凹，果梗长 2～3 mm；种子卵形，长约 1 mm，光滑，红棕色，边缘具白色狭翅；子叶缘倚胚根。

▲ 北美独行菜植株（张国良　摄）

▲ 北美独行菜茎（张国良　摄）

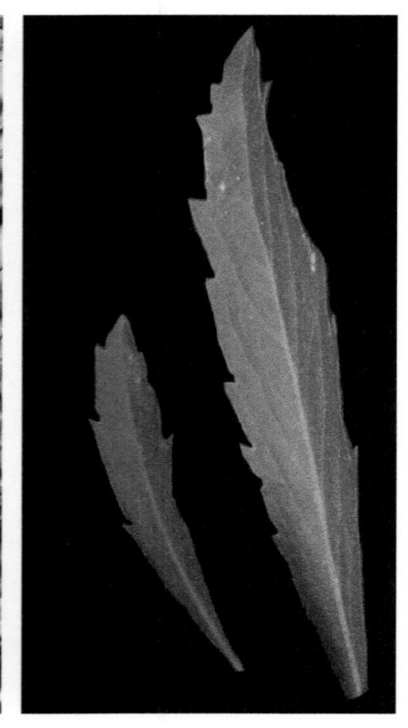

▲ 北美独行菜叶（张国良　摄）

▲ 北美独行菜花（张国良　摄）

▲ 北美独行菜子实（张国良　摄）

田间识别要点：基生叶倒披针形，羽状分裂或大头羽裂，花瓣白色，短角果近圆形。近似种绿独行菜（*Lepidium campestre*）上部茎生叶不裂，基部耳状或圆形，雄蕊 6，短角果顶端具和花柱下部联合的翅。近似种密花独行菜（*Lepidium densiflorum*）的花序密集多花，萼片外面无毛，无花瓣，短角果倒心形或倒卵形。

三、生物习性与生态特性

北美独行菜可自花授粉，昆虫的活动同时有助于其花粉传播。种子萌发具光敏性，需要经过足够的光照才能萌发，种子适宜的萌发温度为 10～25 ℃，在 5～15 ℃下也能萌发，萌发时间为 2 周。北美独行菜适应性强，适生范围广，耐盐、耐干旱、耐贫瘠，可生长在海拔 3 400 m 以下的环境，在中国其生长海拔可达 3 600 m。北美独行菜的花期 4—5 月，果期 6—7 月。在河南许昌，种子在 4—7 月成熟，呈休眠状态；在土壤中经过夏秋高低温作用后于 10 月开始萌发，11 月进入高峰。

四、传播扩散与危害特点

（一）传播扩散

1910年首次在上海采集到北美独行菜标本。可能于20世纪初以种子的形式无意带入，首次传入地为上海，并由东部沿海向内陆逐渐扩散。种子随农事活动、交通工具等扩散。北美独行菜果实较轻，且边缘具狭翅，易随风飘散，易混杂于粮食种子中。农业活动与贸易是北美独行菜传播扩散的主要因素。自然传播方式以风力传播为主，动物的皮毛有时也会携带该物种的种子。

▲ 北美独行菜危害（张国良　摄）

（二）危害特点

北美独行菜为田间杂草，通过养分竞争、空间竞争和化感作用，影响作物的正常生长，造成作物减产。另外，北美独行菜也是棉蚜（*Aphis gossypii*）、麦蚜（*Lipaphis erysim*）及甘蓝霜霉病和白菜病病毒等的中间寄主。

五、防控措施

农艺措施：作物播种或定植前，对农田进行深度不小于20 cm的深耕，将土壤表层杂草种子翻至深层，可减少北美独行菜种子的出苗；对于有条件的农田，可通过短时积水，降低北美独行菜种子的活力与竞争力；在种子成熟前，对北美独行菜进行刈割，可减少结实量。

化学防治：

在北美独行菜苗期、营养生长期，可选择草甘膦、克阔乐、苯磺隆、莠去津、赛克津等除草剂，茎叶喷雾。

18 光萼猪屎豆

光萼猪屎豆 *Crotalaria trichotoma* Bojer 隶属豆科 Fabaceae 猪屎豆属 *Crotalaria*。

【英文名】West indian rattlebox、Curare pea。

【异名】*Crotalaria zanzibarica*、*Crotalaria usaramoensis*。

【俗名】南美猪屎豆、光萼野百合、苦罗豆、光萼响铃豆。

【入侵生境】常生长于田园、路旁、荒地、草地等生境。

【管控名单】无。

一、起源与分布

起源：东非。

国外分布：非洲、亚洲、大洋洲、美洲热带和亚热带地区。

国内分布：江苏、安徽、福建、湖南、广东、广西、海南、四川、云南、香港、台湾等地。

二、形态特征

植株：越年生草本或亚灌木植物，植株高可达2 m。

茎：茎枝圆柱形，具小沟纹，被短柔毛。

叶：托叶极细小，钻状；三出掌状复叶，小叶长椭圆形，两端渐尖，长 6～10 cm，宽 2～3 cm，先端具短尖，正面绿色，光滑无毛，背面青灰色，被短柔毛；叶柄长 3～5 cm。

花：总状花序顶生，具花 10～20 朵，花序长达 20 cm；苞片线形，长 2～3 mm，小苞片与苞片同形，稍短小，着生花梗中部以上；花梗长 3～6 mm，在花蕾时挺直向上，开花时屈曲向下，结果时下垂；花萼近钟形，长 4～5 mm，5 裂，萼齿三角形，约与萼筒等长，无毛；花冠黄色，伸出萼外，旗瓣圆形，直径约 12 mm，基部具胼胝体 2 枚，先端具芒尖，翼瓣长圆形，约与旗瓣等长，龙骨瓣最长，约 15 mm，稍弯曲，中部以上变狭，形成长喙，基部边缘具微柔毛；子房无柄。

子实：荚果长圆柱形，稀长圆形，直径 7～12 mm，幼时略被短柔毛，成熟后脱落，果皮常呈黑色，基部宿存花丝及花萼；种子 20～30 粒，肾形，成熟时朱红色。

▲ 光萼猪屎豆植株（张国良　摄）

▲ 光萼猪屎豆茎（张国良　摄）

▲ 光萼猪屎豆叶（张国良　摄）

▲ 光萼猪屎豆花（张国良　摄）

▲ 光萼猪屎豆子实（张国良　摄）

田间识别要点：光萼猪屎豆有细小托叶，小叶长圆形或长椭圆形，长是宽的 1.5～3.5 倍，花萼无毛。近似种狭叶猪屎豆（*Crotalaria ochroleuca*）无托叶，小叶线形或线状披针形。近似种三尖叶猪屎豆（*Crotalaria micans*）荚果长圆形，幼时密被锈色柔毛，成熟后部分不脱落，花冠稍长于花萼。近似种猪屎豆（*Crotalaria pallida*）有极细小的托叶，小叶长圆形或椭圆形，花萼有毛，荚果顶端明显弯曲。

▲ 近似种狭叶猪屎豆（张国良　摄）

▲ 近似种三尖叶猪屎豆（张国良　摄）

▲ 近似种猪屎豆（张国良　摄）

三、生物习性与生态特性

光萼猪屎豆生长快，生物量大，根瘤多，适应性广。具有耐瘠、耐旱、耐荫和耐酸等特性，而且还能在砂土、黏土，甚至在半风化岩石碎片地上生长。以种子繁殖，种子量多，繁殖系数大，种子千粒重为 3.5~4.5 g。在自然条件下，冬季或早春出苗，花果期 4—12 月。

四、传播扩散与危害特点

（一）传播扩散

光萼猎屎豆作为绿肥引种栽培，后逸为野生。1931 年前在中国台湾已有引种记录。《中国主要植物图说》（1955 年）、《海南植物志》（1965 年）有记载。1931 年首次在广东英德采集到该物种标本。种子可随引种栽培传播，有时也通过河流、风力、动物携带、农事活动等自然扩散，同时也可随农产品贸易等远距离传播。

（二）危害特点

光萼猪屎豆为杂草，对环境的适应性很强，繁殖力强，在荒地易形成优势种群，扩散趋势较猛，具有较高的入侵性和危害风险；种子有毒。

五、防控措施

农艺措施：加强田园管理，对农田周边的杂草植株进行清理，防止传入农田；结合农事操作，在光萼猪屎豆苗期，进行中耕除草，可降低种群数量。

▲ 光萼猪屎豆危害（①张国良　摄，②付卫东　摄）

物理防治：对于零散、点状发生的光萼猪屎豆，可人工铲除；对于发生面积大的光萼猪屎豆，可机械刈割。拔除或刈割的植株应集中收集，进行暴晒、烧毁、粉碎、深埋等无害化处理。

化学防治：

荒地、路旁等：光萼猪屎豆苗期、营养生长期，可选择草甘膦、氯氟吡氧乙酸等除草剂，茎叶喷雾。

19 光荚含羞草

光荚含羞草 *Mimosa bimucronata*（DC.）Kuntze 隶属豆科 Fabaceae 含羞草属 *Mimosa*。

【英文名】Brazil macca。

【异名】*Mimosa sepiaria*、*Mimosa stuhlmanii*、*Acacia bimucronata*、*Mimosa bimucronata*。

【俗名】簕仔树。

【入侵生境】常生长于荒野、果园、河边、住宅旁、路旁等生境。

【管控名单】属“重点管理外来入侵物种名录”。

一、起源与分布

起源：美洲热带地区。

国外分布：北美洲、亚洲的热带和亚热带地区。

国内分布：福建、江西、广东、广西、海南、云南、香港、澳门等地。

二、形态特征

植株：常绿或落叶灌木至小乔木，植株高 3～6 m。

茎：茎直立，多有刺，少有无刺者，小枝密被黄色茸毛。

叶：二回羽状复叶，羽片 6～7 对，长 2～6 cm，叶轴被短柔毛，小叶 12～16 对，线形，长 5～7 mm，宽 1～1.5 mm，革质，先端具小尖头，除边缘疏具缘毛外，其余无毛，中脉略偏上缘。

▲ 光荚含羞草植株（张国良　摄）

▲ 光荚含羞草茎（张国良　摄）

▲ 光荚含羞草叶（王忠辉　摄）

花：头状花序球形；花白色；花萼呈杯状，极小；花瓣长圆形，长约 2 mm，仅基部连合；雄蕊 8，花丝长 4～5 mm。

子实：荚果呈带状，劲直，长 3.5～4.5 cm，宽约 6 mm，无刺毛，褐色，通常 5～7 个荚节，成熟时荚节脱落而残留荚缘。

田间识别特点：光荚含羞草为小乔木，小叶 12～16 对，花白色。近似种刺轴含羞草（*Mimosa pigra*）为灌木或小乔木，小叶 49～53 对，花粉红色。

▲ 光荚含羞草花（张国良　摄）

▲ 光荚含羞草子实（张国良　摄）

▲ 近似种刺轴含羞草（张国良　摄）

三、生物习性与生态特性

光荚含羞草花期 3—9 月，果期 10—11 月。既可营养繁殖，也可种子繁殖。种子繁殖数量大，生长繁殖快。种子发芽的温度范围为 15～40 ℃，25～30 ℃为适宜萌发的温度区间；光荚含羞草喜光，喜温暖湿润的气候，耐贫瘠，抗性强。适生于花岗岩、砂页岩、滨海沉积物等发育成的土壤，对土壤养分氮、磷、钾和有机质含量要求不高，pH 值为 5～8 均可生长。

四、传播扩散与危害特点

（一）传播扩散

约于 20 世纪 50 年代引入广东中山，1997 年首次在福建采集到该物种标本。光荚含羞草可作为各类果园、经济作物园中的绿篱树种，也是良好的护土、改土、饲料、农具和蜜源树种，因此，近年来被各地广泛利用栽培。光荚含羞草种子具有发芽率高、传播范围广、种群增长速度快等特性；种粒小，成熟后一般在风力的作用下自然散落，种子可通过风力、雨水以及动物携带

▲ 光荚含羞草危害（①张国良　摄，②王忠辉　摄）

并进行自然传播；枝条萌蘖能力强，采伐后可迅速恢复再生。现已在华南地区逸生并蔓延，可能扩散的区域为热带和亚热带地区。

（二）危害特点

光荚含羞草入侵果园、森林等生态系统，争光、争水，争养分，竞争生存空间，具化感作用，抑制作物和其他植物的生长，影响作物和果树的产量和品质，同时影响森林的出木量；是堆蜡粉蚧（*Nipaecoccus vastalo*）、蜡彩蓑蛾（*Chalia larminat*）幼虫的寄主植物。

五、防控措施

农艺措施：对裸地、间隙裸地及时复植草坪、林木和花卉，增加植物覆盖度，阻止光荚含羞草入侵；在光荚含羞草生长阶段，不定期对其进行刈割，可降低结实量；对农田周边的光荚含羞草植株进行清理，防止传入农田。

物理防治：针对农田及周边点状、零星发生的光荚含羞草，在幼苗期，可人工连根拔除；对于大面积发生，且不适宜化学防治的区域，在果实成熟前，可机械铲除。拔除或铲除的植株应统一收集，进行暴晒、烧毁等无害化处理。

化学防治：在光荚含羞草苗期，可选择草甘膦、草甘膦异丙胺盐等除草剂，茎叶喷雾。

20 巴西含羞草

巴西含羞草 *Mimosa diplotricha* C. Wright 隶属豆科 Fabaceae 含羞草属 *Mimosa*。

【英文名】Giant sensitive weed。

【异名】*Mimosa invisa*、*Mimosa rhodostachya*、*Schrankia rhodostachya*。

【俗名】美洲含羞草、含羞草。

【入侵生境】常生长于旷野、荒地、路旁、果园、苗圃、农田等生境。

【管控名单】无。

一、起源与分布

起源：南美洲。

国外分布：美洲、非洲、亚洲、大洋洲热带地区。

国内分布：福建、广东、广西、海南、云南、台湾等地。

二、形态特征

植株：多年生草本植物，攀缘茎长可达数米。

茎：攀缘或平卧，具棱，茎上生有钩刺，其余被疏长毛，老时毛脱落。

叶：二回羽状复叶，长 10～15 cm；总叶柄及叶轴有钩刺 4～5 列；羽片（4）7～8 对，长 2～4 cm；小叶（12）20～30 对，呈线状长圆形，长 3～5 mm，宽约 1 mm，被白色长柔毛。

花：头状花序花时连花丝直径约 1 cm，1 个或 2 个生于叶腋，总花梗长 5～10 mm；花紫红色，花萼极小，4 齿裂；花冠钟状，长 2.5 mm，中部以上 4 瓣裂，外面稍被毛；雄蕊 8，花丝长为花冠的数倍；子房圆柱状，花柱细长。

子实：荚果长圆形，长 2～2.5 cm，宽 4～5 mm，边缘及荚节有刺毛；种子倒卵形，扁，长 3～3.7 mm，宽 2.1～2.6 mm，厚 0.8～1.4 mm，表面黄色，光滑，少具光泽。

▲ 巴西含羞草植株（①张国良　摄，②王忠辉　摄）

▲ 巴西含羞草茎（①王忠辉　摄，②张国良　摄）

▲ 巴西含羞草叶（王忠辉　摄）

▲ 巴西含羞草花（张国良　摄）

▲ 巴西含羞草子实（张国良　摄）

田间识别特点：巴西含羞草亚灌木状草本，茎呈五棱柱状，花粉红色，荚果的边缘和荚节常有刺毛；而光荚含羞草小乔木状，小枝疏生刺，密被黄色茸毛，花白色，荚果带状，无刺毛。近似种巴西无刺含羞草（*Mimosa diplotricha*）茎上无钩刺。

▲ 近似种巴西无刺含羞草（付卫东　摄）

三、生物习性与生态特性

巴西含羞草以种子繁殖，种子发芽适宜温度为 20~25 ℃。花期在 1 月底至 4 月中旬，种子在 2—5 月底成熟。种子坚硬，种子休眠不受光的影响，可保持休眠状态长达 50 年，可以在土壤中存活多年。机械划伤种皮和高温可打破种子休眠，当机械划伤的种子暴露在高温下 5 min 时，随着温度从 25 ℃增加到 40 ℃，发芽率增加。只要满足适当的湿度和温度条件，种子可能在一年中的任何时候发芽。巴西含羞草对低温敏感，低温可限制其扩散分布。

四、传播扩散与危害特点

（一）传播扩散

《广州植物志》（1956 年）、《海南植物志》（1965 年）对该种有记载。1950 年首次在广东广州采集该物种标本。作为观赏植物、绿肥在中国台湾和广东引种栽培，后引入海南等。果荚上具短刺，可附着在人类衣服和动物皮毛上，随人类和牲畜的活动四处传播；种子可随水流漂到另一个地方并迅速入侵。国内热带和亚热带地区为其扩散的区域。

（二）危害特点

巴西含羞草适应能力强、生长速度快，每株植物在 1 个生长季可以覆盖 2～3 m^2，常危害橡胶（*Hevea brasiliensis*）、椰子（*Cocos nucifera*）、槟榔（*Areca catechu*）、木薯（*Manihot esculenta*）、香蕉（*Musa nana*）等，在自然生态系统中极易形成优势种群或纯林，具化感作用，排挤和抑制其他植物生长，形成难以穿透的多刺灌丛，严重影响生物多样性及农业、林业的生产。巴西含羞草含有毒物质氰化物和亚硝酸盐，对牲畜有毒。

▲ 巴西含羞草危害（①付卫东　摄，②张国良　摄）

五、防控措施

农艺措施：结合作物栽培管理，在巴西含羞草种子出苗期，对作物进行多次中耕除草，可降低农田内巴西含羞草种群密度；在巴西含羞草发生的果园、林地的空地种植本土植物，增加空地的覆盖度，可以减少巴西含羞草种群数量。

物理防治：对于点状、零散发生的巴西含羞草，在开花或结果前人工连根铲除；对于大面积发生，且不适宜化学防治的区域，可机械连根铲除。铲除的植株应统一收集，进行无害化处理。

化学防治：

大豆田：在大豆播种后出苗前，可选择乙草胺 + 噻吩磺隆、异丙甲草胺 + 噻吩磺隆，均匀喷雾，进行土壤处理。在大豆 2～4 叶期，巴西含羞草苗期，可选择乙羧氟草醚、乙草胺等除草剂，茎叶喷雾。

玉米田：玉米播种后出苗前，可选择乙草胺，均匀喷雾，进行土壤处理。在玉米苗期，巴西含羞草苗期，可选择烟嘧磺隆等除草剂，茎叶喷雾。

果园、荒地、路旁等：巴西含羞草苗期或开花前，可选择草甘膦、草铵膦等除草剂，茎叶喷雾。

21 含羞草

含羞草 *Mimosa pudica* L. 隶属豆科 Fabaceae 含羞草属 *Mimosa*。

【英文名】Esnsitive plant、Humble plant。

【异名】*Mimosa unijuga*、*Mimosa hispidula*、*Mimosa tetrandra*、*Mimosa pudica* var. *unijuga*、*Mimosa pudica* var. *tetrandra*。

【俗名】知羞草、呼喝草、怕丑草、怕羞草、害羞草、双羽含羞草。

【入侵生境】常生长于果园、荒地、旷野、丛林、路旁、苗圃等生境。

【管控名单】无。

一、起源与分布

起源：美洲热带地区。

国外分布：北美洲、南美洲、非洲、亚洲热带和亚热带地区。

国内分布：福建、广东、广西、海南、云南、台湾等地

二、形态特征

植株：多年生亚灌木状草本植物，披散，植株高可达 1 m。

茎：圆柱状，具散生钩刺及倒生刺毛。

叶：二回羽状复叶，触之即闭合下垂；羽片通常 2 对，近指状排列，长 3～8 cm；每一羽片具 10～20 对小叶，小叶呈线状长圆形，长 8～13 mm，宽 1.5～2.5 mm。

花：花小、多数，淡红色，组成直径 1 cm 的头状花序；雄蕊 4，伸出花冠之外。

子实：荚果长圆形，长 1～2 cm，宽约 5 mm，扁平，边缘呈波状，并有刺毛；种子卵形，长 3～5 mm。

田间识别要点：含羞草茎圆柱状，具钩刺和倒生刺毛，羽片 2 对，雄蕊 4，荚果边缘有刺毛。近似种巴西含羞草（*Mimosa diplotricha*）羽片 4～8 对，雄蕊 8。

▲ 含羞草植株（张国良 摄）

▲ 含羞草茎（张国良 摄）

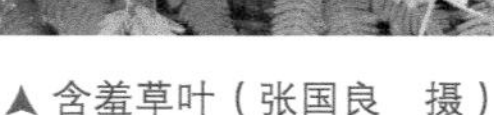

▲ 含羞草叶（张国良　摄）

▲ 含羞草花（张国良　摄）

▲ 含羞草子实（张国良　摄）

三、生物习性与生态特性

含羞草以种子繁殖。含羞草种子结实率为 61.7 %，千粒重为（6.392 ± 0.236）g，大小为 0.363 cm × 0.237 cm × 0.196 cm，含水量为 3.4 %，活性为 96.7 %。萌发率低，萌发周期长；经过 98 % 浓硫酸酸蚀处理 40～50 min，发芽率达到 92.3 %；经过 95 ℃烫种处理 0.5～2 min，发芽率为 90 % 以上；含羞草种子在 15～40 ℃条件下均能萌发，最适发芽温度为 25 ℃，发芽率和发芽势为 13.6 %。含羞草对土壤要求不严，喜光，但又能耐半阴，不耐寒，冬季植株自行枯死。花期 3—10 月，果期 5—11 月。

四、传播扩散与危害特点

（一）传播扩散

含羞草在明朝末期作为观赏植物引入华南地区，《南越笔记》（1977 年）对该物种有记载。1907 年首次在广东采集到该物种标本。含羞草种荚有刺毛，可附着在人类衣服和动物皮毛上，随人类和动物的活动而传播。我国可能扩散的区域为热带和亚热带地区。

（二）危害特点

含羞草全株有毒，是果园、橡胶园主要杂草，也常见于旷野荒地、灌丛，长江流域常有栽培供观赏。影响人类健康，含羞草碱 o-β-D-葡萄糖苷有微毒，长期接触或服用，可致皮肤细胞中的毛囊衰败，从而引起头发、眉毛变黄，甚至脱落；含羞草碱还会引起白内障和生长抑制。

▲ 含羞草危害（张国良　摄）

五、防控措施

农艺措施：对裸地、间隙裸地及时复植草坪、林木和花卉，增加植物覆盖度，阻止含羞草入侵；在含羞草生长阶段，不定期对其进行刈割，可降低结实量；对农田周边的含羞草植株进行清理，防止传入农田。

物理防治：对于点状、零散分布于农田、果园、荒地的含羞草，在苗期人工连根拔除或铲除；对于发生面积大，且不适宜化学防治的区域，可机械铲除。拔除或铲除的植株应统一进行暴晒、烧毁等无害化处理。

化学防治：在含羞草苗期、营养生长期，可选择草甘膦、麦草畏、氯氟吡氧乙酸、丁草胺等除草剂，茎叶喷雾。

22 田菁

田菁 *Sesbania cannabina*（Retz.）Poir. 隶属豆科 Fabaceae 田菁属 *Sesbania*。

【英文名】Corkwood tree。

【异名】*Aeschynomene cannabina*、*Sesbania aculeata* var. *cannabina*。

【俗名】碱青、涝豆、铁青草、向天蜈蚣。

【入侵生境】常生长于田边、路旁、水沟旁、荒地等生境。

【管控名单】无。

一、起源与分布

起源：澳大利亚至西南太平洋岛屿。

国外分布：非洲、亚洲部分地区、印度洋岛屿。

国内分布：上海、江苏、安徽、浙江、福建、湖北、湖南、江西、广东、广西、海南、重庆、四川、云南、陕西、香港、澳门、台湾等地。

二、形态特征

植株：一年生草本植物，植株高 2～3.5 m。

茎：茎绿色，有时带褐红色，微被白粉，有不明显淡绿色线纹；平滑，基部有多数不定根；幼枝疏被白色绢毛，后秃净，折断有白色黏液，枝髓粗大充实。

叶：偶数羽状复叶，叶轴长 15～25 cm，上面具沟槽，幼时疏被绢毛，后变无毛，托叶披针形，早落；小叶 20～30（40）对，对生或近对生，线状长圆形，长 0.8～2（4）cm，宽 2.5～4（7）mm，位于叶轴两端者较小，先端钝或截平，具小尖头，基部圆形，两侧不对称，正面无毛，背面幼时疏被绢毛，后秃净，两面被紫褐色小腺点，背面尤密；小叶柄长约 1 mm，疏被毛；小托叶钻形，短于或等于小叶柄，宿存。

花：总状花序长 3～10 cm，具花 2～6 朵，疏松；花梗纤细，下垂，疏被绢毛；苞片呈线状披针形，小苞片 2 枚，均早落；花萼呈斜钟状，长 3～4 mm，无毛；萼齿短三角形，先端尖齿，各齿间常 1～3 个腺状附属物，内面边缘具白色细长曲柔毛；花冠黄色，旗瓣横椭圆形或近圆形，长 0.9～1 cm，先端微凹至圆形，基部近圆形，外面大小不等的紫黑色点和线，胼胝体小，梨形，瓣柄长约 2 mm；翼瓣呈倒卵状长圆形，与旗瓣近等长，宽约 3.5 mm，基部具短耳，中部具较深的斑块，并横向皱褶，龙骨瓣较翼瓣短，三角状阔卵形，长宽近相等，先端圆钝，平三角形，瓣柄长约 4.5 mm；雄蕊二体，对旗瓣的 1 枚分离，花药卵形至长圆形；雌蕊无毛，柱头顶生，呈头状。

子实：荚果细长，长圆柱形，长 12～22 cm，宽 2.5～3.5 mm，微弯，外面具黑褐色斑纹，喙尖，具种子 20～35 粒；种子绿褐色，具光泽，呈短圆柱形，长 3～4 mm，直径 2～3 mm，种脐圆形，稍偏于一端。

田间识别要点：田菁小枝，叶轴光滑，小叶背面幼时疏被绢毛。近似种刺田菁（*Sesbania bispinosa*）小枝，叶轴具皮刺，小叶通常无毛。

▲ 田菁植株（张国良　摄）

▲ 田菁茎（张国良　摄）

▲ 田菁叶（张国良　摄）

▲ 田菁花（张国良　摄）

▲ 田菁子实（张国良　摄）

▲ 近似种刺田菁（张国良　摄）

三、生物习性与生态特性

田菁种子种皮厚，吸水比较困难，硬籽率为 30 %～50 %。在热带地区花果期 7—12 月。在亚热带地区 6 月上旬出苗，温度低于 20 ℃时，田菁生长较慢，气温超过 25 ℃后生长速度加快，9 月中旬为田菁盛花期，自现蕾到开花 4～6 天，属于无限花序类型作物，具有明显的现蕾、开花和结荚 3 个阶段，花序自下而上自里向外开放，种子成熟时间不一，从结荚到种子完全成熟 45～60 天，荚果成熟后易开裂，10 月中旬田菁营养生长基本停止，经霜后植株凋萎死亡。田菁适应性强，喜温暖、湿润的气候，喜光，喜酸性土壤，稍耐涝，耐干旱，耐贫瘠。

四、传播扩散与危害特点

（一）传播扩散

中国台湾于20世纪30年代引进栽培，20世纪60年代由中国南方地区引种到北方地区栽培。《广州常见经济植物》（1952年）有记载。1910年首次在江苏海门采集到该物种标本，随后福建（1922年）、广东广州（1929年）有标本采集记录。田菁起初以人工栽培引种传播，逸生后，可自行扩散。田菁种子产量高，数量极大，繁殖力强。种子可借助带土苗木、作物种子传播。

▲ 田菁危害（张国良　摄）

（二）危害特点

田菁为环境杂草，有时入侵农田，影响作物生长；具有较强的化感作用，可抑制其他植物生长，形成优势种群，影响生物多样性。

五、防控措施

农艺措施：作物种植前，对农田进行深度不小于20 cm的深耕，将土壤表层杂草种子翻至深层，可有效降低种子萌发率。

物理防治：对于点状、零散发生的田菁，可人工铲除；对于发生面积大，且不适宜化学防治的区域，可机械刈割或铲除。铲除或刈割的植株应统一进行暴晒、烧毁、深埋、粉碎等无害化处理。

化学防治：

水田边、水沟：在田菁花期前，可选择乙氧氟草醚、麦草畏、喹啉羧酸类除草剂，茎叶喷雾。

路旁、荒地：在田菁花期前，可选择乙氧氟草醚、麦草畏、草甘膦等除草剂，茎叶喷雾。

23 圭亚那笔花豆

圭亚那笔花豆 *Stylosanthes guianensis*（Aubl.）Sw. 隶属豆科 Fabaceae 笔花豆属 *Stylosanthes*。

【英文名】Brazilian lucerne、Nigerian stylo、Stylo、Tropical lucerne。

【异名】*Stylosanthes gracilis*、*Trifolium guianensis*、*Stylosanthes biflora* var. *guianensis*、*Stylosanthes guianensis* var. *gracilis*、*Trifolium guianense*。

【俗名】巴西苜蓿、热带苜蓿、笔花豆。

【入侵生境】常生长于路旁、荒地、草地、林缘、山坡等生境。

【管控名单】无。

一、起源与分布

起源：美洲热带地区。

国外分布：全球热带和亚热带地区。

国内分布：浙江、福建、广东、广西、云南、香港、台湾等地。

二、形态特征

植株：多年生草本或亚灌木植物，丛生，植株高 0.6～1 m。

根：主根明显，根系发达。

茎：茎直立，少为攀缘，无毛或疏被柔毛。

叶：叶具 3 小叶；托叶鞘状，长 0.4～2.5 cm；叶柄和叶轴长 0.2～1.2 cm；小叶卵形、椭圆形或披针形，长 0.5～3（4.5）cm，宽 0.2～1（2）cm，先端常钝急尖，基部楔形，无毛、疏被柔毛或刚毛，边缘有时具小刺状齿；无小托叶，小叶柄长 1 mm。

花：花序长 1～1.5 cm，具密集的花 2～40 朵；初生苞片长 1～2.2 cm，密被伸展长刚毛，次生苞片长 2.5～5.5 mm，宽 0.8 mm，小苞片长 2～4.5 mm；花托长 4～8 mm；花萼管椭圆形或长圆形，长 3～5 mm，宽 1～1.5 mm；旗瓣橙黄色，具红色细脉纹，长 4～8 mm，宽 3～5 mm。

子实：荚果具 1 荚节，卵形，长 2～3 mm，宽 1.8 mm，无毛或近顶端被短柔毛，喙很小，长 0.1～0.5 mm，内弯；种子灰褐色，扁椭圆形，近种脐具喙或尖头，长 2.2 mm，宽 1.5 mm。

▲ 圭亚那笔花豆植株（张国良 摄）

▲ 圭亚那笔花豆茎（张国良 摄）

▲ 圭亚那笔花豆叶（张国良 摄）

▲ 圭亚那笔花豆花（张国良 摄）

▲ 圭亚那笔花豆果（张国良 摄）

田间识别要点：圭亚那笔花豆叶抱茎，为三出羽状复叶，雄蕊单体，花瓣为橙黄色，具红色细脉纹，荚果卵形，光滑，具1荚节。近似种有钩柱花草（*Stylosanthes hamata*）荚果近方形，常被毛，具2荚节。

三、生物习性与生态特性

圭亚那笔花豆以种子繁殖或根茎繁殖，5—6月出苗，生长速度较快，花果期9—12月，成熟的种子很容易从花头上脱落。在较高气温下生长良好，生长最适温度为25～35 ℃，怕寒不耐霜冻，已成功建群的植株地下根茎可在 -10 ℃的温度下存活。圭亚那笔花豆喜光，喜温暖、湿润的气候，耐贫瘠，耐干旱，在无霜冻、排水良好的沙壤土和壤土中长势良好。

▲ 圭亚那笔花豆危害（张国良　摄）

四、传播扩散与危害特点

（一）传播扩散

1962年引种到广东和广西等地试种栽培，后作为牧草、绿肥、覆盖植物推广。《广东植物志》（2003年）对该物种有记载，1986年首次在广东广州采集到该物种标本。圭亚那笔花豆种子量大，繁殖扩散能力强，种子并可随花木、作物种子传播扩散。可能扩散的区域为华南、华东、西南等。

（二）危害特点

圭亚那笔花豆为一种固氮的豆科植物，可改善土壤氮矿物状况，在引种栽培地逸为野生。自我繁殖力强，脱落的种子出苗时间间隔较长，可以不断地更新。由于枝叶繁茂，郁闭度较大，能抑制其他植物的生长。对土壤选择性不严，在我国东南沿海地区危害较为严重，已成为舟山群岛最为严重的外来植物。

五、防控措施

引种管理：加强引种栽培过程的监管，特别是在潜在分布区的栽培管理，防止逃逸。

物理防治：对于点状、零散发生的圭亚那笔花豆，可人工刈割；对于大面积发生，且不适宜化学防治的区域，可机械铲除。刈割或铲除的植株粉碎后可以用于牧草、绿肥、覆盖植物等。

化学防治：荒地、路旁等非农生境，在苗期至开花期，可选择草甘膦等除草剂，茎叶喷雾。

24 红花酢浆草

红花酢浆草 *Oxalis corymbosa* DC. 隶属酢浆草科 Oxalidaceae 酢浆草属 *Oxalis*。

【英文名】Largeleaf woodsorrel、Pink wood sorrel。

【异名】*Oxalis martiana*、*Oxalis debilis* var. *corymbosa*。

【俗名】大酸味草、铜锤草、紫花酢浆草、多花酢浆草。

【入侵生境】常生长于农田、荒地、山地、绿化带、路旁、住宅旁等生境。

【管控名单】无。

一、起源与分布

起源：美洲热带地区。

国外分布：全球热带至温带地区。

国内分布：上海、江苏、安徽、湖北、湖南、江西、浙江、福建、广东、广西、海南、重庆、四川、贵州、云南、香港、台湾等地。

二、形态特征

植株：多年生直立草本植物，植株高约 35 cm。

茎：无根状茎，具球状鳞茎；外层鳞片膜质，褐色，具 3 条肋状纵脉，被长缘毛；内层鳞片呈三角形，无毛。

叶：叶基生；叶柄长 5～30 cm 或更长，被毛；具 3 小叶，呈圆状倒心形，长 1～4 cm，宽 1.5～6 cm，顶端凹入，两侧角圆形，基部宽楔形，表面为绿色，被毛或近无毛，背面为浅绿色，疏被毛；托叶长圆形，顶端狭尖，与叶柄基部合生。

花：总花序梗基生，被毛，长 10～40 cm 或更长；二歧聚伞状花序，通常排列呈伞形花序；花梗、苞片、萼片均被毛；花梗长 0.5～2.5 cm，花梗具披针形干膜质苞片 2；萼片 5，披针形，长 4～7 mm，顶端具暗红色小腺体 2 枚；花瓣 5，倒心形，长 1.5～2 cm，淡紫色或紫红色；雄蕊 10，5 枚超出花柱，另 5 枚达子房中部，花丝被长柔毛；子房 5 室，花柱 5，被锈色长柔毛，柱头浅 2 裂。

▲ 红花酢浆草植株（①张国良　摄，②王忠辉　摄）

▲ 红花酢浆草球状鳞茎（①王忠辉　摄，②张国良　摄）

▲ 红花酢浆草叶秆（张国良　摄）

▲ 红花酢浆草叶（①付卫东　摄，②张国良　摄）

▲ 红花酢浆草花（张国良　摄）

▲ 红花酢浆草子实（张国良　摄）

田间识别要点：叶基生，掌状三出复叶，小叶倒心形，花序伞状，花淡紫红色，蒴果圆柱形。近似种为关节酢浆草（*Oxalis articulata*）和紫叶酢浆草（*Oxalis triangularis*）。

▲ 近似种关节酢浆草（张国良　摄）　▲ 近似种紫叶酢浆草（张国良　摄）

三、生物习性与生态特性

红花酢浆草以鳞茎和分株繁殖为主，也可种子繁殖。主要以膨大的鳞茎繁殖并且生长发育迅速，适宜发芽出苗的温度为10～20 ℃，花期从4月上旬至11月中旬，长达7个月。

四、传播扩散与危害特点

（一）传播扩散

1861年在中国香港有分布记录，《广州植物志》（1956年）、《海南植物志》（1964年）均有记录。1917年首次在中国香港采集到红花酢浆草标本。由于植株低矮、整齐，花多叶繁，花期长，花色艳，覆盖地面迅速，有意引进大片种植于花坛、花径、疏林及林缘，供观赏用，后逸生。主要通过人为引种扩散，同时种子和植株可随带土苗木、粮食贸易等传播。

▲ 红花酢浆草危害（张国良　摄）

（二）危害特点

红花酢浆草适生于潮湿、疏松的土壤，逸生后成为旱作农田较为常见的杂草，蔬菜地、果园也常见。具有极强的繁殖和生长能力，侵占性很强，在抽薹前便可将整个地面覆盖，能抑制其他植物的萌发和生长，具有极强的耐旱性、抗涝性、耐荫蔽性，易蔓延成为恶性杂草。

五、防控措施

引种管理：加强引种管理，禁止引种用于公路、铁路路基的绿化。

农艺措施：作物种植前，对农田进行深度不小于20 cm的深耕，将土壤表层的杂草种子翻至深层，降低杂草种子出苗率；结合作物栽培管理，在红花酢浆草种子出苗期，对作物进行中耕除草，降低杂草的种群密度；对农田周边的杂草植株连根铲除，防止传入农田。

物理防治：对物点状、零散发生的红花酢浆草，可人工铲除小鳞茎；对于大面积发生，且不适宜化学防治的区域，可机械挖除小鳞茎。对铲除或挖除的植株应进行暴晒、烧毁、深埋等无害化处理。

化学防治：

玉米田：玉米3～5叶期、红花酢浆草苗期，可选择2甲4氯、麦草畏等除草剂，茎叶喷雾。

大豆田：大豆3～4叶期、红花酢浆草苗期，可选择嗪草酮等除草剂，茎叶喷雾。

荒地、果园、林地、路旁：红花酢浆草生长期，可选择2甲4氯、草甘膦、草铵膦等除草剂，茎叶喷雾。

25 野老鹳草

野老鹳草 *Geranium carolinianum* L. 隶属牻牛儿苗科 Geraniaceae 老鹳草属 *Geranium*。

【英文名】Carolina cranesbill、Carolina geranium、Cranesbill。

【异名】无。

【俗名】老鹳草。

【入侵生境】常生长于荒地、果园、农田、田埂、路旁等生境。

【管控名单】无。

一、起源与分布

起源：北美洲。

国外分布：美洲、欧洲、亚洲。

国内分布：北京、天津、河北、上海、江苏、安徽、浙江、福建、山东、河南、湖北、湖南、江西、重庆、四川、贵州、云南、西藏、陕西、台湾等地。

二、形态特征

植株：一年生草本植物，植株高 20～60 cm。

根：纤细，单一或分枝。

茎：茎直立或仰卧，单一或多数，具棱角，密被倒向短柔毛。

叶：基生叶早枯，茎生叶互生或最上部对生；托叶披针形或三角状披针形，长 5～7 mm，宽 1.5～2.5 mm，外被短柔毛；茎下部叶具长叶柄，叶柄长为叶片长的 2～3 倍，被倒向短柔毛，上部叶叶柄渐短。叶片圆肾形，长 2～3 cm，宽 4～6 cm，基部心形，掌状 5～7 裂近基部，裂片楔状倒卵形或菱形，下部楔形、全缘，上部羽状深裂，小裂片条状矩圆形，先端急尖，表面被短伏毛，背面主要沿脉被短伏毛。

花：花序腋生和顶生，长于叶，被倒生短毛和开展长腺毛，每总花梗具花 2 朵，顶生总花梗常数个集生，花序呈伞状；花梗与总花梗相似，等于或稍短于花；苞片呈钻形，长 3～4 mm，被短柔毛；萼片长卵形或近椭圆形，长 5～7 mm，宽 3～4 mm，先端急尖，具长约 1 mm 的尖头，外被短柔毛或沿脉被开展糙毛和腺毛；花瓣淡紫红色，倒卵形，稍长于萼片，先端圆形，基部宽楔形，雄蕊稍短于萼片，中部以下被长柔毛；雌蕊稍长于雄蕊，密被糙柔毛。

子实：蒴果长约 2 cm，被糙毛，果瓣由喙上部先裂向下卷曲。

▲ 野老鹳草植株（付卫东　摄）

▲ 野老鹳草茎（①付卫东　摄，②张国良　摄）

▲ 野老鹳草叶（付卫东　摄）

▲ 野老鹳草花（张国良　摄）

▲ 野老鹳草子实（张国良　摄）

田间识别要点：叶片掌状分裂，总花梗数个集生于茎顶端，呈伞状花序，花粉红色至淡红色，蒴果具长喙。

三、生物习性与生态特性

野老鹳草以种子繁殖，单株具 50 余粒种子。野老鹳草种子具有较长的休眠期，新采集的种子在室温存储 210 天后可以解除休眠，在低温条件不利于野老鹳草种子解除休眠；种子在 10～25 ℃的恒温条件下萌发良好；光照的有无及光周期的长短对种子萌发无影响；对酸碱度不敏感，种子在 pH 值 4～10 均萌发良好；对水势具有一定耐受力，抑制 50 % 萌发率所需的水势为 −0.42 MPa；盐分对野老鹳草种子的萌发具有一定抑制作用，当盐浓度为 160 mmol/L 时，基本不能萌发；对播种深度适应性较强，种子在土壤垂直深度 5 cm 时仍有 20%可以出苗。在自然条件下，野老鹳草一般在每年的 9—10 月出苗，翌年 4—7 月为花期，果期 5—9 月。

四、传播扩散与危害特点

（一）传播扩散

野老鹳草于 20 世纪 40 年代在华东地区被发现，可能为差旅或交通携带无意传入。1918 年首次在江苏采集到该物种标本。野老鹳草种子小，产量高，繁殖性强。种子可通过风力、水力传播；同时农家肥料的麦壳秸秆有大量草籽，麦种也混杂有种子，可随交通运输远距离传播。

▲ 野老鹳草危害（付卫东　摄）

（二）危害特点

主要危害作物，特别是油菜（*Brassica napus*）和小麦（*Triticum aestivum*），与作物争水、争肥，具化感作用，排挤和抑制作物生长，导致作物减产，已经成为重要的农田杂草之一，对除草剂耐性较强。

五、防控措施

农艺措施：作物种植前，对农田进行深度不小于 20 cm 的深耕，将土壤表层杂草种子翻至深层，降低杂草种子出苗率；结合栽培管理，在野老鹳草出苗期，进行中耕除草，可以降低杂草的种群密度；对农田周围的野老鹳草植株在种子成熟前及时清除，防止侵入农田。

物理防治：对农田（小麦田、油菜田）中零散发生的野老鹳草，在种子成熟前连根拔除，拔除的植株应带出农田外，统一进行晒干、深埋、烧毁等无害化处理。

化学防治：

玉米田：播后苗前，可选择精异丙甲草胺等除草剂，均匀喷雾，土壤处理；玉米 3～5 叶期、野老鹳草苗期，可选择绿麦隆、氯氟吡氧乙酸、2 甲 4 氯、灭草松、噻吩磺隆等除草剂，茎叶喷雾。

小麦田：播后苗前，可选择异丙隆等除草剂，均匀喷雾，土壤处理；小麦苗期或者拔节期、野老鹳草苗期，可选择 2 甲 4 氯、异丙隆、绿麦隆、氯氟吡氧乙酸、灭草松、噻吩磺隆等除草剂，茎叶喷雾。

果园：野老鹳草苗期，可选择 2 甲 4 氯、氯氟吡氧乙酸、精异丙甲草胺、异丙隆、草甘膦等除草剂，茎叶喷雾。

荒地、路旁：野老鹳草苗前，可选择 2 甲 4 氯、草甘膦等除草剂，茎叶喷雾。

26　齿裂大戟

齿裂大戟 *Euphorbia dentata* Michx. 隶属大戟科 Euphorbiaceae 大戟属 *Euphorbia*。

【英文名】Toothed spurge。

【异名】*Poinsettia dentata*、*Euphorbia purpureomaculata*。

【俗名】锯齿大戟、紫斑大戟、齿叶大戟。

【入侵生境】常生长于杂草丛、林缘、路旁、沟边等生境。

【管控名单】属“中华人民共和国进境植物检疫性有害生物名录”。

一、起源与分布

起源：北美洲。

国外分布：澳大利亚、俄罗斯、乌克兰、泰国、爱尔兰、巴西、阿根廷等。

国内分布：北京、河北、内蒙古、江苏、浙江、湖北、湖南、广西、云南等地。

二、形态特征

植株：一年生直立草本植物，植株高 20～50 cm。

根：纤细，长 7～10 cm，直径 2～3 mm，下部多分枝。

茎：茎单一，非肉质，上部多分枝，直径 2～5 mm，被柔毛或无毛。

叶：叶对生，线形至卵形，多变化，长 2～7 cm，宽 5～20 mm，先端尖或钝，基部渐狭；边缘全缘、浅裂至波状齿裂，多变化；叶两面被毛或无毛；叶柄长 3～20 mm，被柔毛或无毛；总苞叶 2～3 枚，与茎生叶相同；伞幅 2～3，长 2～4 cm；苞叶数枚，与退化叶混生。

花：花序数枚，杯状聚伞状花序生于分枝顶部，基部具长 1～4 mm 短柄；总苞钟状，高约 3 mm，直径约 2 mm，边缘 5 裂，裂片呈三角形，边缘撕裂状；腺体 1～2 枚，呈二唇形，生于总苞侧面，淡黄褐色；雄花数朵，伸出总苞之外；雌花 1，子房柄与总苞边缘近等长；子房呈球形，光滑无毛；花柱 3，分离；柱头 2 裂。

子实：蒴果扁球状，长约 4 mm，直径约 5 mm，具 3 纵沟；成熟时分裂为 3 个分果爿；种子卵球状，长约 2 mm，直径 1.5～2 mm，黑色或褐黑色，表面粗糙，具不规则瘤状突起，腹面具 1 黑色沟纹，种阜盾状，黄色，无柄。

田间识别要点：齿裂大戟顶部苞叶为绿色或基部少许为淡白色，边缘有齿，腺体呈二唇形。近似种猩猩草（*Euphorbia cyathophora*）顶部苞叶基部具菱形红色或至白色色块。近似种白苞猩猩草（*Euphorbia heterophylla*）叶边缘全缘，腺体呈圆形，一品红顶部苞叶全为红色。

▲ 齿裂大戟植株（张国良　摄）

▲ 齿裂大戟根（张国良　摄）

▲ 齿裂大戟茎（张国良　摄）

▲ 齿裂大戟叶（张国良　摄）

▲ 齿裂大戟花（张国良　摄）

▲ 齿裂大戟子实（张国良　摄）

▲ 近似种猩猩草（张国良　摄）

▲ 近似种白苞猩猩草（张国良　摄）

三、生物习性与生态特性

齿裂大戟花粉量巨大，花粉可育率高，种子量大，单株种子量可达 2 790 粒；常温环境条件下，齿裂大戟的发芽率高达 79 %；在生长季，齿裂大戟埋在地下的种子可能由于所处深度的不同，气温条件及降水量的多少自主选择是否发芽，而不是同时发芽。在北京，每年 6 月下旬开花，花期长，约 50 天；9 月下旬至 10 月初，植株陆续枯萎，花败落，进入果实成熟期。

四、传播扩散与危害特点

（一）传播扩散

齿裂大戟于 20 世纪 70 年代引入中国。1976 年首次在北京采集到齿裂大戟标本。种子传播，成熟的种子从果爿中弹射出来，弹射距离为 3～5 m。除弹射外，种子较小（千粒重约 2.9 g），还可借助于风力、水流、动物以及人类活动进行远距离传播。经过适生性模型评估，齿裂大戟高风险区主要集中在 33°~40° N、109°~119° E 的北京、天津、河北南部、河南北部、山东中北部、山西南部和陕西西安等地。

（二）危害特点

齿裂大戟是农田主要杂草。全株都有白色有毒汁液；其繁殖力很强、种子出苗率高，极易形成单一优势种群，破坏生态环境，影响生物多样性。一旦入侵蔓延将对我国农业生产和人畜健康产生严重危害。

五、防控措施

物理防治：在齿裂大戟开花前，对于零散发生的区域人工拔除；对于大面积发生的区域机械铲除。已经产生种子的植株，拔除时应避免种子散发出去，植株应集中进行暴晒、粉碎、深埋等无害化处理。

化学防治：在齿裂大戟苗前，可选择草甘膦、氯氨吡啶酸等除草剂，茎叶喷雾。

替代控制：先采取人工拔除、机械铲除等措施进行治理，再根据环境特点选择种植本地植物，增加地表覆盖度。

27 飞扬草

飞扬草 *Euphorbia hirta* L. 隶属大戟科 Euphorbiaceae 大戟属 *Euphorbia*。

【英文名】Garden spurge、Hairy spurge、Milkweed。

【异名】*Chamaesyce hirta*、*Euphorbia hirta* var. *typica*、*Euphorbia pilulifera*。

【俗名】大飞扬、乳籽草、节节花、飞相草。

【入侵生境】常生长于农田、果园、荒地、草坪、绿地、路旁、住宅旁等生境。

【管控名单】无。

一、起源与分布

起源：美国南部至阿根廷、西印度群岛。

国外分布：全球热带和亚热带地区。

国内分布：福建、江西、湖南、广东、广西、海南、四川、贵州、云南、台湾等地。

二、形态特征

植株：一年生草本植物，植株高 30~70 cm。

根：根纤细，长 5~11 cm，径 3~5 mm，常不分枝，稀 3~5 分枝。

茎：茎单一，无主茎，茎非肉质，直立或斜升，自中部向上分枝或不分枝，直径约 3 mm，被褐色或黄褐色粗硬毛。

叶：叶对生，披针状长圆形、长椭圆状卵形或卵状披针形，长 1~5 cm，宽 5~13 mm，先端急尖或钝，基部略偏斜；边缘于中部以上有细锯齿，中部以下较少或全缘；叶正面为绿色，叶背面为灰绿色，有时具紫色斑，两面被柔毛，叶背面脉上的毛较密；叶柄极短，长 1~2 mm。

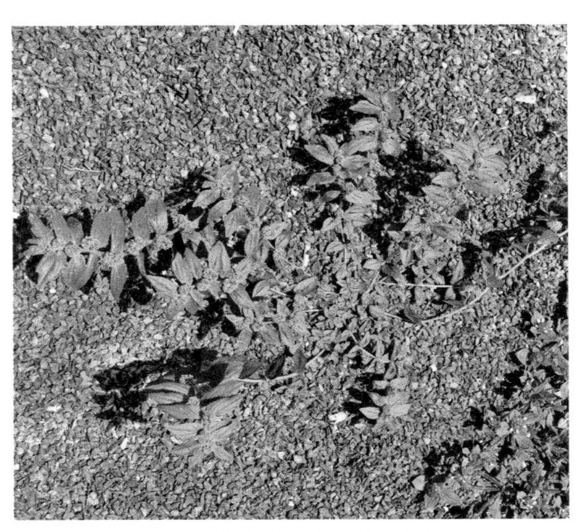

▲ 飞扬草植株（张国良　摄）

花：花序多数，杯状聚伞花序于叶腋处密集呈头状，基部无梗或具极短的柄，且被柔毛；总苞呈钟状，高与直径各约 1 mm，被柔毛，边缘 5 裂，裂片三角状卵形；腺体 4，近于杯状，边缘具白色倒三角形附属物；雄花数枚，微达总苞边缘；雌花 1，具短梗，伸出总苞之外；子房三棱状，被少许柔毛；花柱 3，分离；柱头 2 浅裂。

子实：蒴果三棱状，长与直径均 1～1.5 mm，被短柔毛；种子近圆状 4 棱，每个棱面有数个横纹，无种阜。

田间识别要点：飞扬草无主茎，叶对生，茎叶被刚毛，子房被毛，杯状聚伞花序于叶腋处聚集呈头状。近似种通奶草（*Euphorbia hypericifolia*）茎直立斜生，节间无不定根，叶长椭圆形，边缘锯齿，全株无毛。近似种大地锦（*Euphorbia nutans*）幼茎密被短柔毛，叶被长柔毛。

▲ 飞扬草茎（张国良　摄）

▲ 飞扬草叶（张国良　摄）

▲ 飞扬草花（张国良　摄）

▲ 飞扬草子实（张国良　摄）

▲ 近似种通奶草（张国良　摄）

▲ 近似种大地锦（张国良　摄）

三、生物习性与生态特性

飞扬草以种子繁殖，单株平均种子量 2 990 粒；20～40 ℃种子均可萌发，其中 30 ℃为种子萌发的最适温度，25 ℃时幼苗生长最好；恒温条件（25 ℃）下；12～16 h 光照为飞扬草种子萌发和幼苗生长的最佳光照条件；15 ℃、光 / 暗（12 h/12 h）条件下，飞扬草在土壤最大持水量 60 % 时的种子出苗率最大（为 39 %），幼苗根长苗长比为 1.1 ： 1。种子覆土深度 1 cm 不能出苗。在福建尤溪飞扬草花期 5—11 月，果期 6—12 月。

四、传播扩散与危害特点

（一）传播扩散

飞扬草最早于 1820 年在中国澳门采集到标本，随交通工具及人类活动无意带入。飞扬草以种子传播，蒴果被短柔毛，种子细小，千粒重仅 0.089 6 g，可借助于风力、水流、动物以及人类活动等进行传播。

（二）危害特点

飞扬草为热带、亚热带常见旱田和草坪杂草，影响旱地作物生长，破坏草坪环境。飞扬草是外来有害生物螺旋粉虱（*Aleurodicus disperses*）和病原真菌粉孢属的主要寄主，具有向热带果蔬产业传播病虫害的危险性。飞扬草是一种有毒植物，如误吞，会发生头昏、头疼、腹疼等中毒的状况，影响人类和牲畜健康。

▲ 飞扬草危害（张国良　摄）

五、防控措施

农艺措施：作物种植前，对农田进行深度不小于 20 cm 的深耕，将土壤表层种子翻至深层，可减少种子出苗；结合栽培管理，在飞扬草出苗期，进行中耕除草，可有效降低农田内杂草的种群数量；对农田周边的杂草植株进行清理，防止传入农田。

物理防治：在飞扬草开花、种子成熟前，对于零散发生的飞扬草人工铲除；对于大面积发生的飞扬草机械刈割。

化学防治：在飞扬草苗期，可选择 2 甲 4 氯、草甘膦等除草剂，茎叶喷雾。

28 匍匐大戟

匍匐大戟 *Euphorbia prostrata* Ait. 隶属大戟科 Euphorbiaceae 大戟属 *Euphorbia*。

【英文名】Prostrate spurge。

【异名】*Chamaesyce prostrata*。

【俗名】铺地草。

【入侵生境】常生长于农田、荒地、路旁、住宅旁等生境。

【管控名单】无。

一、起源与分布

起源：美洲热带和亚热带地区。

国外分布：全球热带和亚热带地区。

国内分布：北京、河北、上海、江苏、浙江、福建、山东、湖南、江西、广东、广西、海南、四川、云南、甘肃、香港、澳门、台湾等地。

二、形态特征

植株：一年生草本植物，具匍匐茎，长 15～19 cm。

根：纤细，长 7～9 cm。

茎：呈匍匐状，非肉质，无主茎，自基部多分枝，通常呈淡红色或红色，少绿色或淡黄绿色，无毛或被少许柔毛。

叶：叶对生，卵圆形至倒卵形，长 3～7（8）mm，宽 2～4（5）mm，先端圆，基部偏斜，不对称，边缘全缘或具不规则的细锯齿；叶正面无毛，背面被柔毛或叶尖边缘少许柔毛；叶柄极短或近无；托叶长三角形，易脱落。

花：杯状聚伞花序常单生于叶腋，少为数个簇生于小枝顶端，具 2～3 mm 的柄；总苞陀螺状，高约 1 mm，直径近 1 mm，常无毛，少被稀疏的柔毛，边缘 5 裂，裂片三角形或半圆形；腺体 4，具极窄的白色附属物；雄花数枚，常不伸出总苞外；雌花 1，子房柄较长；花柱 3，柱头 2 裂。

子实：蒴果三棱状，长约 1.5 mm，直径约 1.4 mm，除果棱上被白色疏柔毛外，其他无毛；种子卵状四棱形，长约 0.9 mm，直径约 0.5 mm，黄色，每个棱面上有 6～7 个横沟，无种阜。

田间识别要点：匍匐大戟无主茎，叶对生，叶卵圆形至倒卵圆形，子房被毛集中在棱上，成熟时子房柄完全伸出总苞外并下弯呈“U”形。近似种斑地锦（*Euphorbia maculata*）叶片边缘上部具细锯齿，叶面中央有紫斑，总苞的腺体 4。

▲ 匍匐大戟植株（张国良　摄）

▲ 匍匐大戟茎（张国良　摄）

▲ 匍匐大戟叶（张国良　摄）

▲ 匍匐大戟花（张国良　摄）

▲ 匍匐大戟子实（张国良　摄）

▲ 近似种斑地锦（张国良　摄）

三、生物习性与生态特性

匍匐大戟苗期为4—5月，花果期5—10月。匍匐大戟种子量大，繁殖能力强；对环境的适应性很强，耐重金属、耐盐、耐干旱。匍匐大戟可以修复铅污染的土壤，以及可以改善工业废水中的重金属污染；可以在高盐浓度地区土壤内生长良好；可以在干旱和半干旱地区生长。

四、传播扩散与危害特点

（一）传播扩散

1921年首次在广东潮州采集到匍匐大戟标本。以种子传播，传播方式多样。种子细小易脱落，可通过货物裹挟、鞋底缝隙附着等人类活动传播扩散。也可以借助风力、水流途径等自然传播。

（二）危害特点

匍匐大戟为秋熟旱作农田、路旁、住宅旁杂草，茎匍匐状，可对本土植物进行覆盖，与本土植物竞争生存空间，排挤本土植物，降低入侵地物种丰富度，影响生物多样性；入侵农田，威胁作物生长，影响作物产量。

五、防控措施

农艺措施：结合栽培管理，在匍匐大戟出苗期，对作物进行中耕除草，可有效降低农田杂草的种群数量，减少危害；对农田周边的杂草植株进行清理，防止传入农田。

物理防治：对发生在草坪或绿地的匍匐大戟，在苗期人工或机械铲除，或使用火焰除草器防除。

化学防治：

秋熟旱作农田：作物播后苗前，可选择氨氟乐灵、噁草灵等除草剂，均匀喷雾，土壤处理。

荒地、路旁：匍匐大戟苗期，可选择2甲4氯、草甘膦等除草剂，茎叶喷雾。

29 火炬树

火炬树 *Rhus typhina* L. 隶属漆树科 Anacardiaceae 盐肤木属 *Rhus*。

【英文名】Staghorn sumac。

【异名】*Datisca hirta*、*Rhus hirta*。

【俗名】鹿角漆树、鹿角漆、火炬漆、加拿大盐肤木。

【入侵生境】常生长于荒地、道路、公路、铁路、林地等生境。

【管控名单】无。

一、起源与分布

起源：北美洲。

国外分布：美国、加拿大、德国、瑞士、奥地利、捷克、韩国、澳大利亚等。

国内分布：北京、河北、辽宁、山西、上海、安徽、江苏、山东、甘肃、宁夏、青海、陕西、新疆等地。

二、形态特征

植株：落叶灌木或小乔木，植株高4~8 m，树形不整齐。

茎：茎直立，皮为黑褐色，稍具不规则纵裂；枝被灰色茸毛；小枝黄褐色，被黄色茸毛。

叶：叶互生，奇数羽状复叶，小叶 11～23 枚；长圆形至披针形，长 5～12 cm，先端长渐尖，边缘具锯齿；基部圆形或广楔形；表面为绿色，背面为苍白色，均被茸毛。

花：雌雄异株；花序顶生，为直立圆锥花序，长 10～20 cm，密被茸毛；花为淡绿色，雌花花柱被红色刺毛。

子实：小核果扁球形，被红色短刺毛，聚生为紧密的火炬果形果穗；种子扁圆形，黑褐色，坚硬。

▲ 火炬树植株（①张国良　摄，②王忠辉　摄）

▲ 火炬树茎（①②王忠辉　摄，③④张国良　摄）

▲ 火炬树叶（王忠辉　摄）

▲ 火炬树花（张国良　摄）

▲ 火炬树子实（张国良　摄）

田间识别要点：小枝红褐色，密被茸毛，花序顶生，直立圆锥形，小核果被红色短刺毛，聚生成紧密的火炬形果穗。

三、生物习性与生态特性

火炬树花期 6—7 月，果期 9—10 月。主要通过根蘖繁殖，火炬树的根系分布较浅，横走侧根发达、不定芽多，在整个生长季都有萌发。分蘖能力极强，4 年内可萌发 30～50 个根蘖株。火炬树种子较小，种皮坚硬，其外部被红色针刺毛，种子饱满度 80 % 左右，种子发芽率低于 20 %，在自然条件下，可以通过野兔、野鸡等取食种子，过腹发芽率可达 90 %。火炬树一般 4 年即可开花结实，可以持续 30 年以上；但在环境恶劣时，植株成活 20 年即枯死。

四、传播扩散与危害特点

（一）传播扩散

火炬树于 1959 年作为观赏植物有意引入，开始在北京植物园试种，1974 年在全国各地推广种植。火炬树通过萌生侧根不定芽扩散，也可以通过人为方式运载该物种的活性组织达到长距离传播的目的。火炬树成熟期早，种子量大，体积小。可通过人工引种或交通运输长距离运输，也可以通过鸟类过腹、水流、风力自然传播扩散。火炬树适应性很强，从温带大陆性干旱至半干旱的各种气候类型，再到亚热带海洋气候，年平均气温 8 ℃以上，年降水量 300～1 200 mm，都可生存。

▲ 火炬树危害（王忠辉　摄）

（二）危害特点

常用于风景林营建、环境美化和护坡，但超强的根蘖繁殖能力、抗逆性和生长速度等特点，使它又具备了外来入侵植物的基本特征，植株一般年生长均在 1 m 以上，最高可达 2.5 m，侧根每年向外延伸 1 m 多，常挤占本地物种生存空间，通过营养繁殖和化感作用，抑制邻近植物的生长，对局部生态系统产生影响，影响区域生态系统的平衡；同时分泌物质会引起过敏人群的不良反应。

五、防控措施

农艺措施：火炬树小规模发生时，可采取水淹或在春季用火焰法烧伤树干，彻底清除火炬树。

物理防治：对于已引种火炬树区域，密切关注其蔓延态势，必要时定期清理滋生幼苗。火炬树在受刺激后会促进生长，每次砍伐火炬树的实生苗或植株后都会重新发芽，但茂密的植被会阻止幼苗获得足够的阳光，导致叶片变黄并最终死亡。

化学防治：在7—8月火炬树生长旺季，可选择三氯吡氧乙酸等除草剂，茎叶喷雾；或在新砍伐的火炬树树桩上涂抹草甘膦等除草剂。

30 野西瓜苗

野西瓜苗 *Hibiscus trionum* L. 隶属锦葵科 Malvaceae 木槿属 *Hibiscus*。

【英文名】Venice mallow、Flower of an hour。

【异名】*Trionum annuum*、*Hibiscus africanus*、*Hibiscus hispidus*、*Hibiscus ternatus*、*Hibiscus trionum* var. *ternatus*。

【俗名】香铃草、灯笼花、小秋葵、火炮草、黑芝麻。

【入侵生境】常生长于农田、荒坡、路旁、旷野等生境。

【管控名单】无。

一、起源与分布

起源：非洲。

国外分布：欧洲、亚洲、北美洲、非洲的热带和温带地区。

国内分布：北京、河北、黑龙江、吉林、辽宁、内蒙古、山西、安徽、江苏、浙江、福建、山东、河南、湖北、湖南、江西、广东、广西、海南、重庆、四川、贵州、云南、西藏、陕西、甘肃、宁夏、青海、新疆、台湾等地。

二、形态特征

植株：一年生草本植物，植株高20~70 cm。

茎：茎平卧或直立，柔软，被白色星状粗毛。

叶：叶二型，下部叶圆形，不裂或稍浅裂，上部叶掌状，3~5深裂，直径3~6 cm，中裂片较长，两侧裂片较短，裂片倒卵形或长圆形，通常羽状全裂，正面近无毛或疏被粗硬毛，背面疏被星状粗刺毛；叶柄长2~4 cm，被星状柔毛和长硬毛，托叶线形，长约7 mm，被星状粗硬毛。

花：花单生叶腋；花梗长1~2.5 cm，结果时期可延长至4 cm，被星状粗硬毛；小苞片12，线形，长约8 mm，被粗长硬毛，基部合生；花萼钟形，淡绿色，长1.5~2 cm，裂片5，膜质，三角形，具紫色纵条纹，被长硬毛或星状硬毛，中部以下合生；花冠淡黄色，内面基部紫色，直径2~3 cm，花瓣5片，倒卵形，长约2 cm，外面疏被极细柔毛；雄蕊柱长约5 mm，花丝纤细，花药黄色；花柱5个，无毛。

果实：蒴果呈长圆状球形，直径约1 cm，被粗硬毛，果柄长达4 cm，果皮薄，黑色；种子肾形，黑色，具腺状突起。

田间识别要点：叶互生，上部叶掌状3~5深裂至全裂，花萼膜质，有紫色条纹，花瓣淡黄色，内面基部紫色。

▲ 野西瓜苗植株
（①付卫东　摄，②张国良　摄）

▲ 野西瓜苗茎（张国良　摄）

▲ 野西瓜苗叶（张国良　摄）

▲ 野西瓜苗花（张国良　摄）

▲ 野西瓜苗子实（张国良　摄）

三、生物习性与生态特性

野西瓜苗花期 7—8 月，果期 8—10 月。该物种雌雄同体并由昆虫授粉。种子早春 3—4 月或秋季 9—10 月萌发，种子萌发适宜温度为 15～20 ℃，发芽期短，幼苗生长迅速，具有紧凑且良好的分支生长习性。在阳光照射时植物开花，花开时间短，白色花朵通常开花几个小时后枯萎，被称为一小时之花。但花多，花期可以从夏天持续到秋季霜冻。种子具休眠特性。

四、传播扩散与危害特点

（一）传播扩散

我国于 14 世纪初引入该物种，《救荒本草》首次收录。1910 年首次在河南采集到该物种标本。种子可随作物引种、交通运输等传播扩散。可扩散到我国大部分地区。

（二）危害特点

野西瓜苗喜排水良好、富含腐殖质、肥沃的土壤，喜光，耐旱，不耐寒，不耐阴，在温带地区为一年生植物，在热带地区为多年生植物。分枝繁多，主根强壮，侧根多、细长。它有时作为观赏、食用或药用植物种植，种子含有 24 % 的油和少量的棉酚，用于治疗有瘙痒和疼痛症状的皮肤病，花是利尿剂。在一些区域逃逸成为入侵杂草，是常见旱作农田杂草，侵占旱作农田和果园，竞争水分和养分，导致作物减产。

五、防控措施

农艺措施：对作物种子进行精选，提高作物种子的纯度；结合栽培管理和农事操作，在野西瓜苗出苗期，进行中耕除草，降低杂草的种群密度；防止土地撂荒和裸露，种植高大作物和其他植物遮蔽或用秸秆覆盖，可阻止杂草种子发芽。

物理防治：对于发生在农田内的点状、零散的野西瓜苗，可在植株开花结果前人工连根铲除；对于成片大面积发生，且不适宜化学防治的区域，可机械连根铲除。铲除的植株应进行暴晒、烧毁、深埋、粉碎等无害化处理。

化学防治：

水稻田：在野西瓜苗苗期，可选择丙草胺、克阔乐、灭草松等除草剂，茎叶喷雾。

玉米田、棉花田：在野西瓜苗苗期，可选择克阔乐等除草剂，茎叶喷雾。

大豆田、花生田：在野西瓜苗苗期，可选择灭草松、克阔乐等除草剂，茎叶喷雾。

荒地、旷野等：在野西瓜苗苗期，可选择草甘膦、草铵膦，茎叶喷雾。

31 美丽月见草

美丽月见草 *Oenothera speciose* Nutt. 隶属柳叶菜科 Onagraceae 月见草属 *Oenothera*。

【英文名】Mexican evening primrose、Pink buttercups、Pink evening primrose、Pink ladies、Showy evening primrose。

【异名】*Hartmannia speciosa*、*Oenothera delessertiana*、*Oenothera speciosa* var. *childsii*。

【俗名】红衣丁香、艳红夜来香、粉晚樱草、丽姿月见草。

【入侵生境】常生长于荒地、草地、路旁、沟边等生境。

【管控名单】无。

一、起源与分布

起源：美国、墨西哥。

国外分布：世界各地。

国内分布：江苏、浙江、山东、湖北、江西、广东、广西、海南、四川等地。

二、形态特征

植株：多年生草本植物，植株高 30～50 cm。

根：圆柱状。

茎：茎直立，常丛生，幼苗期呈莲座状，基部被红色长毛。

叶：叶两面被白色柔毛，互生，基生叶有柄，茎生叶近无柄，长可达 10 cm，宽可达 4 cm，叶形变异较大，从线型、狭椭圆形至倒卵状披针形，边缘波状、齿状或浅裂。

花：花单生于枝端叶腋，排列成疏穗状；花冠杯状，花瓣 4，长 3.8～5.1 cm，白色，后逐渐变成粉红色，花冠喉部、柱头和雄蕊黄色，柱头高于花药；幼果及花柄常淡红色，后顶端膨大。

子实：蒴果卵圆形，长约 1.3 cm，成熟后顶部开裂；种子每室多数，近横向簇生，长圆状倒卵形。

▲ 美丽月见草植株（张国良　摄）

▲ 美丽月见草茎（张国良　摄）

▲ 美丽月见草叶（张国良　摄）

▲ 美丽月见草花（张国良　摄）

▲ 美丽月见草子实（张国良　摄）

田间识别要点：柱头高于花药，花瓣白色，后变粉红色，叶线性至倒卵形，边缘齿状或波状，花瓣长 4～5 cm，蒴果卵圆形，无纵翅。

三、生物习性与生态特性

美丽月见草以宿根萌生或种子繁殖，花期 4—11 月，果期 9—12 月。宿根萌生枝芽于 2 月下旬，3 月下旬进入初花期；种子于 3 月上旬萌发，生长到 12 片叶后进入生殖生长期。在水肥条件较好的生境，植株春季、夏季、秋季都能生长，有利于植株扩展，植株生长期长，结实成熟期延长；在干旱、瘠薄的生境，植株营养生长期短，快速生长后即进入生殖生长期，显示较整齐的结实成熟期，5 月下旬植株陆续枯萎。

四、传播扩散与危害特点

（一）传播扩散

2004 年首次在江苏无锡采集到美丽月见草标本。可能是作为观赏花植物有意引入。美丽月见草花期长，种子多，每克种子量 10 000 余粒，可通过人为引种或借助水流、风力、动物携带等传播，可能扩散的区域为华北、华东、华中、华南等地区，甚至中南、西南地区。

（二）危害特点

美丽月见草为路旁杂草，繁殖力、适应力强，易形成单一优势种群；种子小，种子量大，易形成种子库，人为活动使其远距离传播，具有较大的危害性。

▲ 美丽月见草危害（张国良　摄）

五、防控措施

农艺措施：对于有美丽月见草分布的果园、茶园、绿地等生境，可结合日常农事管理进行人工清除。

物理防治：每年在植株幼小时将其彻底铲除，人工拔掉根茎，及时清除土壤中留下的茎段。种子有休眠机制，需连续几年监测观察，一旦发现幼苗，及时清除。

化学防治：在美丽月见草苗期，可选择草甘膦、草铵膦等除草剂，茎叶喷雾。

32 粉绿狐尾藻

粉绿狐尾藻 *Myriophyllum aquaticum*（Vell.）Verdc. 隶属小二仙草科 Haloragaceae 狐尾藻属 *Myriophyllum*。

【英文名】Parrot feath、Brazilian watermilfoil。

【异名】*Enydria aquatica*、*Myriophyllum brasiliense*、*Myriophyllum proserpinacoides*。

【俗名】大聚藻、绿狐尾藻。

【入侵生境】常生长于沟渠、池塘、河流、湖泊、沼泽等生境。

【管控名单】无。

一、起源与分布

起源：南美洲。

国外分布：澳大利亚、新西兰、日本、菲律宾、马来西亚、美国、英国、法国、墨西哥、尼加拉瓜、印度尼西亚、马达加斯加、津巴布韦、南非等。

国内分布：江苏、浙江、湖北、湖南、江西、广西、云南、台湾等地。

二、形态特征

植株：多年生挺水或沉水草本植物，挺水植株高 10～20 cm。

根：根状茎发达，在底泥中蔓延，节部生根。

茎：黄绿色，长 1～4 m，半蔓性，能匍匐湿地生长；上部为挺水枝，匍匐挺水；下部为沉水枝，多分枝，节部生须状根。

叶：5～7 枚轮生，羽状全裂，裂片丝状，蓝绿色，在顶部密集；沉水叶丝状，红色，冬天枯萎脱落。

花：花单生，单性，雌雄异株，稀两性，每轮具花 4～6 朵，花无柄；雌花生于水上茎下部叶腋，萼筒与子房合生，萼裂片 4 裂，裂片长不到 1 mm，卵状三角形；花瓣 4，舟状，早落；雌蕊 1，子房 4 室，柱头 4 裂；雄花花瓣 4，椭圆形，长 2～3 mm，早落；雄花的雄蕊 8，开花后伸出花冠外。

子实：果实坚果状，长约 3 mm，具 4 条浅槽，顶端具残存萼片及花柱。

田间识别要点：根状茎发达，节部生根，上部为挺水枝，匍匐生长，下部为沉水枝，节部均生须状根，叶 5～7 枚轮生，羽状全裂。

▲ 粉绿狐尾藻植株（张国良　摄）

▲ 粉绿狐尾藻根（张国良　摄）

▲ 粉绿狐尾藻茎（张国良　摄）

▲ 粉绿狐尾藻叶（张国良 摄）

▲ 粉绿狐尾藻花（张国良 摄）

三、生物习性与生态特性

粉绿狐尾藻属雌雄异株物种，但很难通过有性繁殖产生种子。匍匐茎承担了生长繁殖的所有功能，使其可以通过无性繁殖方式迅速扩散；粉绿狐尾藻的茎较脆且容易破碎，碎片化的茎片段容易扎根在泥土中以建立新的入侵地。粉绿狐尾藻可以适应多种生境，既可沉水又可挺水生长；喜日光充足、温暖的环境，怕冻害，在 26～30 ℃温度条件下生长良好，越冬温度不宜低于 5 ℃；入冬后地上部分逐渐枯死，以根状茎在泥中越冬或叶腋中生出棍棒状冬芽越冬。春季 4—6 月出苗，花期 8—9 月。

四、传播扩散与危害特点

（一）传播扩散

1996 年首次在中国台湾台中采集到粉绿狐尾藻标本，广泛引种栽培逃逸后扩散。根状茎具有强大的无性繁殖能力，幼苗、断落的茎段可借助水流传播，短时间内形成较大的种群数量。可能扩散的区域包括国内淡水水系，尤其是南方地区富营养的河流、湖泊等。

（二）危害特点

粉绿狐尾藻一旦建群成功，便可以繁殖扩散，即使实施控制措施，也很难完全消除。入侵湖面、河道等水域，覆盖水体，可导致蒸腾作用加剧、水分流失严重；阻塞河道，给船只航行带来不便。粉绿狐尾藻入侵会在水面形成致密的植毡层，排挤水生生态系统中其他物种（例如沉水植物）的生长，可导致水体溶氧的减少，对许多水生动物、植物造成致命的危害，破

▲ 粉绿狐尾藻危害（张国良 摄）

坏水生生态系统，影响水域生物多样性。给水中产卵的昆虫提供了更多的繁殖场所，威胁人类和动物的健康。

五、防控措施

引种管理：粉绿狐尾藻常用作重富营养水体生态修复的先锋植物大量栽培，应加强引种管理，引种后应严格控制，防止逃逸。

物理防治：对于入侵初期，种群小的水域，可人工打捞；对于发生面积大，且不适宜化学防治的水域，可机械打捞，但在打捞过程中应清洁水面的植物残段，避免造成二次扩散。

化学防治：由于粉绿狐尾藻为水生植物，使用化学防治措施时应考虑除草剂施用后的水体污染风险。在粉绿狐尾藻苗期和营养生长期，可选择草甘膦、氯氟吡氧乙酸、敌草快等除草剂，茎叶喷雾。

生物防治：已发现在南非有一种甲虫（*Lysathia* spp.），通过其啃食粉绿狐尾藻叶片，可显著降低粉绿狐尾藻挺水苗的生物量。

33 刺芹

刺芹 *Eryngium foetidum* L. 隶属伞形科 Apiaceae 刺芹属 *Eryngium*。

【英文名】Mexican coriander、Long coriander。

【异名】*Eryngium antihystericum*。

【俗名】刺芫荽、假芫荽、节节花、野香草、假香荽、缅芫荽。

【入侵生境】常生长于农田、果园、荒地、路旁、沟边、住宅旁等生境。

【管控名单】无。

一、起源与分布

起源：美洲热带地区。

国外分布：南美洲东部、中美洲、安的列斯群岛以及亚洲、非洲的热带地区。

国外分布：福建、广东、广西、海南、贵州、云南、香港、澳门、台湾等地。

二、形态特征

植株：二年生或多年生草本植物，植株高 10～50 cm。

根：主根纺锤形。

茎：茎直立，粗壮，无毛，有数条槽纹，上部有三至五歧聚伞式分枝。

叶：基生叶披针形或倒披针形，不分裂，革质，长 5～25 cm，宽 1.2～4 cm，顶端钝，基部渐窄成膜质叶鞘；茎生叶着生于每一叉状分枝的基部，对生，无柄，边缘具深锯齿，齿尖刺状，顶端不分裂或 3～5 深裂。

花：头状花序生于茎的分叉处及上部枝条的短枝上，呈圆柱形，无花序梗；总苞片 4～7，长 1.5～3.5 cm，宽 4～10 mm，叶状，披针形，边缘具 1～3 刺状锯齿；小总苞片阔线形至披针形，长 1.5～1.8 mm，宽约 0.6 mm，边缘透明膜质；花极小，多而密集，长约 1 mm；萼齿卵状披针形至卵状三角形，长 0.5～1 mm，顶端尖锐；花瓣与萼齿近等长，披针形至倒卵形，顶端内折，花白色、淡黄色或草绿色；花柱直立或稍向外倾斜，略长过萼齿。

子实：果卵圆形或球形，表面具瘤状凸起，果棱不明显。

▲ 刺芹植株（①付卫东　摄，②张国良　摄）

▲ 刺芹根（①付卫东　摄，②张国良　摄）

▲ 刺芹茎（付卫东　摄）

▲ 刺芹叶（张国良　摄）

▲ 刺芹花（张国良　摄）

田间识别要点：刺芹有特殊香味，叶基生，边缘具硬刺，伞状花序具三至五回二歧分枝，由数个头状花序组成，总苞片叶状，具硬刺。近似种扁叶刺芹（*Eryngium planum*）花浅蓝色，果实外面被白色窄长的鳞片。

三、生物习性与生态特性

刺芹喜温、耐热、怕霜，喜湿、耐旱、耐阴。适宜生长温度为15～35 ℃，5 ℃以上能安全越冬，能耐 −1～2 ℃的低温，短时40 ℃高温植株能正常生长。对环境适应性强，能在各种土壤上生长，在贫瘠土壤中生长的苗株虽瘦小，但芳香味更浓。春季3月种子开始出苗，花果期4—12月。

四、传播扩散与危害特点

（一）传播扩散

1912年在中国有文献报道，《海南植物志》（第3卷，1974年）、《中国植物志》（1979年）均有记载。1912年首次在海南陵水采集到该物种标本，之后在云南（1914年）、广东（1919年）、广西（1919年）有标本采集记录。刺芹以种子繁殖，种子结实率多，成活率高。常通过引种栽培传播，同时种子可借助风、水流以及农事活动扩散蔓延。

（二）危害特点

为果园和农田常见杂草，也发生于路旁和荒野，影响景观。

五、防控措施

植物检疫：严禁作为观赏植物进行引种栽培，检验检疫部门应加强对货物、运输工具等携带刺芹子实的检疫。

物理防治：在刺芹开花期或植株种子成熟前，对于点状、零散发生的刺芹，可人工拔除。

化学防治：在刺芹苗期、营养生长期，可选择草甘膦、乙氧氟草醚等除草剂，茎叶喷雾。

▲ 刺芹危害（付卫东　摄）

34 野胡萝卜

野胡萝卜 *Daucus carota* L. 隶属伞形科 Apiaceae 胡萝卜属 *Daucus*。

【英文名】Wild carrot、Queen anne's lace。

【异名】*Caucalis daucus*、*Carota sylvestris*。

【俗名】鹤虱草、假胡萝卜。

【入侵生境】常生长于农田、果园、茶园、荒地、路旁、河岸、沟渠等生境。

【管控名单】无。

一、起源与分布

起源：欧洲。

国外分布：欧洲、非洲、亚洲、北美洲、南美洲、大洋洲。

国内分布：北京、天津、河北、山西、黑龙江、吉林、辽宁、内蒙古、上海、江苏、安徽、浙江、福建、山东、河南、湖北、湖南、江西、广东、广西、重庆、四川、贵州、云南、西藏、陕西、甘肃、宁夏、青海、新疆等地。

二、形态特征

植株：二年生草本植物，植株高 15～120 cm。

根：肉质根。

茎：茎单生，全体被白色粗硬毛。

叶：基生叶薄膜质，长圆形，二至三回羽状全裂，末回裂片线形或披针形，长 2～15 mm，宽 0.5～4 mm，顶端尖锐，有小尖头，光滑或被糙硬毛；叶柄长 3～12 cm；茎生叶近无柄，有叶鞘，末回裂片小或细长。

花：复伞形花序，花序梗长 10～55 cm，被糙硬毛；总苞有多数苞片，呈叶状，羽状分裂，少有不裂的，裂片线形，长 3～30 mm；伞幅多数，长 2～7.5 cm，结果时外缘的伞幅向内弯曲；小总苞片 5～7，线形，不分裂或 2～3 裂，边缘膜质，具纤毛；花通常白色，有时带淡红色；花柄不等长，长 3～10 mm。

子实：果实圆卵形，长 3～4 mm，宽 2 mm，棱上被白色刺毛。

▲ 野胡萝卜植株（张国良 摄）

▲ 野胡萝卜茎（张国良 摄）

▲ 野胡萝卜叶（张国良 摄）

▲ 野胡萝卜花（张国良 摄）

▲ 野胡萝卜子实（张国良 摄）

田间识别要点：有胡萝卜味，叶二至三回羽状分裂，复伞花序，花瓣5，白色，子房下位，双悬果圆卵形，棱上被刺毛。近似种蛇床（*Cnidium monnieri*）茎上无毛，光滑。

▲ 野胡萝卜（左）与近似种蛇床（右）茎和花比较（张国良 摄）

三、生物习性与生态特性

野胡萝卜需要在低温下纯化诱导开花，生长的最佳温度为16～24 ℃。只有在日平均气温低于20 ℃的气候下才能成功开花。幼苗在−38 ℃可安全越冬，翌年土壤解冻后返青，可迅速生长。7—8月开花，8—9月种子成熟。种子边成熟边脱落。当年种子处于休眠状态，经过越冬翌年5—6月可自然发芽出苗。种子存活寿命短，不超过2年，约28 %的种子在第1个冬天存活下来，但只有40 %的存活种子在翌年发芽。野胡萝卜抗寒、耐旱，喜微酸性至中性土壤，喜肥，喜光，适生于肥沃潮湿的开旷地。

四、传播扩散与危害特点

（一）传播扩散

野胡萝卜《救荒本草》（1406年）有记载，1910年首次在湖北武汉和北京采集到该物种标本，可能随作物种子或通过人和货物携带经丝绸之路无意传入。野胡萝卜果实表面具钩毛，容易被交通工具、人类或动物附着携带扩散。可扩散到国内大部分地区。

（二）危害特点

胡萝卜具化感作用，能抑制其他植物生长，竞争并取代其他植物，影响生物多样性，影响景观；野胡萝卜也是果园、桑园、茶园主要杂草之一；野胡萝卜还可以引起人类和牲畜接触性皮炎。

▲ 野胡萝卜危害（张国良　摄）

五、防控措施

植物检疫：检疫部门应加强对货物、运输工具等携带野胡萝卜子实的监控。

农艺措施：采取作物轮作措施可用于减少野生胡萝卜危害，特别是将小麦纳入轮作可以减少甚至阻止野生胡萝卜种子的产生。

物理防治：在牧场和非作物地区，当 75 % 的植物开始开花时，建议在尽可能靠近地面的部位刈割。

化学防治：

小麦田、玉米田：在野胡萝卜苗期，可选择 2 甲 4 氯等除草剂，茎叶喷雾。

路旁、荒地：在野胡萝卜开花前，可选择草甘膦、草铵膦等除草剂，茎叶喷雾。

35 细叶旱芹

细叶旱芹 *Cyclospermum leptophyllum*（Persoon）Sprague ex Britton & P. Wilson 隶属伞形科 Apiaceae 胡芹属 *Cyclospermum*。

【英文名】Fir leaf celery、Marsh parsley、Slender celery、Wild celery。

【异名】*Apium leptophyllum*、*Selinum leptophyllum*、*Pimpinella leptophylla*、*Aethusa leptophylla*、*Apium tenuifolium*、*Cyclospermum ammi*。

【俗名】茴香芹、细叶芹。

【入侵生境】常生长于农田、荒地、草坪、园圃、路旁等生境。

【管控名单】无。

一、起源与分布

起源：南美洲。

国外分布：亚洲、非洲、欧洲（比利时、法国、西班牙、葡萄牙、挪威、阿尔巴尼亚、俄罗斯）和大洋洲（澳大利亚），以及美国、印度洋岛屿等。

国内分布：河北、上海、安徽、江苏、浙江、福建、山东、湖北、广东、广西、海南、重庆、贵州等地。

二、形态特征

植株：一年生草本植物，植株高 25～45 cm。

茎：茎多分枝，光滑。

叶：基生叶有柄，叶柄长 2～5（11）cm，呈宽长圆形或长圆状卵形，三至四回羽状多裂，小裂片丝线状至丝状；茎生叶常三出羽状多裂，裂片线形，无毛。

花：复伞形花序顶生或腋生，无梗或少有短梗，无总苞片和小总苞片；伞幅 2～3（5），无毛；小伞形花序具花 5～23 朵；无萼齿；花瓣白色、绿白色或略带粉红色，顶端内折，花丝短于花瓣，很少与花瓣同长，花柱基扁压，花柱极短。

子实：果卵圆形，分果具 5 棱，圆钝，心皮柄顶端 2 浅裂。

▲ 细叶旱芹植株（付卫东　摄）

▲ 细叶旱芹根（付卫东　摄）

▲ 细叶旱芹茎（付卫东　摄）

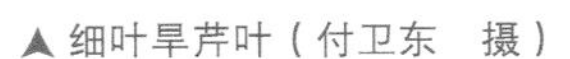

▲ 细叶旱芹叶（付卫东　摄）

▲ 细叶旱芹花（付卫东　摄）

▲ 细叶旱芹子实（付卫东　摄）

田间识别要点：有芹菜味，叶三至四回羽状分裂，复伞形花序，花瓣 5，白色，子房下位，双悬果圆卵形，分果具 5 棱。

三、生物习性与生态特性

细叶旱芹花期 5—6 月，果期 6—7 月。雌雄同株，植株细小，2~3 个月便可完成出芽到种子成熟。植株结实率高，果实虽小但数量大，且边开花边结实，种子在较窄的温度范围内具有较高的发芽率。幼苗与野生胡萝卜幼苗非常相似，从春到秋，1 年中可多次开花结实，繁殖多代。具有深主根系，喜欢潮湿的中性土壤，可以在半阴环境下生长，耐寒、耐旱。细叶旱芹生育期短、适应性强，繁殖系数大，能够避免高温和低温对其种子的影响。

四、传播扩散与危害特点

（一）传播扩散

细叶旱芹于 20 世纪初在中国香港发现，《中国植物志》（第 55 卷第 2 分册，1985 年）收录了该物种。1918 年首次在中国采集到该物种标本，采集地不详。可能通过种子混入进口农产品或种子中无意传入。细叶旱芹种子小，可通过水流、土壤、货物贸易等途径扩散。可能扩散的区域为华中、华南、华东地区。

（二）危害特点

细叶旱芹具有适应性强、生育期短、生长速度快、分泌化感物质等特点，影响相邻植物的正常生长。细叶旱芹生长速度比作物快，能快速侵占空间及营养资源，严重影响作物生长，造成作物长势弱小、抗性差，导致产量下降。细叶旱芹除了作为杂草影响作物生长外，往往成为一些蔬菜作物病虫害的越冬、越夏寄主，如蚜虫（*Aphidoidea*）、芹菜病毒病等，成为多种病菌及害虫的中间寄主与传染源，危害蔬菜等产业的发展。

五、防控措施

▲ 细叶旱芹危害（付卫东　摄）

植物检疫：细叶旱芹主要由外来伞形科蔬菜种子引种带入，因此对引进的蔬菜种子要进行严格的检疫，将细叶旱芹作为引种检查的重要指标之一，严把引种质量关。

农艺措施：精选作物种子，提高种子纯度；结合田间栽培管理，在细叶旱芹出苗期，中耕除草；对田园周边的杂草植株进行铲除、清理，防止传入农田。

物理防治：在细叶旱芹开花前拔除田间细叶旱芹植株。如种子成熟，拔除时，防止种子散落，装袋密封后再集中处置。

化学防治：

农田：细叶旱芹的黄酮类化合物含量丰富，对除草剂有降解作用，要使用高浓度的除草剂才能防除。对农田不建议使用除草剂。

荒地、路旁：细叶旱芹苗期，可选择氯氟吡氧乙酸、灭草松等除草剂，茎叶喷雾。

36 墨苜蓿

墨苜蓿 *Richardia scabra* L. 隶属茜草科 Rubiaceae 墨苜蓿属 *Richardia*。

【英文名】Rough mexican clover、Florida pusley、Pursley。

【异名】*Richardia pilosa*、*Richardsonia scabra*。

【俗名】李察草、美洲茜草。

【入侵生境】常生长于农田、草坪、荒地、路旁等生境。

【管控名单】无。

一、起源与分布

起源：美洲热带地区。

国外分布：全球热带和亚热带地区。

国内分布：浙江、福建、广东、广西、海南、香港、澳门、台湾等地。

二、形态特征

植株：一年生匍匐或直立草本植物，植株高可达 80 cm。

根：直根系，主根近白色，疏分枝，具稀疏短须根。

茎：茎近圆柱形，被硬毛，疏分枝。

叶：单叶对生，叶厚纸质，卵形、椭圆形或披针形，长 1～5 cm，顶端渐尖或骤尖，基部渐狭，两面粗糙，边缘具缘毛；叶柄长 5～10 mm；托叶鞘状，顶部截平，边缘具数条长 2～5 mm 的刚毛。

花：头状花序具花多朵，顶生，几无总梗，总梗顶端有 1 对或 2 对叶状总苞,2 对时，其中 1 对较小，总苞片阔卵形；花 6 或 5 朵；萼长 2.5～3.5 mm，萼管顶部缢缩，萼裂片披针形或狭披针形，长为萼管的

2倍，被缘毛；花冠白色，漏斗状或高脚碟状，管长2~8 mm，里面基部有1环白色长毛，裂片6，盛开时星状展开；雄蕊6，伸出或不伸出；子房通常有3心皮，柱头头状，3裂。

子实：分果爿3（6），长2~3.5 mm，成熟分果爿三角形或圆形，背部密覆小乳凸和糙伏毛，腹面有1条狭沟槽，基部微凹。

田间识别要点：单叶对生，叶柄间托叶顶端具数条刚毛，头状花序顶生，具花多朵，有1对或2对苞叶。成熟分果爿三角形或圆形，腹面具1条狭直沟槽。近似种巴西墨苜蓿（*Richardia brasiliensis*）成熟分果爿背面隆起，腹面具2条沟槽。

▲墨苜蓿植株（张国良　摄）　▲墨苜蓿茎（张国良　摄）　▲墨苜蓿叶（①张国良　摄，②付卫东　摄）

▲墨苜蓿花（张国良　摄）　▲墨苜蓿子实（张国良　摄）　▲巴西墨苜蓿（张国良　摄）

三、生物习性与生态特性

墨苜蓿喜阳光、温暖湿润的气候，耐贫瘠、干旱，对土壤适应性强。以种子繁殖，种子产生量大，繁殖能力强，花期3—5月，果期6—9月。

四、传播扩散与危害特点

（一）传播扩散

墨苜蓿约20世纪80年代传入中国南方，见于香港、广东罗县罗浮山、海南乐东及西沙群岛等地。1958年首次在海南海口采集到该物种标本。可能随花卉、苗木引种带入。墨苜蓿种子可裹挟在货物中或随交通工具传播，也可以夹杂在盆栽花卉或草皮中传播。可能扩散的区域为华南、西南、华东、华中、华北等地区。

▲墨苜蓿危害（张国良　摄）

（二）危害特点

在原产地是农田杂草，入侵我国后，已经成为农田、草坪和旷野杂草。危害旱地作物，影响作物生长，影响入侵地生物多样性。

五、防控措施

物理防治：对于点状、零散发生的墨苜蓿，在开花、结果前将其铲除或拔除。

化学防治：

荒地：墨苜蓿苗期或开花前，可选择2甲4氯、草甘膦、草铵膦等除草剂，茎叶喷雾。

草坪：墨苜蓿苗期或开花前，可选择啶嘧磺隆、2甲4氯等除草剂，茎叶喷雾。

37 阔叶丰花草

阔叶丰花草 *Spermacoce alata* Aubl. 隶属茜草科 Rubiaceae 纽扣草属 *Spermacoce*。

【英文名】Winged false buttonweed。

【异名】*Borreria latifolia*、*Spermacoce latifolia*、*Borreria alata*。

【俗名】四方骨草。

【入侵生境】常生长于农田、果园、荒地、沟渠、废墟、路旁、住宅旁等生境。

【管控名单】无。

一、起源与分布

起源：南美洲热带地区。

国外分布：全球热带地区。

国内分布：福建、浙江、湖南、广东、广西、海南、云南、香港、台湾等地。

二、形态特征

植株：多年生披散草本植物，全株被毛。

茎：茎和枝四棱柱形，棱上具狭翅。

叶：单叶对生，叶椭圆形至卵状椭圆形，长2～2.7 cm，宽1～4 cm，先端锐尖或钝，基部阔楔形而有下延，边缘波状，叶面平滑，鲜时黄绿色；侧脉每边5～6条，略明显；叶柄长4～10 mm，扁平；托叶膜质，被粗毛，顶部具数条长于鞘的刺毛。

▲ 阔叶丰花草植株（张国良　摄）

花：花数朵丛生于托叶鞘内，无花梗；小苞片约长于花萼；萼管圆筒形，长约1 mm，被粗毛，萼檐4裂，裂片长2 mm；花冠漏斗状，淡紫色，稀白色，长3～6 mm，里面被疏散柔毛，基部具1毛环，顶端4齿裂，裂片外面被毛或无毛，花冠筒长2～3 mm；花柱长5～7 mm，柱头2，裂片线形。

子实：蒴果椭圆形，长约4 mm，直径2 mm，被毛；种子近椭圆形，两端钝，长约2 mm，宽约1 mm，干后浅褐色或黑褐色，有小颗粒。

田间识别要点：阔叶丰花草，茎枝四棱柱形，叶椭圆形至卵圆形，中部最宽，被柔毛，长是宽的2倍，花丛生于托叶鞘内，无花梗，萼缘裂片4。近似种光叶丰花草（*Spermacoce remota*）叶狭椭圆形至披针形，光滑无毛。近似种糙叶丰花草（*Spermacoce hispida*）的花冠筒较阔叶丰花草长。近似种盖裂果（*Mitracarpus hirtus*）果实成熟时于中部或近中部环状周裂，花序顶生，头状，最上部4叶总苞状。

▲ 阔叶丰花草茎（张国良　摄）

▲ 阔叶丰花草叶（张国良　摄）

▲ 阔叶丰花草花（王忠辉　摄）

▲ 阔叶丰花草子实（张国良　摄）

▲ 近似种糙叶丰花草（张国良　摄）

▲ 近似种盖裂果（王忠辉　摄）

三、生物习性与生态特性

阔叶丰花草以种子繁殖，平均单株结实量为723粒，其中分枝的结实量占总单株结实量的73.6 %，种子平均产量可达50 793.6粒/m^2。种子具有休眠特性，自然萌发率较低，在最适条件下，萌发率也不足20 %；种子萌发的最适温度为25 ℃，能忍耐30～35 ℃的高温，但在15～20 ℃的条件下，萌发率迅速下降，低于15 ℃时，几乎不萌发，在完全黑暗环境中也不能萌发；对高盐的环境敏感，但对酸性环境有较强的适应性。采用60 ℃干热处理20～30 min、2 %的KNO_3处理3 h、283 mg/L的赤霉素处理，可以打破种子休眠，种子萌发率达45 %、47 %、45 %；若采用KNO_3+赤霉素和干热（60 ℃）+KNO_3的组合处理，种子萌发率分别提高到71 %和66 %。

自然条件下，云南临沧阔叶丰花草种子4月开始大量萌发，5月便进入生长盛期，从6月开始至10月陆续开花结果，花期可延续到翌年2月。在浙江温州，阔叶丰花草种子4—5月开始陆续萌发，7月中旬至9月中旬为生长高峰期，随后植物生长速度逐渐减缓，到10月下旬停止生长，之后进入枯萎期。

四、传播扩散与危害特点

（一）传播扩散

1937年阔叶丰花草作为军马饲料被引入中国广东等地，20世纪70年代作为地被植物栽培，之后扩散到海南、香港、台湾和福建等地。1959年首次在海南采集到该物种标本。阔叶丰花草以种子繁殖，同时具有很强的营养繁殖能力，斩断的茎节能长成新的植株。繁殖体可借助风、水流以及农事活动传播；同时通过人工引种或随粮食贸易、花卉苗木调运扩散到其他区域。

（二）危害特点

阔叶丰花草具有惊人的繁殖能力，其幼苗一旦长出即迅速生长，并很快形成种群，对作物尤其是作物幼苗造成很大的危害。同时，具化感作用，抑制其他植物生长，从而达到快速扩张和群集生长的目的。入侵茶园、桑园、果园、咖啡园、橡胶园以及花生（*Arachis hypogaea*）、甘蔗（*Saccharum officinarum*）、蔬菜等旱作农田，对花生的危害尤为严重，可影响茶叶、水果、旱地作物的产量。

▲ 阔叶丰花草危害（付卫东　摄）

五、防控措施

农艺措施：作物播种前，精选种子，剔除种子中杂草种子，提高种子纯度；在播种前对农田进行深度不小于20 cm的深耕，将土壤表层杂草种子翻至深层，降低种子出苗率；结合栽培管理，在阔叶丰花草出苗期间，中耕除草，可有效控制种群密度；清理农田附近田埂、边坡的阔叶丰花草，保持田园环境清洁，防止其扩散至农田。

物理防治：对于农田、果园、荒地等生境零散发生的阔叶丰花草，可人工连根拔除；在阔叶丰花草大面积发生区域可机械割除。拔除或割除的植株应集中进行暴晒、粉碎、深埋等无害化处理。

化学防治：在阔叶丰花草苗期，可选择草甘膦、草铵膦、三氟啶磺隆钠盐、2甲4氯、四氟丙酸钠等除草剂，茎叶喷雾。

38 原野菟丝子

原野菟丝子 *Cuscuta campestris* Yunck 隶属旋花科 Convolvulaceae 菟丝子属 *Cuscuta*。

【英文名】Field dodder、Common dodder、Dodder。

【异名】*Cuscuta arvensis*、*Cuscuta pentagona* var. *calycina*、*Cuscuta pentagona* var. *subulata*、*Cuscuta arvensis* var. *calycina*。

【俗名】野地菟丝子、田野菟丝子。

【入侵生境】常生长于农田、草地、荒地、路旁等生境。

【管控名单】属“中华人民共和国进境植物检疫性有害生物名录”。

一、起源与分布

起源：北美洲。

国外分布：欧洲、亚洲、非洲、美洲、大洋洲、太平洋诸岛。

国内分布：内蒙古、福建、湖南、广东、广西、贵州、新疆、香港、台湾等地。

二、形态特征

植株：一年生寄生草本植物。

根：根成为吸器侵入寄主。

茎：茎细丝状分枝，光滑，黄绿色、淡黄色或麦秆黄色，缠绕。

叶：无。

花：圆锥花序球形，较疏散，长 0.6~1 cm，具花 4~18 朵；苞片披针形，全缘无毛；花梗长约 2 mm，与花萼近相等；花萼碗状，长 2~2.5 mm，黄色，从近中部裂开，裂片三角形，顶端钝，背部有小的突起；花冠坛状，白色，长于花萼，5 深裂，裂片卵形或长圆形，顶部稍有内弯，花后常反折；花冠筒里面基部的鳞片广椭圆形，等长或略长于花冠筒，具流苏；雄蕊（4）5，着生于花冠裂片间弯曲处的基部，与花冠裂片近等长或短于裂片；花丝长于花药，花药椭圆形；子房半圆形，花柱 2，不等长，柱头头状，花柱和柱头与子房等长。

子实：蒴果近球形，顶部微凹，成熟时不规则开裂；种子卵形，褐色。

▲ 原野菟丝子植株（①张国良　摄，②王忠辉　摄）

田间识别要点：茎黄色或麦秆黄色，柱头不伸长，头状，花冠裂片常反折，花冠筒内的鳞片边缘具长流苏，蒴果不规则开裂。近似种菟丝子（*Cuscuta chinensis*）蒴果完全被枯萎的花包围，周裂。

▲ 原野菟丝子茎（①②③张国良　摄，④付卫东　摄）

▲ 原野菟丝子花（张国良　摄）

▲ 原野菟丝子子实
（①付卫东　摄，②张国良　摄）

▲ 近似种菟丝子（张国良　摄）

三、生物习性与生态特性

原野菟丝子以种子繁殖，结果时间长，数量大，单株可结数千粒种子。在暖温带地区，冬天下雪后植株枯死，成熟种子在土壤中越冬，于翌年3月下旬至4月初开始萌发，2～3天后缠绕到寄主上，5～7天后与寄主建立关系。从出土至种子成熟需80～90天，其中从长出新苗到现蕾需1个月以上，现蕾到开花约10天，开花到果实成熟需20天左右。广东沿海原野菟丝子的枝条可越冬。

四、传播扩散与危害特点

（一）传播扩散

1958 年首次在新疆托克逊先锋公社采集到原野菟丝子标本，之后陆续在中国台湾、福建、广东有标本采集记录。经混杂在进口粮食、饲料中无意引入。原野菟丝子种子可借助水流、农业机械、鸟兽、人为因素等广泛传播，也可混杂于苗木、粮食或土壤中远距离传播和扩散。可扩散到全国各地城市周边或农耕区域，尤其是大豆、蔬菜种植区。

（二）危害特点

原野菟丝子是茎叶寄生性杂草，借助吸器固着寄主，吸收寄主的养料和水分，同时给寄主的输导组织造成机械性障碍。另外与寄主争夺阳光，致使寄主生长不良，降低产量与品质，甚至成片死亡。危害大豆（*Glycine max*）、四季豆（*Phaseolus vulgaris*）、丝瓜（*Luffa aegyptiaca*）、空心菜（*Ipomoea aquatica*）、白菜（*Brassica rapa*）、韭菜（*Allium tuberosum*）、洋葱（*Allium cepa*）、葱（*Allium fistulosum*）、辣椒（*Capsicum annuum*）、茄子（*Solanum melongena*）、番茄（*Solanum lycopersicum*）等作物，造成作物减产。可在近 20 科 30 多种植物上寄生并产生危害。此外原野菟丝子为作物病虫害提供中间寄主，助长了作物病虫害的发生。

▲ 原野菟丝子危害（张国良　摄）

五、防控措施

植物检疫：加强对农产品调运检疫，原野菟丝子以种子为主要的传播方式，其种子可混杂在粮食、种子、饲料中进行远距离传播，蔓延繁殖。

农艺措施：在原野菟丝子种子成熟前，结合农事及时摘除缠绕在寄主上的原野菟丝子茎丝。

化学防治：

玉米、大豆田：播后苗前，可选择乙草胺等除草剂，均匀喷雾，土壤处理；原野菟丝子苗期，可选择双丁乐灵等除草剂，茎叶喷雾。

39 圆叶牵牛

圆叶牵牛 *Ipomoea purpurea*（L.）Roth 隶属旋花科 Convolvulaceae 番薯属 *Ipomoea*。

【英文名】Common morning glory、Annual morning glory、Morning glory、Purple morning glory、Tall morning glory。

【异名】*Pharbitis purpurea*、*Pharbitis hispida*、*Ipomoea chanetii*、*Convolvulus purpureus*、*Pharbitis hispida* var. *lobata*。

【俗名】牵牛花、喇叭花、打碗花、紫花牵牛、连簪簪、心叶牵牛、重瓣圆叶牵牛。

【入侵生境】常生长于果园、农田、荒地、湿地、林缘、河堤、道路、公路、住宅旁等生境。

【管控名单】无。

一、起源与分布

起源：美洲热带地区。

国外分布：世界各地广泛发生。

国内分布：全国均有分布。

二、形态特征

植株：一年生缠绕草本植物。

茎：全株被粗硬毛，茎缠绕，多分枝。

叶：叶心形，长4～18 cm，宽3.5～16.5 cm，基部圆，心形，顶端锐尖、骤尖或渐尖，通常全缘，偶有3裂，两面疏被或密被刚伏毛；叶柄长2～12 cm，被毛与茎相同。

花：花腋生，单一或2～5朵着生于花序梗顶端呈伞形聚伞花序，花序梗比叶柄短或近等长，长4～12 cm，被毛与茎相同；苞片线形，长6～7 mm，被开展的长硬毛；花梗长1.2～1.5 cm，被倒向短柔毛及长硬毛；萼片近等长，长1.1～1.6 cm，外面3片长椭圆形，渐尖，内面2片线状披针形，外面均被开展的硬毛，基部更密；花冠漏斗状，长4～6 cm，紫色、红色或白色，花冠管通常白色；雄蕊与花柱内藏；雄蕊不等长，花丝基部被柔毛；子房无毛，3室，每室2胚珠，柱头头状；花盘环状。

子实：蒴果近球形，3瓣裂；种子卵状三棱形，长约5 mm，黑褐色或米黄色，被极短的糠秕状毛。

▲ 圆叶牵牛植株（①张国良　摄，②王忠辉　摄）

▲ 圆叶牵牛茎（张国良　摄）

▲ 圆叶牵牛叶（①张国良　摄，②王忠辉　摄）

▲ 圆叶牵牛花
（①付卫东　摄，②张国良　摄）

田间识别要点：圆叶牵牛草质藤本，叶互生，圆心形，叶缘通常全缘，萼片长椭圆形，花冠漏斗状，紫色、淡红色或白色，蒴果球形，3瓣裂。近似种变色牵牛（*Ipomoea indca*）茎叶萼片被柔毛，花序梗比叶柄长。近似种裂叶牵牛（*Ipomoea hederacea*）茎、叶、萼片被刚毛，花序梗比叶柄短，叶片3~5裂，叶裂处弧形内凹，萼片先端向外翻卷。近似种牵牛（*Ipomoea nil*）叶片3裂，叶裂处不内凹，萼片直伸，不翻卷。

▲ 圆叶牵牛子实（①付卫东　摄，②张国良　摄）

▲ 近似种变色牵牛（王忠辉　摄）

▲ 近似种裂叶牵牛（王忠辉　摄）

▲ 近似种牵牛（王忠辉　摄）

三、生物习性与生态特性

圆叶牵牛既可用种子进行有性繁殖，也能利用当年茎进行无性繁殖。圆叶牵牛蒴果包含3~6粒种子，单株种子量26 000粒左右；种子千粒重为11.211 g，种子含水量为8.76 %。刚成熟的圆叶牵牛种子具革质化、坚硬致密的种皮，且种皮外被一蜡质层，透水性和透气性极差，种皮的机械阻碍导致种子胁迫休眠；但种子遇水一旦吸胀，第2天即可萌发，但种子早期萌发率极低，只有0.7 %；若用98 %浓硫酸浸泡处理25~35 min，萌发率95 %~100 %；用赤霉素200 mg/L处理，在23 ℃条件下发芽率达到82 %，28 ℃条件下则达到89.33 %。圆叶牵牛种子在完全黑暗或光照条件下都可萌发；但种子萌发受低温制约，在5~10 ℃种子萌发率仅9.3 %~13.9 %，根、茎生长不良；15~40 ℃种子萌发率为95.7 %~99 %，根、茎生长正常，并随着温度增加，长势旺盛；45 ℃下种子不能萌发并且腐烂变质；5 ℃下5天后不能萌发的圆叶牵牛种子，重新置于25~30 ℃下，第5天的萌发率高达81.7 %，根长平均为39.11 mm，茎长平均为18.6 mm。圆叶牵牛盛花期茎切断扦插成活率达96 %，扦插后18天的高达21.6 cm，平均单株叶面积19.7 cm^2。喜温暖、湿润、阳光充足的环境；自然条件下，圆叶牵牛种子萌发出苗后12天内生长比较缓慢，12天以后生长迅速增快；从3月中旬种子萌发到8月中旬，处于营养生长时期；花期5—10月，果期8—11月。

四、传播扩散与危害特点

（一）传播扩散

圆叶牵牛1890年在中国已有栽培，1929年首次在上海采集到该物种标本，可能作为花卉观赏植物引入。以种子繁殖与传播，出苗率高，生长迅速。人工引种扩散蔓延的重要途径；同时可通过绿植夹带，以及交通运输工具携带而传播。

（二）危害特点

圆叶牵牛为庭院常见杂草，危害草坪和灌木，同时也危害作物。该物种能环绕、纠缠和覆盖在其他植物上部，与其争夺阳光和生长空间，影响其他植物生长，造成生态系统的物种丰富度降低，影响生物多样性；入侵农田可造成作物减产。

▲ 圆叶牵牛危害（①张国良 摄，②王忠辉 摄）

五、防控措施

农艺措施：加强引种管理；结合栽培管理，在圆叶牵牛出苗期，中耕除草，可降低种群密度；营养生长期，不定期进行刈割，可有效降低结实量；对农田周边的圆叶牵牛植株进行清理，防止传入农田。

物理防治：点状、零星发生的圆叶牵牛，在幼苗期可人工拔除；大面积发生，且不适宜化学防治的区域，在开花或种子成熟前可机械铲除。拔除或铲除的植株应统一收集，进行暴晒、深埋等无害化处理。

化学防治：

农田、果园：在圆叶牵牛苗期，可选择 2 甲 4 氯等除草剂，茎叶喷雾。

非农生境：在圆叶牵牛苗期，可选择草甘膦、2 甲 4 氯等除草剂，茎叶喷雾。

40 五爪金龙

五爪金龙 *Ipomoea cairica*（L.）Sweet 隶属旋花科 Convolvulaceae 番薯属 *Ipomoea*。

【英文名】Five-fingered morning glory、Cairo morning glory、Coast morning glory、Mile-a-minute-vine、Railroad creeper。

【异名】*Ipomoea tuberculata*、*Ipomoea stipulacea*、*Ipomoea palmata*、*Convolvulus tuberculatus*、*Convolvulus cairicus*。

【俗名】假土瓜藤、黑牵牛、牵牛藤、上竹龙、五爪龙。

【入侵生境】常生长于果园、茶园、荒地、河岸、林缘、路旁等生境。

【管控名单】属“重点管理外来入侵物种名录”。

一、起源与分布

起源：美洲热带地区。

国外分布：全球泛热带地区。

国内分布：福建、广西、广东、海南、云南、香港、澳门、台湾等地。

二、形态特征

茎：多年生攀缘性藤本植物，攀缘茎长可达 5 m。

根：根肉质，白色或肉红色。

茎：主茎逐渐木质化，茎灰绿色，常有小瘤状突起，无毛或略粗糙，略具棱。

叶：叶互生，指状，5 裂达基部，中裂片较大，卵状披针形、卵形或椭圆形，长 4~5 cm，宽 2~2.5 cm，基部 1 对裂片再浅裂或深裂，先端急尖或微钝而具短尖头；叶柄长 2~8 cm，常具假托叶。

花：花序具 1 至数朵花，花序梗长 2~8 cm，苞片梗长 2~8 cm，苞片和小苞片早落；花梗长 0.5~2 cm；萼片长 4~6.5 cm，无毛；花冠紫红色或粉红色，稀白色，漏斗状，长 5~7 cm；雄蕊内藏，不等长；雌蕊内藏，子房无毛，2 室，柱头 2 裂。

子实：蒴果球形；种子暗褐色至黑色，呈不规则卵形。

▲ 五爪金龙植株（①张国良　摄，②王忠辉　摄）

▲ 五爪金龙茎（付卫东　摄）

▲ 五爪金龙叶（①付卫东　摄，②张国良　摄）

▲ 五爪金龙花（付卫东　摄）

▲ 五爪金龙子实（张国良　摄）

田间识别要点：五爪金龙为草质藤本，有汁液，叶互生，指状 5 深裂达基部，花冠漏斗状，粉红色或紫红色，直径 5~7 cm，子房 2 室，蒴果球形。近似种七爪金龙（*Dioscorea esquirolii*）叶掌状 5~7 深裂，裂不达基部，子房 4 室。

三、生物习性与生态特性

五爪金龙兼具有性生殖和营养生殖 2 种生殖方式。具有耐旱、耐盐碱、耐冷、耐热和喜光的特性，可适应于多种土壤基质。当土壤养分条件优越时，特别是氮磷比值大、有机质含量高时，将所获得的资源更多地用于营养生长和克隆繁殖，限制有性生殖；当生境的土壤养分条件不利于其继续生长，植物则将资源更多地投入有性生殖，产生种子。五爪金龙种子具坚硬种皮，导致种子胁迫休眠，自然萌发率低，野外种子库萌发率通常只有 3 %～7 %；但通过直接去除种皮障碍的机械处理，种子萌发率达 59 %。

在自然条件下，五爪金龙幼苗初期生长缓慢，出土后 7 天才开始生长，11 天后开始出现第 1 片真叶。但 11 天后植株迅速生长，1 个月时真叶片数每株 20 片以上，部分植株接近 30 片，1 个月后子叶开始脱落；五爪金龙的花期很长，从种植之日算起 45 天之后，五爪金龙开始开花；9 月 15 日开始出现花蕾，9 月 21 日首次开花，从花蕾到花开需要 6 天时间，开花盛期持续 50 天左右，12 月完全结束；翌年 1 月至 2 月上旬，植株处于休眠期；翌年 2 月中旬，植株开始第 2 次萌发。在广东可全年开花，在江西 5—12 月开花。

四、传播扩散与危害特点

（一）传播扩散

1912 年有文献报道五爪金龙在中国香港已经归化，《广州植物志》（1956 年）有记载。1918 年首次在福建福州采集到五爪金龙标本。可能作为观赏植物在 20 世纪 70 年代被引入南方地区用于园林绿化，后逐渐扩散。五爪金龙的攀缘性和分枝能力强，能够快速缠绕于其他植物上，在群落中迅速占据生态位；侧根量多且发达，匍匐茎节间处可长出不定根，增强了其吸收营养和水分的能力，能够快速形成单一优势种群。主要通过人工引种扩散蔓延，种子和茎节可借助水流、人类活动等近距离传播。

（二）危害特点

五爪金龙抗逆性强，生长繁茂，随处缠绕、攀缘生长于林地乔灌木、庭园篱笆以及城市建筑物之上，常在入侵地形成单一优势种群，被缠绕、覆盖的植物常因受光不足，生长不良，甚至死亡，破坏生态系统，降低物种丰富度，影响生物多样性。入侵果园、茶园和园林植物群落，缠绕果树、茶树、绿化植物，与之争夺阳光，使其不能正常进行光合作用而死亡，对农业、林业生产及自然生态系统造成巨大的危害。

▲ 五爪金龙危害（张国良 摄）

五、防控措施

引种管理：应加强对五爪金龙的引种管理，对不宜引种的敏感区域，应不予批准；定期对引种区域进行监测。

农艺措施：结合栽培管理，在五爪金龙出苗期，中耕除草，降低五爪金龙种群密度；对农田周边的五爪金龙植株进行连根铲除清理，防止传入农田。

物理防治：针对点状、零星发生的五爪金龙，在幼苗期可人工连根铲除；对于大面积发生，且不适宜化学防治的区域，在果实成熟前可机械铲除。拔除或铲除的五爪金龙茎蔓应收捡干净，并进行暴晒、烧毁、深埋等无害化处理。

化学防治：

玉米田：五爪金龙苗期，可选择麦草畏、氯氟吡氧乙酸等除草剂，茎叶喷雾。

大豆田：五爪金龙苗期，可选择噁草灵等除草剂，茎叶喷雾。

果园、林地：五爪金龙苗期，可选择噁草灵、麦草畏、氯氟吡氧乙酸等除草剂，茎叶喷雾。

荒地、路旁：五爪金龙开花前，可选择麦草畏、氯氟吡氧乙酸、草甘膦等除草剂，茎叶喷雾。

41 三裂叶薯

三裂叶薯 *Ipomoea triloba* L. 隶属旋花科 Convolvulaceae 番薯属 *Ipomoea*。

【英文名】Three-lobe morning glory、Wild slip、Little bell。

【异名】*Ipomoea blancoi*、*Convolvulus trilobus*、*Batatas triloba*。

【俗名】小花假番薯、红花野牵牛。

【入侵生境】常生长于农田、路旁、荒地、沟渠、草地等生境。

【管控名单】无。

一、起源与分布

起源：美洲热带地区。

国外分布：全球温暖地区

国内分布：上海、江苏、福建、浙江、湖北、湖南、河南、广东、广西、海南、重庆、贵州、云南、陕西、香港、台湾等地。

二、形态特征

植株：一年生草本植物。

茎：茎缠绕或有时平卧，无毛或散生毛。

叶：叶片宽卵形至圆形，长 2.5~7 cm，宽 2~6 cm，全缘或具粗齿或深 3 裂，基部心形，两面无毛或散生疏柔毛；叶柄长 2.5~6 cm，无毛或有小疣。

花：花序腋生，花序梗长 2.5~5.5 cm，较叶柄粗壮，无毛，明显有棱角，顶端具小疣，1 朵花至数朵花呈伞状聚伞花序；花梗多少具棱，具小瘤突，无毛，长 5~7 mm；苞片小，披针状长圆形；萼片近相等，长 5~8 mm，外萼片稍短或近等长，长圆形，具小短尖头，背部散生疏柔毛，边缘明显具缘毛，内萼片有时稍宽，椭圆状长圆形，锐尖，具小短尖头，无毛或散生毛；花冠漏斗状，长约 1.5 cm，无毛，淡红色或淡紫红色，冠檐裂片短而钝，具小短尖头；雄蕊内藏，花丝基部有毛；子房有毛。

子实：蒴果近球形，直径 5~6 mm，具花柱基形成的细尖，被细刚毛，2 室，4 瓣裂；种子 4 粒或较少，无毛。

▲ 三裂叶薯植株（①付卫东　摄，②张国良　摄）

▲ 三裂叶薯茎（付卫东　摄）

▲ 三裂叶薯叶（付卫东　摄）

▲ 三裂叶薯花（张国良　摄）

▲ 三裂叶薯子实（张国良　摄）

田间识别要点：三裂叶薯叶 3 浅裂或具粗齿，萼片长圆形，顶端具小尖头，被疏柔毛，花序通常具花 3～8 朵，花序梗长于叶柄，花淡红色或紫红色。近似种瘤梗甘薯（*Lpomoea lacunosa*）花序通常具花 1～3 朵，花序梗短于叶柄，花梗具密集瘤状突起，花常白色，少数红色或淡紫色。

三、生物习性与生态特性

三裂叶薯以种子繁殖，在 15 ℃低温胁迫下，植物再生枝条生物量积累减少 60 % 以上，在 10 ℃低温胁迫下，停止生长。

四、传播扩散与危害特点

（一）传播扩散

1921 年首次在中国澳门采集到三裂叶薯标本，20 世纪 70 年代左右作为观赏植物引入中国台湾。三裂叶薯繁殖速度快和藤蔓攀爬面积广，自然扩散和空间占据能力强。通过观赏植物引种栽培蔓延扩散；也可通过交通工具、旅行等远距离传播。可能扩散到黄河流域以南的区域。

（二）危害特点

三裂叶薯通过匍匐或攀缘茎覆盖其他植物，容易形成单一优势种群，影响其他植物进行光合作用，进而影响植物正常生长，甚至死亡，破坏生态系统，降低入侵地物种丰富度，影响生物多样性；入侵农田，覆盖作物，影响作物光合作用，与作物争光、争水、争养分、争生存空间，影响作物正常生长，造成作物减产。

五、防控措施

植物检疫：加强对种子、饲草和商品粮调运检疫，若发生三裂叶薯种子的货物，应作检疫除害处理。禁止随意引种。

物理防治：零散发生的三裂叶薯，应在植株开花或种子成熟前，人工或机械贴地面刈割。

化学防治：

▲ 三裂叶薯危害（张国良　摄）

玉米田：玉米 3~5 叶期，三裂叶薯苗期，可选择 2 甲 4 氯、氯氟吡氧乙酸等除草剂，茎叶喷雾。

果园、林地：三裂叶薯苗期，可选择草甘膦、2 甲 4 氯、氯氟吡氧乙酸等除草剂，茎叶喷雾。

荒地、路旁：三裂叶薯花期前，可选择草甘膦、草铵膦等除草剂，茎叶喷雾。

42 马缨丹

马缨丹 *Lantana camara* L. 隶属马鞭草科 Verbenaceae 马缨丹属 *Lantana*。

【英文名】Lantana、Pink-flowered lantana、Tickberry、Shrub verbena。

【异名】*Camara vulgaris*、*Lantana antidotalis*。

【俗名】五色梅、五彩花、如意草、七变花、臭草。

【入侵生境】常生长于农田、果园、荒地、旷野、山坡、草地、河岸、路旁、灌丛、疏林下等生境。

【管控名单】属“重点管理外来入侵物种名录”。

一、起源与分布

起源：美洲热带地区。

国外分布：菲律宾、新西兰、澳大利亚、泰国、越南、马来西亚、印度尼西亚、美国等热带、亚热带和温带地区。

国内分布：浙江、福建、广东、广西、海南、四川、云南、香港、台湾等地。

二、形态特征

植株：多年生直立或蔓性灌木植物，植株高 1~2 m，有时高达 4 m。

茎：茎枝均呈四方形，被短柔毛，具短而倒钩状皮刺。

叶：单叶对生，叶片卵形或卵状长圆形，长 3～8.5 cm，宽 1.5～5 cm，顶端急尖或渐尖，基部心形或楔形，边缘具钝齿，表面有粗糙的皱纹、被短柔毛，背面被小刚毛，侧脉约 5 对；叶柄长约 1 cm。

花：花序直径 1.5～2.5 cm，花序梗粗，长于叶柄；苞片披针形，长为花萼的 1～3 倍，外部被粗毛；花萼筒管状，膜质，长约 1.5 mm，顶端具极短的齿；花冠黄色或橙黄色，开花后不久转为深红色，花冠筒长约 1 cm，两面被细短毛，直径 4～6 mm；子房无毛。

子实：果球形，直径 4～6 mm，成熟时紫黑色。

田间识别要点：马缨丹茎直立或披散，茎枝具倒钩皮刺，单叶对生，花密集呈头状，花冠黄色、深红色。近似种蔓马缨丹（*Lantana montevidensis*）茎蔓生，无刺，花冠紫红色。

▲ 马缨丹植株（王忠辉　摄）

▲ 马缨丹茎（王忠辉　摄）

▲ 马缨丹叶（王忠辉　摄）　▲ 马缨丹花（①王忠辉　摄，②张国良　摄）　▲ 马缨丹子实（①王忠辉　摄，②张国良　摄）

三、生物习性与生态特性

▲ 近似种蔓马缨丹（张国良　摄）

马缨丹繁殖能力强，具有无性繁殖和有性繁殖能力，种子小，种子量大，单株种子量约 12 000 粒。种子发芽率高，播种后 7 周有 75 % 能发芽；花期长，一般从 4 月中下旬到翌年 2 月中旬左右开花，花期几乎为整年。马缨丹茎具有生根能力，全年均可进行扦插，保持土壤湿润，30～40 天可萌芽。马缨丹适应性强，喜高温、高湿，适合在阳光充足的环境中生存，最适生长温度为 20～32 ℃，夏季温度高于 35 ℃时仍可持续生长，但冬季越冬时温度不宜低于 5 ℃，低于 0 ℃时会受冻死亡。

四、传播扩散与危害特点

（一）传播扩散

1645 年作为观赏植物从荷兰引入中国台湾，后逸为野生。清代《南越笔记》《植物名实图考》有记载，《中国树木分类学》（1937 年）也有记载。1918 年首次在福建福州采集到该物种标本。可通过栽培引种以及鸟类、猴类和羊群摄食马缨丹的果实后，过腹，通过空投或排泄的方式使种子得以传播。华南、西南热带和亚热带地区是马缨丹风险扩散区域。

（二）危害特点

马缨丹为恶性杂草，严重妨碍并排挤其他植物生存，是我国南方牧场、林场、茶园和柑橘园土著植物的恶性竞争者。入侵农田和果园，造成减产，增加防治成本和人工费用，同时影响景观。马缨丹具化感作用，入侵后挤占本土植物的生存空间，抑制本土植物的生长，极易形成单一优势种群，破坏生态系统，影响生物多样性。牲畜或人类若误食马缨丹叶均可中毒，且无特效解毒药，马缨丹未成熟的绿色浆果若大量食用可引起中毒，儿童最易发生。

▲ 马缨丹危害（王忠辉　摄）

五、防控措施

农艺措施：结合作物栽培措施，在马缨丹种子出苗期，中耕除草，可控制种群数量；对农田、果园周边的马缨丹植株连根清除，防止进入农田和果园。

物理防治：在雨季土壤松软时，对发生面积小、密度小的生境，可人工连根拔除。

化学防治：在马缨丹苗期，可选择麦草畏、草甘膦等除草剂，茎叶喷雾。

43 假马鞭草

假马鞭草 *Stachytarpheta jamaicensis*（L.）Vahl 隶属马鞭草科 Verbenaceae 假马鞭属 *Stachytarpheta*。

【英文名】Jamaica vervain、Blue rat's tail、Light blue snakeweed。

【异名】*Verbena jamaicensis*、*Stachytarpheta indica*。

【俗名】假败酱、蛇尾草、蓝草、大种马鞭草、玉龙鞭、倒团蛇、铁马鞭。

【入侵生境】常生长于荒地、果园、牧场、路旁、花园、公园等生境。

【管控名单】无。

一、起源与分布

起源：美洲热带地区。

国外分布：亚洲、非洲、太平洋地区。

国内分布：福建、江西、广东、广西、海南、云南、香港、澳门、台湾等地。

二、形态特征

植株：多年生草本或亚灌木植物，植株高 0.6～2 m。

茎：基部稍木质化，茎、枝二歧状分枝；幼枝近四方形，疏生短毛。

叶：叶对生，灰绿色或蓝绿色，厚纸质；叶片椭圆形至卵状椭圆形，长 2.4～8 cm，先端急尖，基部楔形，边缘具粗锯齿，两面散生短毛，侧脉 3～5 条，于背面突起；叶柄长 1～3 cm。

花：穗状花序顶生，长 11～29 cm；单生于苞腋内，一半嵌生于花序轴的凹穴中，螺旋状着生；苞片边缘膜质，被纤毛，先端具芒尖；花萼管状，膜质、透明、无毛，长约 6 mm；花冠深蓝紫色，长 0.7～1.2 cm，内面上部被毛，顶端 5 裂，裂片平展；雄蕊 2，花丝短，花药 2 裂；花柱伸出，柱头头状；子房无毛。

子实：果藏于膜质的花萼内，成熟后 2 瓣裂，每瓣有 1 粒种子。

▲ 假马鞭草植株（付卫东　摄）

▲ 假马鞭草茎（王忠辉　摄）

▲ 假马鞭草叶

（①王忠辉　摄，②张国良　摄）

▲ 假马鞭草花（①张国良　摄，②付卫东　摄）

▲ 假马鞭草子实（张国良　摄）

田间识别要点：假马鞭草单叶对生，边缘具锯齿，穗状花序粗厚顶生，光滑无毛，花瓣嵌入花序轴的凹穴中。近似种南假马鞭草（*Stachytarpheta australis*）叶边缘齿少，穗状花序纤细，花萼被毛。近似种荨麻叶假马鞭草（*Stachytarpheta urticifolia*）叶边缘齿多，尖锐，穗状花序和花萼无毛。

三、生物习性与生态特性

假马鞭草以种子繁殖，花期 8—11 月，果期 9—12 月。假马鞭种子具有中度生理休眠特性，在 15 cm 深的土壤中可存活 6.5 年，散落地上的种子遇适宜条件当年即可萌发，适宜萌发温度是 20 ℃，初始萌发率为 10 %～49.3 %，经过食草动物的消化系统过腹，或室内干燥储藏、4 ℃低温层积可以打破种子部分休眠，获得较高萌发率。幼苗生长适宜温度 22～32 ℃，日照 50 %～100 %，生性强健粗放，并能较快形成植株。每株平均可产 2 000 多粒种子，种子相继成熟，进入下一轮生育期。假马鞭草喜光，喜潮湿、肥沃的土壤，耐季节性干旱和牲畜践踏，不耐阴。

四、传播扩散与危害特点

（一）传播扩散

假马鞭草于 19 世纪末在中国香港被发现，20 世纪初在香港岛和九龙成为路旁常见杂草，1928 年首次在中国香港采集到该物种标本。通过无意引进，逸生后扩散。种子可附着在动物、衣服、车辆和机械上扩散蔓延，也可混杂于花园垃圾、土壤和受污染的农产品通过交通运输传播。国内可能扩散的区域为热带和亚热带地区。

（二）危害特点

假马鞭草入侵沟谷、森林，影响当地的生物多样性，侵占草地，是整个热

▲ 马鞭草危害（付卫东　摄）

带牧场的主要杂草，同时也是热带蔬菜和种植园作物杂草。假马鞭草入侵会给当地农业、林业、畜牧业及生态环境带来极大的危害。

五、防控措施

农艺措施：采取薄膜或秸秆覆盖可抑制萌发；结合作物栽培管理，中耕除草，及时清除杂草幼苗；利用杂草喜光不耐阴特点，种植高秆密植作物或豆科缠绕植物抑制杂草生长。

物理防治：零星发生的假马鞭植株，在开花或种子成熟前人工或机械拔除，切割强壮的主根并将植株从土壤中挖出；对于作为花园观赏植株，每 6 个月定期修剪 1 次，可减少成熟种子，防止扩散。

化学防治：

果园：假马鞭草出苗前，可选择敌草隆等除草剂，均匀喷雾，土壤处理；假马鞭草苗期，可选择草甘膦、草铵膦等除草剂，茎叶喷雾。

荒地、路旁：假马鞭草苗期，可选择草甘膦、草铵膦等除草剂，茎叶喷雾。

44 曼陀罗

曼陀罗 *Datura stramonium* L. 隶属茄科 Solanaceae 曼陀罗属 *Datura*。

【英文名】Jimsonweed、Common thornapple、Devils trumpet、Jamestown-weed、Mad-apple、Stinkwort。

【异名】*Datura tatula*、*Datura stramonium* var. *tatul*。

【俗名】紫花曼陀罗、欧曼陀罗、土木特张姑、沙斯哈我那、赛斯哈塔肯、醉心花闹羊花、野麻子、洋金花、万桃花、狗核桃、枫茄花。

【入侵生境】常生长于农田、荒地、沟旁、路旁、山坡、住宅旁等生境。

【管控名单】无。

一、起源与分布

起源：墨西哥。

国外分布：全球温带至热带地区。

国内分布：全国各地均有分布。

二、形态特征

植株：一年生草本或半灌木状植物，植株高 0.5～1.5 m。

茎：茎粗壮，圆柱状，淡绿色或黛紫色，下部木质化。

叶：叶片广卵形，顶端渐尖，基部不对称楔形，边缘不规则波状浅裂，侧脉直达裂片顶端。

花：花单生于枝杈间或叶腋，直立，具短梗；花萼筒状，筒部具 5 棱；花冠漏斗状，下半部带绿色，上半部白色或淡紫色，檐部 5 浅裂，裂片具短尖头；雄蕊不伸出花冠；子房密被柔针毛。

子实：蒴果直立生，卵形，表面具坚硬针刺或有时无刺而近平滑，成熟后淡黄色，规则 4 瓣裂；种子卵圆形，稍扁，黑色。

田间识别要点：花冠漏斗状，5 浅裂，蒴果卵球形，表面生坚硬的刺。近似种毛曼陀罗（*Datura innoxia*）植株被腺状短柔毛，萼筒无角，蒴果具细长的刺。

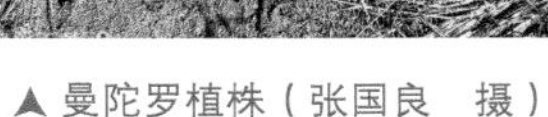

▲ 曼陀罗植株（张国良　摄）

▲ 曼陀罗茎（①付卫东　摄，②张国良　摄）

▲ 曼陀罗叶（张国良　摄）

▲ 曼陀罗花（张国良　摄）

▲ 曼陀罗子实（张国良　摄）

三、生物习性与生态特性

曼陀罗花期 6—10 月，果期 7—11 月。以种子繁殖，种子存在显著的休眠特性及种皮对种子萌发障碍作用的影响，导致曼陀罗种子具有低发芽率、出苗不整齐等性状。在室温条件下存储 6 个月可解除曼陀罗种子休眠，但种皮障碍始终是其种子萌发的限制因素。利用赤霉素对种子进行浸种处理对种子萌发有促进作用，当赤霉素浓度为 100 mg/L 时，发芽率最高，为 30 %；当赤霉素浓度为 250 mg/L 时，发芽势最高，为 23.3 %。在 pH 值 3～11 处理条件下，曼陀罗种子进行浸种处理，具有一定的促进作用，在 pH 值为 7 时，种子发芽势与发芽率为 18.7 %、24.7 %，种子幼苗的生长发育状况更为优良。种子埋深 3 cm 时，幼苗出土率最高，为 86.5 %；埋深 9 cm 无幼苗出土。

四、传播扩散与危害特点

（一）传播扩散

明末作为药用植物引入，《本草纲目》（1578 年）对该物种有记载，1916 年首次在山东泰山采集到该物种标本。曼陀罗作为观赏植物或药用植物引入，首先在沿海地区种植，再传播到内地。随引种栽培逸生，或通过货物和交通工具携带扩散。

▲ 曼陀罗危害（张国良　摄）

（二）危害特点

曼陀罗为旱地、住宅旁主要杂草之一，影响景观。叶和花含莨菪碱和东莨菪碱，误食会导致人类和牲畜中毒。

五、防控措施

植物检疫：严格禁止作为观赏植物引种栽培。检疫部门应加强对货物、运输工具等携带曼陀罗子实的监控，如发现曼陀罗子实，应作检疫除害处理。

农艺措施：对作物种子进行精选，提高种子纯度；作物种植前，对农田进行深度不小于 20 cm 的深耕，将土壤表层杂草种子翻至深层，降低曼陀罗出苗率；对农田周边的杂草植株进行清理，防止曼陀罗传入农田。

物理防治：点状、零星发生的曼陀罗，在苗期或种子成熟前人工铲除。

化学防治：在曼陀罗开花前，可选择烟嘧磺隆、麦草畏、草甘膦等除草剂，茎叶喷雾。

45 洋金花

洋金花 *Datura metel* L. 隶属茄科 Solanaceae 曼陀罗属 *Datura*。

【英文名】Hindu datura、Devil's trumpet、Hoary thorn-apple。

【异名】*Datura fastuosa*、*Datura alba*、*Datura metel* f. *alba*、*Datura fastuosa* var. *alba*。

【俗名】枫茄花、枫茄子、闹羊花、喇叭花、风茄花、白花曼陀罗、白曼陀罗、风茄儿、山茄子、颠茄、大颠茄。

【入侵生境】常生长于荒地、旱地、住宅旁、向阳山坡、林地边缘、草地等生境。

【管控名单】无。

一、起源与分布

起源：印度。

国外分布：全球温暖地区。

国内分布：北京、天津、河北、辽宁、吉林、黑龙江、江苏、安徽、福建、河南、湖南、广西、海南、重庆、四川、贵州、云南、西藏、山西、陕西、甘肃、青海、新疆、台湾等地。

二、形态特征

植株：一年生草本或半灌木状植物，植株高 0.5～1.5 m，全株无毛或幼嫩部分被稀疏短柔毛。

茎：茎直立，圆柱形，基部稍木质化。

叶：叶卵形或广卵形，顶端渐尖，基部不对称圆形、截形或楔形，长 5～20 cm，宽 4～15 cm，边缘具不规则的短齿或浅裂或全缘而波状，侧脉每边 4～6 条；叶柄长 2～5 cm。

花：花单生于枝杈间或叶腋，花萼筒状，果时宿存部分增大呈浅盘状；花冠长漏斗状，长 14～17 cm，裂片顶端具小尖头，白色、黄色或浅紫色，单瓣，在栽培类型中有 2 重瓣或 3 重瓣；雄蕊 5，在重瓣类型中常变态成 15 枚左右；子房疏生短刺毛。

子实：蒴果斜生至横生，近球状或扁球状，疏生粗短刺，直径约 3 cm，不规则 4 瓣裂；种子淡褐色。

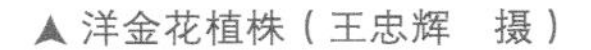

▲ 洋金花植株（王忠辉　摄）

▲ 洋金花茎（王忠辉　摄）

▲ 洋金花叶（王忠辉　摄）

▲ 洋金花花（①②张国良　摄，③④王忠辉　摄）

▲ 洋金花子实（张国良　摄）

田间识别要点：植株近无毛，花冠漏斗状，蒴果具瘤突或短刺。

三、生物习性与生态特性

洋金花花果期 3—12 月。适应性强，抗旱，喜阳光、温暖湿润的气候，适应多种土壤类型，包括沙质和壤质，pH 值从中性到极碱性。以种子繁殖，气温在 5 ℃左右时，种子开始萌发；气温低于 2～3 ℃时，植株死亡。

四、传播扩散与危害特点

（一）传播扩散

1896 年洋金花在中国台湾有记录，1928 年首次在广西采集到该物种标本。作为药用植物引入，管理不善逸生，随人工引种扩散。以种子进行传播扩散，种子小而多，可通过水流、土壤运输而传播，蒴果可附着在动物皮毛上扩散。可能扩散的区域有华东、华中、华南等地区。

（二）危害特点

洋金花对环境适应性较强，为常见杂草，已形成优势种群，排挤其他植物，影响生物多样性。叶和花含莨菪碱和东莨菪碱，误食会导致人类和牲畜中毒。

▲ 洋金花危害（王忠辉　摄）

五、防控措施

引种管理：加强引种管理，严禁随意引种栽培，人工种植区应加强管理，防止逸生；加强对货物、运输工具检疫，如发现洋金花繁殖体，应对货物作检疫除害处理。

物理防治：点状、零散发生的洋金花，可在苗期或果实成熟前人工拔除；对于大面积发生区域，在果实成熟前机械铲除。拔除或铲除的植株应进行无害化处理，避免牲畜误食中毒。

化学防治：

玉米田：玉米 3～5 叶期、洋金花幼苗期，可选择烟嘧磺隆、麦草畏等除草剂，茎叶喷雾。

小麦田：洋金花幼苗期，可选择麦草畏等除草剂，茎叶喷雾。

荒地：在洋金花开花前，可选择草甘膦等除草剂，茎叶喷雾。

46 灯笼果

灯笼果 *Physalis peruviana* L. 隶属茄科 Solanaceae 酸浆属 *Physalis*。

【英文名】Cape gooseberry、Bladderberry、Goldenberry。

【异名】*Boberella peruvina*、*Boberella pubescens*、*Physalis chenopodifolia*、*Physalis tomentosa*。

【俗名】小果酸浆、秘鲁酸浆。

【入侵生境】常生长于农田、路旁、河谷、林缘等生境。

【管控名单】无。

一、来源与分布

起源：南美洲。

国外分布：南非、中非、澳大利亚、新西兰、印度、马来西亚、菲律宾、美国、英国等。

国内分布：吉林、江苏、安徽、福建、湖北、广东、重庆、四川、云南、台湾等地。

二、形态特征

植株：多年生草本植物，植株高 45～90 cm。

茎：茎直立，不分枝或少分枝，密被短柔毛。

叶：叶较厚，阔卵形或心形，长 6～15 cm，宽 4～10 cm，顶端短，渐尖，基部对称心形，全缘或具少数不明显的尖牙齿，两面密被柔毛；叶柄长 2～5 cm，密被柔毛。

花：花单独腋生，梗长约 1.5 cm；花萼阔钟状，同花梗一样密被柔毛，长 7～9 mm，裂片披针形，与筒部近等长；花冠阔钟状，长 1.2～1.5 cm，宽 1.5～2 cm，黄色且喉部有紫色斑纹，5 浅裂，裂片近三角形，外面被短柔毛，边缘被毛；花丝及花药蓝紫色，花药长约 3 mm。

子实：果萼卵球状，长 2.5～4 cm，薄纸质，淡绿色或淡黄色，被柔毛；浆果直径 1～1.5 cm，成熟时黄色；种子黄色，圆盘状，直径约 2 mm。

▲ 灯笼果植株（张国良　摄）

▲ 灯笼果茎（张国良　摄）

▲ 灯笼果叶（张国良　摄）

▲ 灯笼果花（张国良　摄）

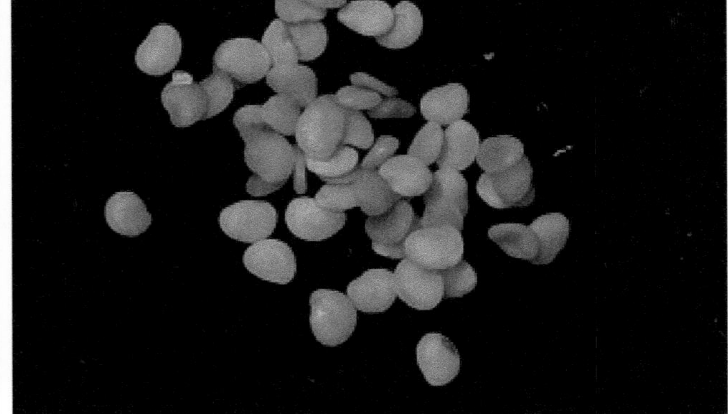

▲ 灯笼果子实（张国良　摄）

田间识别要点：多年生草本，全株密被柔毛，叶基对称心形，花单独腋生，花冠阔钟状，黄色且喉部有紫色斑纹，5 浅裂，花丝及花药蓝紫色。

三、生物习性与生态特性

灯笼果在温带地区一年生，苗期4—5月，夏季开花结果，属短日照植物，适宜生长温度为27～30 ℃；喜欢生长在腐殖质较多、排水良好沙质至砾石疏松的土壤中；夏季炎热不利于果实生长。花期为3周，果实成熟期85～100天。种子无休眠特性。

四、传播扩散与危害特点

（一）传播扩散

1924年我国首次在云南丽江采集到灯笼果标本，之后陆续在广东、四川、台湾有标本采集记录。作为药用植物和观赏植物引种扩散，或果实通过作物种子、秸秆及饲料等裹挟扩散。可能扩散的区域为全国各地。

（二）危害特点

灯笼果为秋熟农田杂草，危害玉米（*Zea mays*）、大豆（*Glycine max*）、烟草（*Nicotiana tabacum*）等，也时常发生于果园。入侵自然生境，形成灌丛，排挤、威胁其他物种。未成熟的水果含有足够的茄碱，一旦误食，会引起胃肠炎和腹泻，甚至可致牛、羊中毒死亡。也是茄科作物重要有害生物如番茄绿斑病毒、马铃薯卷叶病毒、烟草花叶病毒等天然宿主。

五、防控措施

农艺措施：作物种植前，对农田进行深度不小于20 cm的深耕，将土壤表层杂草种子翻至深层，降低杂草出苗；结合作物栽培管理，在灯笼果种子出苗期，中耕除草，可降低杂草的种群密度；对农田周围杂草植株进行拔除或铲除，防止传入农田。

物理防治：点状、零散发生的灯笼果，可在果实成熟前人工连根铲除；对于大面积发生，且不适宜化学防治的区域，在果实成熟前机械连根铲除。铲除的植株应统一收集，进行暴晒、深埋、烧毁等无害化处理。

化学防治：

玉米田：在灯笼果苗期，可选择2甲4氯、烟嘧磺隆等除草剂，茎叶喷雾。

大豆田：在灯笼果苗期，可选择乙羧氟草醚、氟磺胺草醚等除草剂，茎叶喷雾。

荒地、路旁等：在灯笼果开花结实前，可选择2甲4氯、草甘膦、草铵膦等除草剂，茎叶喷雾。

47 黄花刺茄

黄花刺茄 *Solanum rostratum* Dunal 隶属茄科 Solanaceae 茄属 *Solanum*。

【英文名】Buffalo-bur、Prickly nightshade。

【异名】*Solanum cornutum*、*Solanum heterandrum*。

【俗名】刺萼龙葵、堪萨斯蓟、壶萼利茄等。

【入侵生境】常生长于荒地、草原、农田、草场、果园、沟渠、河滩、生活区、垃圾场等生境。

【管控名单】属“重点管理外来入侵物种名录”“中华人民共和国进境植物检疫性有害生物名录”。

一、起源与分布

起源：墨西哥及美国西部。

国外分布：美国、墨西哥、加拿大、俄罗斯、韩国、孟加拉国、奥地利、捷克、保加利亚、斯洛伐克、乌克兰、德国、丹麦、南非、澳大利亚、新西兰等。

国内分布：北京、天津、河北、内蒙古、山西、黑龙江、辽宁、吉林、新疆等地。

二、形态特征

植株：一年生草本植物，全株具密集粗而硬的黄色锥形刺，植株高 15～80 cm。

茎：茎直立，多分枝，基部近木质。

叶：叶互生，叶片卵形或椭圆形，长 5～18 cm，宽 4～9 cm，羽状深裂，裂片很不规则，部分裂片又羽状半裂，着生 5～8 条放射形的星状毛；叶脉和叶柄上均具黄色刺。

花：蝎尾状聚伞花序腋外生，花期花序轴延伸变成总状花序，每个花序具花 10～20 朵；花萼密被长刺及星状毛；花冠黄色，直径 2～3.5 cm，5 裂，外面密被星状毛；雄蕊 5，下面 1 枚较大，花药靠合；雌蕊 1，子房球形，2 室，内含多数胚珠。

子实：浆果球形，绿色，外面被多刺的萼片包裹；种子黑褐色，表面具蜂窝状凹坑。

▲ 黄花刺茄植株（张国良　摄）

▲ 黄花刺茄幼苗（张国良　摄）

▲ 黄花刺茄茎（张国良　摄）

▲ 黄花刺茄叶（张国良　摄）

▲ 黄花刺茄花（张国良　摄）

▲ 黄花刺茄子实（张国良　摄）

田间识别要点：全株密被黄色硬刺，叶不规则羽状深裂，花黄色，雄蕊 5，下面 1 枚大，浆果包于具刺和被星状毛的宿萼内。

三、生物习性与生态特性

黄花刺茄为喜光植物，在光照充足条件下长势繁茂、果大籽多、植株健壮，光照不足时长势较差，虽也能完成生活史，但产籽量减少。正常情况下，黄花刺茄种子休眠期约 3 个月。每浆果内可产种子 50~90 粒，正常植株可产种子 1 万~2 万粒。在自然条件下，种子经过冬季休眠，4 月初或 5 月上旬当气温达到 10 ℃时，种子雨后开始萌发、出苗，5 月下旬至 6 月中旬开花，7 月初果实形成，8 月中下旬果实逐渐成熟，浆果由绿变为黄褐色，9 月末至 10 月初降霜后植株萎蔫枯死，整个生长期约 150 天。黄花刺茄的适生性极强，耐瘠薄、耐干旱、耐湿，喜温暖气候中的各种土壤，尤其是沙质土壤、碱性肥土或混合性黏土。

四、传播扩散与危害特点

（一）传播扩散

黄花刺茄于 1981 年在辽宁朝阳首次被发现，可能是种子混杂于饲料中携带传入我国。2003 年在北京密云发现，2006 年在乌鲁木齐发现。黄花刺茄以种子繁殖，最初种群传播是通过带刺果实附着在美洲野牛身上而实现的。由于植株全株密被长刺，人畜不易接触，很少遭到干扰和破坏，有利于生存繁衍，同时其果实有许多刺，可附着在动物皮毛、农业机械及包装物上传播；种子也可随风、水流传播。种子成熟时，植株主茎近地面处断裂，以滚动方式将种子传播得很远；种子小，易混杂于其他种子中进行远距离传播。通过适生区评估预测，发现全国除西藏、青海、海南、广西和广东南部外的其他地区均适生，尤其以华北、华东、华中以及东北和西南地区为高危潜在分布区。

（二）危害特点

黄花刺茄竞争力强，生长速度快，与当地植物争夺水分、养分、光照和生长空间，很容易在新生态环境中占据生态位。入侵农田，可严重抑制作物生长，影响作物产量；入侵草场则降低草场质量，伤害牲畜，影响放牧和人类活动，其对羊毛产量及质量具有破坏性影响；同时黄花刺茄为马铃薯甲虫（*Leptinotarsa decemlineata*）和马铃薯卷叶病毒的寄主。植物体内产生一种茄碱，对家畜有毒，中毒症状为呼吸困难、虚弱和颤抖等，严重时会导致死亡；人接触它的毛刺后会导致皮肤红肿和瘙痒。

▲ 黄花刺茄危害（张国良　摄）

五、防控措施

植物检疫：对进出口粮食、种畜引种、作物种子调运，应加强检验检疫，若发现黄花刺茄种子及果实，应对货物进行检疫除害处理。

农艺措施：对农田和果园进行深度不小于20 cm的深耕，将土壤表层种子翻至深层，可降低黄花刺茄出苗率；精选作物种子，提高种子纯度；结合栽培管理，在黄花刺茄出苗期，中耕除草，可减少田间黄花刺茄的种群密度；对农田、果园及周边的杂草进行清理，防止黄花刺茄传入。

物理防治：在黄花刺茄幼苗期，对于点状、零散发生生境，可人工拔除或铲除；对于成片发生的生境，可在黄花刺茄花期或种子成熟前机械铲除。拔除或铲除的植株应进行深埋、暴晒、粉碎等无害化处理。

化学防治：

玉米田：在黄花刺茄幼苗期，可选择烟嘧磺隆、硝磺草酮、莠去津等除草剂，茎叶喷雾。

大豆田：在黄花刺茄幼苗期，可选择乳氟禾草灵、乙羧氟草醚、氟磺胺草醚、灭草松等除草剂，茎叶喷雾。

草地：在黄花刺茄幼苗期，可选择氨氯吡啶酸等除草剂，茎叶喷雾。

果园：在黄花刺茄幼苗期，可选择氨氯吡啶酸、草甘膦除草剂，茎叶喷雾。

荒地、路旁：在黄花刺茄开花前，可选择氨氯吡啶酸、氯氟吡氧乙酸、三氯吡氧乙酸、草甘膦等除草剂，茎叶喷雾。

替代控制：在荒地、公路、铁路可选择种植紫穗槐、披碱草、羊草、向日葵、冰草、沙打旺、紫花苜蓿等植物，可抑制黄花刺茄生长繁殖。

48 毛果茄

毛果茄 *Solanum viarum* Dunal 隶属茄科 Solanaceae 茄属 *Solanum*。

【英文名】Tropical soda apple、Sodom apple。

【异名】*Solanum khasianum* var. *chatterjeeanum*、*Solanum chloranthum*、*Solanum reflexum*、*Solanum viridiflorum*。

【俗名】喀西茄、黄果茄。

【入侵生境】常生长于荒地、农田、路旁、沟边、灌丛、草坡、疏林等生境。

【管控名单】无。

一、起源与分布

起源：南美洲巴西南部、巴拉圭、乌拉圭和阿根廷北部。

国外分布：美洲、亚洲、非洲的热带和亚热带地区。

国内分布：浙江、福建、湖南、江西、广东、广西、重庆、四川、贵州、云南、西藏等地。

二、形态特征

植株：一年生草本植物，植株高0.5～1（2）m。

茎：茎直立，具刺，通常被简单的腺眼；茎具有向后弯曲的刺，长2~5 mm，有时具针状刺，长1~4 mm。

叶：叶柄粗壮，长3～7 cm，具0.3～1.8 cm长的直刺；叶宽卵形，长6～13 cm，宽6～12 cm，具刺，被粗糙的多细胞腺毛和稀疏、无梗的星状毛；叶基部截形，边缘3～5浅裂，裂片顶端钝。

花：总状花序1～5朵；花序梗短，长4～6 mm；花萼钟状，长约10 mm，裂片长圆状披针形，背面有时被长毛或具刺；花冠白色或绿色，裂片披针形；花丝长 1～1.5 mm，花药披针形，渐尖，长 6～7 mm；子房被微茸毛；花柱长 8 mm，无毛。

子实：浆果淡黄色，球状，直径 2～3 cm；种子棕色，直径 2～2.8 mm。

▲ 毛果茄植株（张国良　摄）

▲ 毛果茄茎（①付卫东　摄，②王忠辉　摄）

▲ 毛果茄叶（①付卫东　摄，②张国良　摄）

▲ 毛果茄花（①王忠辉　摄，②张国良　摄）

▲ 毛果茄子实（张国良　摄）

田间识别要点：茎、枝基部具宽扁的显著向后弯曲的皮刺，并被硬毛，花白色，果圆球形，成熟后淡黄色。近似种牛茄子（*Solanum capsicoides*）和喀西茄（*Solanum aculeatissimum*）茎枝无毛，具细长的直刺，果扁球形，成熟后橙红色。

三、生物习性与生态特性

在南京，春季毛果茄种子播种后 15 天开始出苗，始花期为 5 月 15 日，花后 60～70 天果实皮色由绿色转黄色进入生理成熟期，并可采收到成熟的种子。在贵州毕节，毛果茄 2—3 月发芽，5—6 月开花，7—8 月结果，9—10 月枯萎。

四、传播扩散与危害特点

（一）传播扩散

毛果茄大约于 19 世纪末传入我国，《中国植物志》（1978 年）采用喀西茄名称收录。1960 年首次在云南耿马采集到该物种标本，定名为喀西茄，实际应为毛果茄。通过混杂于粮食中传入我国，可能先在华南地区定殖，后传播到其他省份。毛果茄种子量大，种子可通过作物种子、货物和交通工具携带传播。在当前气候环境下，毛果茄适生地理区域主要分布在 20°～33° N 和 97° E 以东区域，即主要分布于横断山区和云贵高原的云南、广西和四川等地。

（二）危害特点

毛果茄入侵农田，是多种病毒的宿主，危害茄子（*Solanum melongenal*）、辣椒（*Capsicum annuum*）等蔬菜的生长。由于全株多刺毛，影响田间农事操作。毛果茄为路旁和荒野杂草，排挤其他植物，易形成优势种群，破坏生态环境，降低物种丰富度，影响生物多样性。毛果茄茎具刺，趋避牲畜；植株及果实含龙葵碱，误食后可导致人类或牲畜中毒。

▲ 毛果茄危害（①张国良　摄，②付卫东　摄）

五、防控措施

农艺措施：在播种前，对农田进行深度不小于 20 cm 的深耕，将土壤表层杂草种子翻至深层，降低种子出苗率；结合栽培管理，在毛果茄出苗期间，中耕除草，可降低毛果茄的种群数量；在毛果茄营养生长期或开花期，对其进行刈割，可降低结实量；对农田周边的毛果茄植株进行清理，防止扩散至农田。

物理防治：对于农田内点状、零星发生的毛果茄，在幼苗期，可人工连根拔除；对于大面积发生，且不适宜化学防治的区域，在果实成熟前，可机械铲除。拔除或铲除的植株应进行暴晒、烧毁、粉碎、深埋等无害化处理。

化学防治：在毛果茄苗期，可选择草甘膦、草铵膦等除草剂，茎叶喷雾。

49 水茄

水茄 *Solanum torvum* Sw. 隶属茄科 Solanaceae 茄属 *Solanum*。

【英文名】Root of water nightshade。

【异名】无。

【俗名】刺茄、山颠茄、野茄子、万桃花、青茄、天茄子、刺番茄等。

【入侵生境】常生长于路旁、荒地、山坡灌丛、沟谷、住宅旁等生境。

【管控名单】属“中华人民共和国进境植物检疫性有害生物名录”。

一、起源与分布

起源：美洲加勒比海地区。

国外分布：全球热带地区。

国内分布：福建、广西、广东、海南、云南、贵州、西藏、香港、澳门、台湾等地。

二、形态特征

植株：多年生灌木植物，小枝、叶下面、叶柄及花序梗均被星状毛，植株高 1～2（3）m。

茎：直立，小枝疏具黄色基部宽扁的皮刺，皮刺尖端略弯曲，长 2.5～10 mm。

叶：叶单生或双生，卵形至椭圆形，长 6～9 cm，宽 4～13 cm，先端尖，基部心形或楔形，两边不相等，边缘半裂或波状，裂片通常 5～7；中脉在下面少刺或无刺；叶柄长 2～4 cm。

花：伞房花序腋外生，二至三歧，毛被厚，总花梗长 1～1.5 cm，具 1 细直刺或无；萼杯状，外面被星状毛，5 裂；花冠白色，辐形，直径约 1.5 cm，筒部隐于萼内，外面被星状毛，端 5 裂，裂片卵状披针形，长 0.8～1 cm，子房卵形，光滑，不孕花的花柱短于花药，能孕花的花柱较长于花药，柱头截形。

子实：浆果成熟后黄色，圆球形，直径 1～1.5 cm，光滑无毛；种子盘状，直径 1.5～2 mm。

田间识别特点：灌木，植株密被土黄色星状毛，小枝疏具宽扁皮刺，叶边缘 5～7 浅裂或波状，伞房花序二至三歧，花白色，花梗及花萼外被星状毛及腺毛，果实成熟后为黄色。近似种假烟叶树（*Solanum erianthum*）为灌木，植株密被星状毛，茎枝无刺，叶全缘或稍波状，聚伞花序多花，形成近顶生的平顶式花序，花白色，球形。

▲ 水茄植株（张国良 摄）

▲ 水茄茎（①王忠辉 摄，②张国良 摄）

▲ 水茄叶（①张国良　摄，②付卫东　摄）

▲ 水茄花（张国良　摄）

▲ 水茄子实（张国良　摄）

三、生物习性与生态特性

水茄以枝条扦插、分蘖和种子繁殖。分蘖繁殖所用时间最短，成活率为 74.3 %。扦插繁殖中又以嫩枝扦插所用时间最短，成活率为 34.7 %。水茄种子千粒重为（0.125 ± 0.001）g；种子具休眠特性，为非感光性种子。种子对温度敏感，适宜萌发温度为 30 ℃，发芽率为 9.4 %；通过 1 000 mg/L 赤霉素处理后，种子发芽率达到 70 %。喜湿润、疏松、肥沃的土壤。在广西花果期几乎全年。

四、传播扩散与危害特点

（一）传播扩散

1912 年有水茄在中国的分布文献报道，1978 年收录于《中国植物志》，1917 年首次在中国香港采集到该物种标本。常通过引种栽培逸生扩散蔓延，也可通过动物携带果实或种子传播扩散，有向北扩散蔓延的趋势。

▲ 近似种假烟叶树（张国良　摄）

▲ 水茄危害（①张国良　摄，②王忠辉　摄）

（二）危害特点

为路旁和荒野杂草，影响景观。有时入侵旱地作物，影响作物产量；茎秆具刺，易刺伤人类或牲畜，成片大面积生长，严重影响生物多样性；植株及果含龙葵碱，误食后可导致人类或牲畜中毒。

五、防控措施

植物检疫：加强对货物、运输工具等携带水茄子实和繁殖体的监控。若发生混有水茄子实或繁殖体的货物，应对货物作检疫除害处理。

物理防治：对零散发生的水茄，可人工或机械将植株从土壤中连根整体铲除。铲除的植株和根茎应进行晒干、烧毁等无害化处理。

化学防治：在水茄苗期或植株营养生长期，可选择烟嘧磺隆、草甘膦、2 甲 4 氯等除草剂，茎叶喷雾。

50 北美刺茄

北美刺茄 *Solanum carolinense* L. 隶属茄科 Solanaceae 茄属 *Solanum*。

【英文名】Horsenettle、Apple of sodom、Ball nettle、Ball nightshade、Bullnettle、Carolina horsenettle、Carolina nettle、Devil's potato、Wild tomato。

【异名】*Solanum floridanum*、*Solanum godfreyi*。

【俗名】北美刺龙葵、北美水茄。

【入侵生境】常生长于农田、果园、荒地、绿化带、铁路、道路、公路等生境。

【管控名单】属“中华人民共和国进境植物检疫性有害生物名录”。

一、起源与分布

起源：北美洲。

国外分布：美国、加拿大、巴西、克罗地亚、挪威、格鲁吉亚、孟加拉国、日本、印度等。

国内分布：上海、江苏、浙江、山东、四川等地。

二、形态特征

植株：多年生草本植物，全株密具尖刺，植株高 30～120 cm。

根：有水平和垂直之分，且根上能产生新芽。

茎：茎直立，在近顶端分支，并具分散、坚硬、尖锐的刺，被淡黄色星状毛。

叶：叶片长椭圆形，边缘呈波浪形或深裂，长 3.5～15 cm，宽 2～7 cm，表面有毛和刺；叶柄长 2 cm。

花：蝎尾状聚伞花序，具花 6～10 朵；萼片长 2～7 mm，表面常具小刺；花冠白色到浅紫色，5 裂，直径 2～3.5 cm；花药直立。

子实：浆果球形，直径为 9～20 mm，光滑，成熟时为黄色到橘色，表面有皱纹；果内含有大量种子，种子直径为 1.5～2.5 mm。

田间识别要点：茎叶被黄色星状毛，叶长椭圆形，花白色至淡紫色，果成熟时有皱纹。

▲ 北美刺茄植株（①付卫东　摄，②张国良　摄）

▲ 北美刺茄茎（①张国良　摄，②③④付卫东　摄）

▲ 北美刺茄叶（①②③付卫东　摄，④张国良　摄）

▲ 北美刺茄花（付卫东　摄）

三、生物习性与生态特性

北美刺茄一般 4—5 月萌发，花果期 5—9 月。北美刺茄通过种子、根茎系统、根片段进行繁殖；结实量大，单株种子量 1 500～7 200 粒；种子具休眠特性，休眠期可达 10 年。入侵定殖后极易通过分泌化感物质等途径形成单一优势种群。冬季地上部分枯萎后，地下茎可存活并具极强的再生能力。

四、传播扩散与危害特点

（一）传播扩散

最早于2006年在浙江发现，2011年首次在江苏连云港采集到北美刺茄标本，通过混杂于食粮中经过贸易无意传入。北美刺茄具有极强的繁殖能力，种子多，扩散方式多样，蔓延快。种子可通过风力、水流、动物、交通工具等途径扩散蔓延。北美刺茄在我国的适生区为除黑龙江、吉林、内蒙古、青海、甘肃、西藏、四川西北部以外的区域，其中高风险区主要集中在东部和南部沿海、西南边境和新疆的部分地区。

（二）危害特点

北美刺茄是农田、蔬菜地、牧场、荒地的主要问题杂草。具化感作用，抑制其他本地植物生长，极易形成优势种群，可造成作物减产35%～60%，对入侵地农业生产和生物多样性保护构成极大威胁。同时北美刺茄也是一些重要害虫和作物致病菌的中间寄主，如番茄叶斑真菌、番茄斑枯病、马铃薯和番茄花叶病毒，增加作物感染病毒的概率。北美刺茄全株有毒，含有高毒性的生物碱——龙葵素，可使误食的家畜中毒，典型症状是视力下降、心跳加快或降低、神经过敏直至昏迷或死亡。

▲ 北美刺茄危害（付卫东　摄）

五、防控措施

植物检疫：加强对种子、饲草和粮食的检疫，若发现北美刺茄繁殖体，应对货物进行检疫除害处理。

农艺措施：对作物种子进行精选，提高种子纯度；对田园周边的北美刺茄植株进行清理，防止传入农田。

物理防治：对于点状、零散分布的北美刺茄，在开花前人工铲除，将地下根茎整体挖出。刈割或铲除的植株应进行暴晒、粉碎、深埋等无害化处理。

化学防治：

玉米田：播后苗前，可选择麦草畏、毒莠定等除草剂，均匀喷雾，土壤处理。

荒地、路旁：北美刺茄开花前，可选择草甘膦、草铵膦等除草剂，茎叶喷雾。

51 银毛龙葵

银毛龙葵 *Solanum elaeagnifolium* Cavanilles 隶属茄科 Solanaceae 茄属 *Solanum*。

【英文名】Silverleaf nightshade、Tomato weed、White horse nettle、White nightshade。

【异名】*Solanum dealbatum*、*Solanum flavidum*、*Solanum leprosum*、*Solanum obtusifolium*。

【俗名】银叶茄。

【入侵生境】常生长于农田、果园、牧场、草地、荒野、路旁等生境。

【管控名单】无。

一、起源与分布

起源：美国西南部和墨西哥东北部。

国外分布：北美洲、南美洲、欧洲、亚洲、非洲、大洋洲。

国内分布：河北、山西、山东、河南、陕西、台湾等地。

二、形态特征

植株：多年生草本植物，通体被稠密的银白色星状柔毛，植株高 0.5～1 m。

根：主根粗大、侧根多。

茎：茎直立，圆柱形，上部多分枝，疏被直刺，刺长 2～5 mm。

叶：单叶互生，椭圆状披针形，长 2～10 cm，宽 1～2 cm，下部叶边缘波状或浅裂；上部叶较小，长圆形，全缘。

花：总状聚伞花序，具花 1～7 朵，花序梗长达 1 cm，小花梗花期长约 1 天，果期延长；花萼 5 裂，裂片钻形；花冠蓝色至蓝紫色，稀白色，直径 2.5～3.5 cm，裂片长为花冠的 1/2，雄蕊在花冠基部贴生；子房被茸毛。

子实：浆果圆球状，基部被萼片覆盖，绿色具白色条纹，成熟后黄色至橘红色；种子灰褐色，两侧压扁，平滑。

▲ 银毛龙葵植株（张国良　摄）

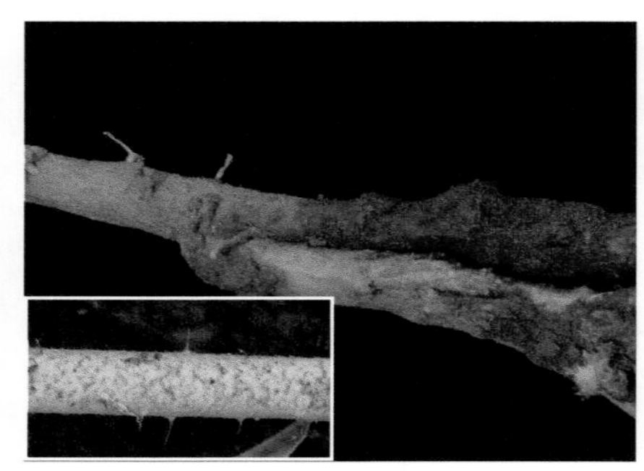

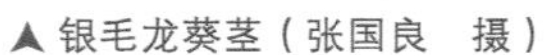

▲ 银毛龙葵茎（张国良　摄）

▲ 银毛龙葵叶（张国良　摄）

▲ 银毛龙葵花（张国良　摄）

田间识别要点：茎叶被银白色星状毛，叶椭圆状披针形至长圆形，花常紫色，果成熟时光滑。

▲ 银毛龙葵子实（张国良　摄）

三、生物习性与生态特性

银毛龙葵花果期 9—11 月，果实存留植株上至翌年 4 月。喜冬季干燥、夏季湿润，年降水量为 250～600 mm 的半干旱环境。对干旱和盐渍的土壤也有很强的适应力，喜砂砾质土壤，但不耐洪涝。种子秋季萌发，植株在几个月内就可形成庞大的根系，根系较深，能躲过严寒的环境，在 −23～−18 ℃的环境下仍能生存。繁殖方式为种子繁殖和营养繁殖。营养繁殖时，根及根状茎断裂后，即使 1 cm 的碎段仍能生根发芽；植株可产生大量的种子（1 500～7 200 粒 / 株），种子具休眠特性，可在土壤中存活 10 年左右。

四、传播扩散与危害特点

（一）传播扩散

银毛龙葵于 2003 年在中国台湾被发现，2012 年在山东济南发现野外种群，并呈蔓延扩散之势。可能通过人为引种后逃逸，也可能混杂于饲料，或包装材料、运输工具携带等途径无意传入。银毛龙葵可产生大量种子，每一结果枝可结果 2～10 个，每株可结果 20～198 个，每个果实可产种子 27～198 粒。侧根可向外扩展，在其 2～3 m 处形成克隆株，克隆株的侧根又形成克隆株，最终会形成克隆种群。种子可通过风力、水流或附着于动物皮毛进行扩散，动物取食果实后种子过腹排泄扩散；同时种子易混入谷物、干草饲料随交通工具进行传播。银毛葵适生区为除东北三省、内蒙古、青海、新疆天山山脉以北、河北北部地区以外的区域，其中高风险区主要集中在东部和南部沿海、西南边境和新疆南部的部分地区。

（二）危害特点

银毛龙葵竞争能力极强，能和作物竞争水分和养分，严重侵害棉花（*Gossypium hirsutum*）、苜蓿（*Medicago sativa*）、高粱（*Sorghum bicolor*）、小麦（*Triticum aestivum*）、玉米（*Zea　mays*）等秋熟旱作物及草场，如不经任何防治措施，可使玉米减产 64 %、棉花减产 78 %、小麦减产 12 %～50 %；这种侵害对于沙质土地或者旱季更加严重，如在水分充沛的地区，高粱和棉花分别减产 4 %～10 %、5 %～14 %，在半干旱条件下可使棉花减产 75 %。

▲ 银毛龙葵危害（张国良　摄）

具化感作用，对作物特别是棉花和牧草造成很大的危害。植株各部分，尤其是成熟果实对动物有毒，体内的糖苷生物碱能够毒害人类和牲畜，如牛取食其体重的 0.1 % 即产生中度中毒反应；牛比绵羊易受影响，但山羊不受影响；中毒迹象为流涎、鼻音失控、呼吸困难、水肿、颤抖、粪便稀松。

五、防控措施

农艺措施：作物种植前，对农田进行深度不小于 20 cm 的深耕，将土壤表层杂草种子翻至深层，降低种子出苗率。

物理防治：对于发生面积小的区域，可人工拔除，但在其生长季需要进行多次。

化学防治：

果园、荒地、路旁：在银毛龙葵开花前，可选择草甘膦、草铵膦，茎叶喷雾。

草坪：在银毛龙葵开花前，可选择氨氯吡啶酸等除草剂，茎叶喷雾。

52 阿拉伯婆婆纳

阿拉伯婆婆纳 *Veronica persica* Poir. 隶属玄参科 Scrophulariaceae 婆婆纳属 *Veronica*。

【英文名】Bird's-eye speedwell、Common field speedwell、Winter speedwell。

【异名】*Pocilla persica*、*Veronica buxbaumii*。

【俗名】波斯婆婆纳、肾子草。

【入侵生境】常生长于农田、路旁、荒地、住宅旁、苗圃、果园、菜地等生境。

【管控名单】无。

一、起源与分布

起源：欧洲、亚洲西部。

国外分布：全球温带和亚热带地区。

国内分布：北京、河北、山西、上海、江苏、安徽、福建、浙江、山东、河南、湖北、湖南、江西、广东、广西、重庆、四川、贵州、云南、西藏、陕西、甘肃、青海、新疆等地。

二、形态特征

植株：一年生至二年生草本植物，全株有柔毛，植株高 10~30 cm。

根：主根不明显，细根多。匍匐茎着地处产生不定根。

茎：自基部分枝，下部伏生地面，斜上。

叶：叶在基部对生，2~4 对，上部互生；叶片卵圆形或卵状长圆形，长 6~20 mm，宽 5~18 mm，边缘具钝锯齿，基部浅心形、平截或圆形，两面疏被柔毛；无柄或上部叶有柄。

花：花单生于苞片叶腋，苞片呈叶状，花梗明显长于苞叶；花萼 4 深裂，长 6~8 mm，裂片狭卵形；花冠淡蓝色，有放射状深蓝色脉纹；花柄长 1.5~2.5 cm，长于苞片；雄蕊 2。

子实：蒴果倒扁心形，2 深裂，有网纹；种子舟形或长圆形，腹面凹入，有皱纹。

田间识别特征：全株被柔毛，茎基部叶对生，上部互生，边缘具钝锯齿，花单生于苞腋，花梗明显长于苞叶，蒴果倒扁心形。近似种常春藤婆婆纳（*Veronica hederifolia*）叶边缘仅有 1~2 个粗锯齿，花梗略短。

▲ 阿拉伯婆婆纳植株（张国良　摄）

▲ 阿拉伯婆婆纳根（付卫东　摄）

▲ 阿拉伯婆婆纳茎（付卫东　摄）

▲ 阿拉伯婆婆纳叶（①付卫东　摄，②张国良　摄）

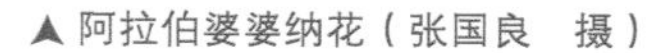

▲ 阿拉伯婆婆纳花（张国良　摄）

▲ 阿拉伯婆婆纳子实（张国良　摄）

三、生物习性与生态特性

阿拉伯婆婆纳秋季、冬季出苗，一般在 8 月底或 9 月初开始出苗，有 2 次萌发高峰，12 月到翌年 1 月出苗较少，偶尔也延至翌年春季。幼苗期较长，花期相对较短。果期 4—5 月，果实成熟开裂，种子散落于土壤中。阿拉伯婆婆纳在江浙地区 9—10 月大量出苗，至 11 月底达到高峰，3—4 月是阿拉伯婆婆纳大量出苗的又一时期。

阿拉伯婆婆纳具有种子繁殖和根茎无性繁殖 2 种方式。阿拉伯婆婆纳具有很强的无性繁殖能力，茎着土易生出不定根，新鲜的离体无叶茎段、带叶茎段埋土后均能存活，重新形成植株，并能开花结实。阿拉伯婆婆纳种子在 30 ℃下萌发良好，低温不利于阿拉伯婆婆纳种子萌发；0～1 cm 土层萌发率为 35 %～100 %，在 3 cm 以下不出苗；种子萌发对土壤水分的要求比较宽，土壤含水量为 20 %～40 % 时具有较高的萌发率，但在土壤含水量小于 10 % 和大于 50 % 条件下，种子萌发率极低。在旱田生境中 2 年的阿拉伯婆婆纳种子，萌发率可达 80 %；但在水田生境中 2 年，种子死亡率达 100 %。与其他杂草相比，阿拉伯婆婆纳在田间的种子萌发率较高，达 10 % 以上，而农田杂草种子的平均发芽率一般仅为 3.32 %。

四、传播扩散与危害特点

（一）传播扩散

《江苏植物名录》（1923 年）对阿拉伯婆婆纳有记载，1906 年首次在江苏采集到该物种标本。由人类活动或农产品贸易等裹挟无意引进，在华东地区逸生。阿拉伯婆婆纳以种子进行有性繁殖，繁殖能力强，繁殖速度快。种子千粒重 0.616 g，种子小，结实量大，一个成熟的果实内约有 19 粒种子，而一株阿拉伯婆婆纳的果实少则几十粒，多则上千粒。果实成熟后炸裂，种子随即掉落土壤中。种子可随风力、水流、农事操作、人畜活动传播。可在全国多数省份扩散。

（二）危害特点

阿拉伯婆婆纳是麦类、油菜等夏熟作物田间恶性杂草，同时也严重危害棉花（*Gossypium hirsutum*）、玉米（*Zea mays*）、大豆（*Glycine max*）等幼苗生长。低密度的阿拉伯婆婆纳种群，对作物的竞争力较弱，但随着种群密度增加，危害迅速上升；生长早期的阿拉伯婆婆纳种群，对作物产量的影响要比后期的严重。在小麦田中，当阿拉伯婆婆纳种群密度超过 29.2 株 /m^2 时，即会危害作物生长。阿拉伯婆婆纳是黄瓜花叶病毒、李痘病毒等多种病原微生物的寄主，同时也是蚜虫（*Aphidoidea*）等多种害虫的寄主。

▲ 阿拉伯婆婆纳危害（付卫东　摄）

五、防控措施

农艺措施：结合作物栽培管理，在阿拉伯婆婆纳种子出苗期，多次中耕除草，可降低种群密度；作物适度密植，可在一定程度上控制阿拉伯婆婆纳的种群密度；制定合理的种植轮作措施，在条件允许下，可改旱旱轮作为水旱轮作，可缩短土壤种子库内杂草子实的寿命。

物理防治：对于点状、零散发生的阿拉伯婆婆纳，在苗期或开花前人工铲除；对于发生面积大，且不适宜化学防治的区域，在种子成熟前可机械铲除。铲除的植株应进行无害化处理。

化学防治：

小麦田：播后苗前，可选择绿麦隆等除草剂，均匀喷雾，土壤处理，在阿拉伯婆婆纳苗期，可选择异丙隆、2 甲 4 氯、绿麦隆等除草剂，茎叶喷雾。

玉米田：播后苗前，可选择伏草隆、绿麦隆等除草剂，均匀喷雾，土壤处理；在阿拉伯婆婆纳苗期，可选择伏草隆、2 甲 4 氯、绿麦隆等除草剂，茎叶喷雾。

荒地、路旁：在阿拉伯婆婆苗期或开花前，可选择 2 甲 4 氯、草甘膦、草铵膦等除草剂，茎叶喷雾。

53 刺果瓜

刺果瓜 *Sicyos angulatus* L. 隶属葫芦科 Cucurbitaceae 野胡瓜属 *Sicyos*。

【英文名】Burcucumber、One seed burcucumber、Star-cucumber。

【异名】无。

【俗名】刺果藤。

【入侵生境】常生长于农田、荒地、沟渠、公路、住宅旁、山坡、灌丛等生境。

【管控名单】属“重点管理外来入侵物种名录”。

一、起源与分布

起源：北美洲。

国外分布：美国、加拿大、墨西哥、克罗地亚、捷克、法国、德国、匈牙利、意大利、摩尔多瓦、挪威、斯洛文尼亚、西班牙、瑞典、英国、土耳其、日本、朝鲜等。

国内分布：北京、河北、辽宁、山东、四川、云南等地。

二、形态特征

植株：一年生攀缘植物，攀缘茎长 3～6 m。

茎：具槽棱，散被硬毛，卷须 3～5 裂。

叶：单叶，叶片圆形或卵圆形，具 3～5 角裂，裂片三角形，叶基深缺刻，叶两面微糙，长和宽近等长，3（5）～12（20）cm；叶柄长，有时短，被短柔毛。

▲ 刺果瓜植株（张国良 摄）

花：雌雄同株，雄花排列成总状花序或头状伞房花序，花序梗长 10～20 cm，花梗细，被短柔毛；花萼筒长 4～5 mm，被柔毛；萼齿长约 1 mm，披针形至锥形；花冠直径 9～14 mm，暗黄色，多少被柔毛，具绿色脉纹，裂片三角形至披针形，长 3～4 mm；雌花较小，聚成头状，无柄，10～15 朵着生于 1～2 cm 长的花序梗顶部。

子实：果长卵形，长 10～15 mm，被长刚毛，黄色或暗灰色，不开裂，内含种子 1 粒；种子橄榄形或扁卵形，长 7～11 mm，灰褐色或灰黑色，光滑。

▲ 刺果瓜幼苗（张国良 摄）

▲ 刺果瓜茎须（张国良 摄）

▲ 刺果瓜茎（张国良 摄）

▲ 刺果瓜叶（张国良　摄）

▲ 刺果瓜花（张国良　摄）

▲ 刺果瓜子实（张国良　摄）

田间识别要点：一年生攀缘草本，叶圆形或卵圆形，雌雄同株，雄花排列成总状花序或头状聚伞花序，雌花较小，聚成头状，果长卵圆形，被刚毛，黄色或暗灰色，不开裂。

三、生物习性与生态特性

刺果瓜在我国北方只能依靠种子进行繁殖。春季（5 月）出苗，生长快，迅速向四周地面扩展蔓延或攀缘邻近的植物向高处空间迅速发展。一株生长良好的刺果瓜，藤蔓的长度可达 10 m，可结数十个果实，种子多者可达百余粒。当年出苗晚的刺果瓜，生长不茂盛，果实小，结籽量少。花期 6—10 月，果期 7—11 月。植株抗寒性较强，秋季 10 月底至 11 月初当其他草本植物枯黄时它仍为绿色。

四、传播扩散与危害特点

（一）传播扩散

刺果瓜最早于 1987 年云南采集到标本。1999 年在中国台湾，2002 年在河北，2003 年在辽宁大连和山东青岛，2010 年在北京发现。刺果瓜果实被长刚毛，可以附着在动物皮毛、人类衣服等表面。远距离传播主要是种子混入粮食、生产资料、农产品中通过交通运输传播；近距离传播则依靠水流、动物和人类活动扩散传播。刺果瓜在我国潜在适生区主要分布于黄淮海地区、环渤海地区、南部沿海地区、东南沿海地区、云贵高原大部分地区。

（二）危害特点

刺果瓜缠绕在作物茎上，与作物竞争阳光和养分，可直接导致作物倒伏减产，危害玉米（*Zea mays*）、大豆（*Glycine max*）等。刺果瓜生长茂盛，不但能迅速占领地面，争夺草本植物和低矮灌木的生长空间，而且能向上攀缘到树冠的顶端，遮盖部分甚至整个树冠，从而影响乔木的光合作用，导致乔木生长不良或死亡，严重影响当地的生态环境和生物多样性。

▲ 刺果瓜危害（张国良　摄）

五、防控措施

农艺措施：结合栽培管理，在刺果瓜出苗期间，进行中耕除草，降低种群密度；与矮秆植物进行轮作，增加土地覆盖度；对农田周边的刺果瓜植株进行铲除清理，防止传入农田。

物理防治：对于点状、零星分布的刺果瓜，在春季苗期人工拔除；对于发生面积大，且不适宜化学防治的区域，可在营养生长期，从基部剪断藤蔓，减少果实结实量；对农田，可以采用地膜覆盖高温除草。

化学防治：

玉米田：播后苗前，可选择莠去津等除草剂，均匀喷雾，土壤处理。玉米 3～5 叶期，可选择烟嘧磺隆、硝磺草酮、烟嘧磺隆＋莠去津、硝·烟嘧·莠、麦草畏等除草剂，茎叶喷雾。

荒地、路旁等：在刺果瓜蔓长达 50 cm 时，可选择草甘膦、草铵膦、敌草快等除草剂，茎叶喷雾。

54 猫爪藤

猫爪藤 *Dolichandra unguis-cati*（L.）L. G. Lohmann 隶属紫葳科 Bignoniaceae 猫爪藤属 *Dolichandra*。

【英文名】Cat's claw、Cat's claw creeper、Catclaw-trumpet。

【异名】*Macfadyena unguis-cati*、*Doxantha unguis-cati*。

【俗名】无。

【入侵生境】常生长于林地、庭园、路旁、住宅旁、草地、山坡等生境。

【管控名单】无。

一、起源与分布

起源：美洲热带地区。

国外分布：美国、墨西哥、巴西、阿根廷、澳大利亚、新西兰、印度、南非、西印度群岛。

国内分布：浙江、福建、湖北、江西、广东、广西、四川、云南、台湾等地。

二、形态特征

植株：常绿攀缘藤本植物。

茎：茎细长、平滑。

叶：卷须与叶对生，长 1.5～2.5 cm，顶端分裂成 3 枚钩状卷须；叶对生，小叶 2 枚，稀 1 枚，长圆形，长 3.5～4.5 cm，宽 1.2～2 cm，顶端渐尖，基部钝。

花：花单生或组成圆锥花序，花序轴长约 6.5 cm，具花 2～5 朵，被疏柔毛，花梗长 1.5～3 cm；花萼钟状，近于平截，长 1.2～1.5 cm，直径约 2 cm，薄膜质；花冠钟状至漏斗状，黄色，长 5～7 cm，宽 2.5～4 cm，檐部裂片 5，近圆形，不等长；雄蕊 4，两两成对，内藏；子房四棱形，2 室，每室具多数胚珠。

子实：蒴果长条形，扁平，长达 28 cm，宽 8～10 mm，隔膜薄，海绵质。

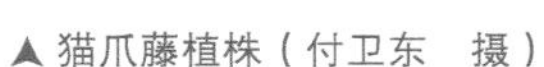

▲ 猫爪藤植株（付卫东　摄）

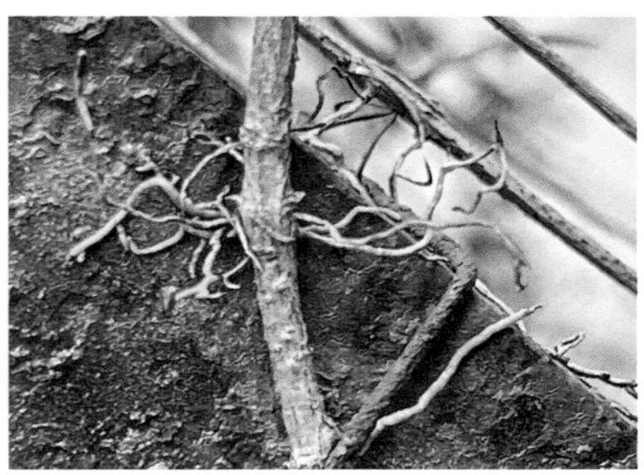

▲ 猫爪藤须根（付卫东　摄）

▲ 猫爪藤茎（付卫东　摄）

▲ 猫爪藤叶（付卫东　摄）

▲ 猫爪藤子实（张国良　摄）

田间识别要点：卷须与叶对生，顶端分裂成 3 枚钩状卷须。

三、生物习性与生态特性

猫爪藤为种子繁殖，同时也具有较强的无性繁殖能力。2 月下旬进入生长期；花期 4—6 月，开花持续时间约 30 天；果期 5—8 月，7 月下旬至 8 月上旬果实大量成熟，然后蒴果开始开裂。种子寿命短，在田间存活不超过 1 年，种子萌发期 3～6 周。猫爪藤营养生长和生殖生长出现重叠，5—6 月常常能在同一藤茎上同时看到花蕾、花、幼果、新藤茎和嫩叶。

四、传播扩散与危害特点

（一）传播扩散

猫爪藤 1840 年作为观赏植物引入福建厦门鼓浪屿栽培。《中国植物志》（第 69 卷，1990 年）有记载。1974 年首次在福建厦门鼓浪屿采集到该物种标本。猫爪藤的种子和块状根可借助风力、水流、人类活动传播扩散，极易在裸地和稀疏植被的生境中定殖生长。有可能扩散至华南地区。

（二）危害特点

猫爪藤的适应能力很强，较耐阴，能够潜伏生长在幽暗或森林茂密的地方。抗霜冻、抗旱，并能适应多种类型的土壤。靠着钩状卷须攀缘，可向上攀爬墙壁、石头、植物、屋顶、电线杆等，在茎节处可以不断长出新的气生不定根，将植株牢牢地固定到支持物上，并使植株向上攀爬，成为园林树木的一大公害，老藤可成为绞杀植物，枝叶覆盖树木。

▲ 猫爪藤危害（付卫东　摄）

五、防控措施

引种管理： 严格引种管理，避免在天然林附近种植此物种；同时加强检疫，若发现猫爪藤繁殖体，应作检疫除害处理。

物理防治： 每年3—6月是防除猫爪藤的最佳时间。在种子成熟之前，清除结果植株，人工清除后，种植多年生耐阴植物，形成密集植被限制猫爪藤生长。

化学防治：

果园、林地、荒地：猫爪藤苗期或营养生长期，可选择草甘膦、草铵膦等除草剂，茎叶喷雾。也可将猫爪藤藤条切断，在基部切面上涂抹草甘膦。

55 野莴苣

野莴苣 *Lactuca serriola* L. 隶属菊科 Asteraceae 莴苣属 *Lactuca*。

【英文名】Prickly lettuce、Wild lettuce。

【异名】*Lactuca altaica*、*Lactuca seriola*、*Lactuca saligna*、*Lactuca scariola*。

【俗名】毒莴苣、刺莴苣、银齿莴苣、欧洲山莴苣。

【入侵生境】常生长于农田、果园、牧场、道路、铁路、公路、荒地、河滩砾石地等生境。

【管控名单】属“重点管理外来入侵物种名录”“中华人民共和国进境植物检疫性有害生物名录”。

一、起源与分布

起源： 欧洲。

国外分布： 奥地利、捷克、法国、德国、意大利、荷兰、瑞士、俄罗斯、埃及、美国、加拿大、墨西哥、伊朗、哈萨克斯坦、乌兹别克斯坦、印度、蒙古国。

国内分布：河北、辽宁、吉林、江苏、安徽、浙江、福建、山东、河南、湖北、湖南、江西、重庆、四川、云南、陕西、甘肃、新疆等地。

二、形态特征

植株：南美洲。

茎：茎单生，直立，无毛或有时具白色茎刺，上部圆锥状花序分枝或自基部分枝。

叶：中下部茎叶倒披针形或长椭圆形，长 3～7.5 cm，宽 1～4.5 cm，倒向羽状或羽状浅裂、半裂或深裂，有时茎叶不裂，宽线形，无柄，基部箭头状抱茎，顶裂片与侧裂片等大，三角状卵形或菱形，或侧裂片集中在叶的下部或基部而顶裂片较长，宽线形，侧裂片 3～6 对，镰刀形、三角状镰刀形或卵状镰刀形；最下部茎叶及接圆锥花序下部的叶与中下部茎叶同形或披针形、线状披针形或线形，全部叶或裂片边缘具细齿或刺齿或细刺或全缘，下面沿中脉被刺毛，刺毛黄色。

花：头状花序多数，在茎枝顶端排列成圆锥状花序；总苞果期卵球形，长 1.2 cm，宽约 6 mm；总苞片约 5 层，外层及最外层小，长 1～2 mm，宽 1 mm 或不足 1 mm，中内层披针形，长 7～12 mm，宽至 2 mm，全部总苞片顶端急尖，外面无毛；舌状小花 15～25 朵，黄色。

子实：瘦果倒披针形，长 3.5 mm，宽 1.3 mm，压扁，浅褐色，上部被稀疏上指的短糙毛，每面有 8～10 条高起的细肋，顶端急尖呈细丝状的喙，喙长 5 mm；冠毛白色，微锯齿状，长 6 mm。

▲ 野莴苣植株（张国良　摄）

▲ 野莴苣茎（张国良　摄）

▲ 野莴苣叶（张国良　摄）

▲ 野莴苣花（张国良　摄）

▲ 野莴苣子实（张国良　摄）

田间识别要点：茎直立、单生，无毛或有时具白色茎刺，叶或裂片边缘具细齿或刺齿或细刺或全缘，花序在茎枝顶端排列成圆锥状花序，瘦果倒披针形，具喙，冠毛 2 层，白色。

三、生物习性与生态特性

野莴苣以种子进行繁殖，繁殖力很强。由于花数多，花期长，传粉率高，单株最高可产 50 000 粒种子，寿命 3 年以上；种子千粒重为 0.38～0.54 g。适应力强，不仅喜欢干燥的环境，在潮湿的耕地上也能生长；花果期 6—8 月。

四、传播扩散与危害特点

（一）传播扩散

野莴苣一名始见于《江苏植物志》（1921 年），《中国植物图鉴》（1937 年）称毒莴苣。1936 年首次在云南昆明采集到该物种标本。野莴苣由种子进行传播，成熟的种子可借助风力、水力等进行大范围扩散。也可通过农产品运输、动物皮毛携带等途径传播。在中国有很广的潜在分布区，其中上海、江苏、山东、安徽、河南、陕西、云南、湖北等地是野莴苣的高风险区域。

（二）危害特点

野莴苣是一种对水果、谷类、豆类作物危害十分严重的入侵植物，一旦入侵农业生态系统，可危害牧场、果园以及耕地，争夺养分，降低作物的产量和品质，对农业生产和经济发展产生不良影响。野莴苣全株有毒，人畜误食可能中毒。植物含有麻醉剂的成分，特别是开花的时候，植物的汁液中含有一种叫“山莴苣膏（*lactucarium*）”的物质，有弱鸦片碱的作用。普通剂量易引起嗜睡，过多则引起焦虑不安，如果太过量则会导致心脏麻痹而死亡。

五、防控措施

农艺措施：可采取不同作物轮作措施，降低野莴苣土壤种子库量；在播种前对农田进行深度不小于 20 cm 的深耕，将土壤表层杂草种子翻至深层，可有效抑制野莴苣种子出苗；结合栽培管理，在田间野莴苣出苗期间，进行中耕除草，可有效控制其种群密度；清理农田附近田埂、边坡的野莴苣植株，保持田园环境清洁，防止其扩散至农田。

物理防治：对于野外零散发生的野莴苣，可在其苗期或种子成熟前手工连根拔除；对于大面积发生的野莴苣，可机械铲除。对于拔除或挖除的野莴苣植株，应统一采取暴晒、深埋、烧毁等方式进行无害化处理。

化学防治：

果园、路旁、荒地等：在野莴苣苗期，可选择草甘膦、草铵膦等除草剂，茎叶喷雾。

56 裸冠菊

裸冠菊 *Gymnocoronis spilanthoides*（D. Don ex Hook. & Arn.）DC. 隶属菊科 Asteraceae 裸冠菊属 *Gymnocoronis*。

【英文名】Senegal tea plant、Temple plant、Spade-leaf plant、Water snowball、Giant green hygro。

【异名】*Alomia spilanthoides*、*Gymnocoronis attenuata*、*Gymnocoronis spilanthoides* var. *attenuata*、*Gymnocoronis subcordata*、*Piqueria attenuata*、*Piqueria subcordata*。

【俗名】水菊、光叶水菊、河菊。

【入侵生境】常生长于水田、沼泽、湿地、河边、滩地、沟边等生境。

【管控名单】无。

一、起源与分布

起源：南美洲。

国外分布：墨西哥、巴西、玻利维亚、秘鲁、阿根廷、巴拉圭、乌拉圭、印度、日本、匈牙利、澳大利亚、新西兰等。

国内分布：浙江、广西、四川、重庆、台湾等地。

二、形态特征

植株：多年生草本植物，植株高 45～120 cm。

茎：茎直立或有时基部略横卧，不分枝或茎上部具对生的分枝，茎多棱，粗大茎中空，被稀疏腺毛，老时近无毛。

叶：叶密集，对生，具柄，基部叶较大，向顶端逐渐变小；叶片披针形至卵状披针形，长 4.5～20 cm，宽 1.5～5 cm，顶端急尖，基部宽或窄楔形，边缘具锯齿，上部叶近乎全缘，两面无毛或仅幼叶两面被极稀疏的腺毛，叶脉近羽状；叶柄长 0.7～2.8 cm，具狭翼，茎顶端的叶近无柄。

花：头状花序在茎上部排列成疏圆锥状聚伞花序，花序梗密被腺毛，小花受精后下垂；总苞半球形，直径约 6 mm；总苞片 20～30 个，约 2 层，近等长，条形，顶端渐尖或略钝，总苞片外面密被细小的腺毛；花序托略凸起，具明显的近多边形小窝孔，窝孔之间具松软组织，无毛，无托片；小花 70～80 朵，花冠狭漏斗形，长 3.5～3.9 mm，表面具腺体，新鲜时花冠筒淡紫红色，花冠裂片绿色，干后全部变为污黄色；花冠裂片三角形，长宽近相等；花丝顶端增大，圆柱形；花药顶端附着物小，花柱基部不扩大，无毛；花柱分枝白色，远伸出花冠，分枝顶端狭长卵形，略肥厚，基部两侧具 2 条明显的柱头线，黄色。

子实：瘦果棱柱状，长约 1.3 mm，具 5 肋，肋间具明显细小腺点；无冠毛。

田间识别要点：茎多棱，粗大中空，叶对生，叶片披针形至卵状披针形，边缘具齿，上部叶近乎全缘，头状花序，小花受精后下垂，总苞半球形，瘦果无冠毛。

▲ 裸冠菊植株（张国良　摄）

▲ 裸冠菊叶（张国良　摄）

▲ 裸冠菊茎（张国良　摄）

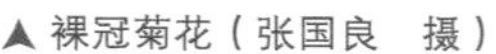
▲ 裸冠菊花（张国良　摄）

▲ 裸冠菊子实（张国良　摄）

三、生物习性与生态特性

裸冠菊花期 8—11 月，果期 9—12 月。种子小又轻，在光照环境下很容易发芽，发芽率可达 83 %；新植株茎节接触到潮湿土壤后会发展根系扩大种群；裸冠菊在春末或夏初开始生长，直到深秋天气转凉。开花之后约 30 天，形成种子。植株在冬季休眠，翌年春季茎节和根冠会长出新的植株。大部分种子在春季发芽，发芽期可能持续到夏季。幼苗在 15～30 ℃，pH 值 5.5～8 的微酸或碱性水中生长良好，但不能耐受盐水或苦咸水。植物在浅水域、缓慢移动或静止的水体中，幼苗生长迅速，很快就能达到水平面。

四、传播扩散与危害特点

（一）传播扩散

裸冠菊于 2006 年 11 月在广西阳朔漓江岸边发现，可能作为水族馆观赏植物在国内广泛引种栽培，由于疏于管理逸生。裸冠菊可通过人为引种栽培扩散，同时种子可附着于动物皮毛，或混杂于泥土、水族箱废物中，随车辆运输传播；根、茎都可进行无性繁殖传播，从主株断裂的茎节可随水流传播，植株粉碎不彻底的茎节还会长出细根，可以长成完整的新植株。可能扩散到珠江流域以及亚热带及其以南地区。

▲ 裸冠菊危害（张国良　摄）

（二）危害特点

裸冠菊在肥沃的环境中生长非常快，每周的生长速度超过 15 cm，与生长较慢的本地植物争夺养分，破坏天然湿地和水道，能迅速覆盖水体，排挤水生动物和原生植物，最终将取代原生植物，使栖息地退化，影响湿地鸟类和其他依赖湿地生存的动物，对整个湿地生态系统的健康构成重大威胁。裸冠菊生长旺盛，极易堵塞河道，影响休闲活动、灌溉、航运。冬季受霜冻后水面上茎叶枯萎，在水中腐烂影响水质，并影响生境的生物多样性。该物种对澳大利亚农业造成损失每年估计超过40亿澳元。

五、防控措施

引种管理：严格控制引种利用，禁止网络销售该物种种子、种苗，未经评估、审批不得引种种植。加强对已引种区域监管，防止逸生。

物理防治：使用机械清除联同去淤操作一起执行，首先使用除草剂，7～10天后，用机械挖除1 m深度内所有淤泥和植物材料，放在阳光下覆膜堆肥，或把收集的植物和淤泥深埋。

化学防治：

目前使用草甘膦除草剂对裸冠菊防治效果并不理想，植株被水淹没的部分不会被杀死并且可以很快再生，另外广谱性除草剂会杀死本地物种，如沼泽草和莎草，影响水质和生物多样性。

57 藿香蓟

藿香蓟 *Ageratum conyzoides* L. 隶属菊科 Asteraceae 藿香蓟属 *Ageratum*。

【英文名】Tropical ageratum。

【异名】*Ageratum album*、*Ageratum arsenei*、*Ageratum ciliare*、*Carelia conyzoides*。

【俗名】胜红蓟、臭草。

【入侵生境】常生长于农田、果园、荒地、路旁、堤岸、住宅旁等生境。

【管控名单】属“重点管理外来入侵物种名录”。

一、起源与分布

起源：南美洲。

国外分布：美洲、非洲、亚洲、大洋洲热带和亚热带地区。

国内分布：上海、江苏、安徽、浙江、福建、湖南、江西、广东、广西、海南、重庆、四川、贵州、云南、香港、台湾等地。

二、形态特征

植株：一年生草本植物，植株高50～100 cm，有时不足10 cm。

根：无明显主根。

茎：茎粗壮，基部直径约4 mm，或少有纤细的，而基部径不足1 mm，不分枝或自基部或自中部以上分枝，或下基部平卧而节常生不定根；全部茎枝淡红色，或上部绿色，被白色短柔毛或上部被稠密开展的长茸毛。

叶：叶对生，有时上部互生，常有腋生的不发育的叶芽；中部叶卵形或椭圆形或长圆形，长3～8 cm，宽2～5 cm；自中部叶向上向下及腋生小枝上的叶渐小或小，卵形或长圆形，有时植株全部为小形叶，长仅1 cm，宽仅0.6 mm；全部叶基部钝或宽楔形，基出三脉或不明显五出脉，顶端急尖，边缘圆锯齿，叶柄长1～3 cm，两面被白色稀疏的短柔毛且具黄色腺点，上面沿脉处及叶下面的毛稍多，有时下面近无毛，上部叶的叶柄或腋生枝上的小叶叶柄通常被白色稠密开展的长柔毛。

花：头状花序4～18个在茎顶端排列成通常紧密的伞房状花序，花序直径1.5～3 cm，少有排列成松散伞房花序；花梗长0.5～1.5 cm，被短柔毛。总苞钟状或半球形，宽约5 mm；总苞片2层，长圆形或披针状长圆形，长 3～4 mm，外面无毛，边缘撕裂状；花冠长 1.5～2.5 mm，外面无毛或顶端被微柔毛，檐部 5 裂，淡紫色。

子实：瘦果黑褐色，5 棱，长 1.2～1.7 mm，被白色稀疏细柔毛；具冠毛。

田间识别要点：藿香蓟全株被毛，叶基部圆钝或宽楔形，花蓝紫色或白色，总苞片外面无毛，边缘撕裂状。近似种熊耳草（*Ageratum houstonianum*）叶基部心形或截形，单叶对生，总苞片背部密被腺毛，边缘全缘状，花蓝色。

▲ 藿香蓟植株（张国良　摄）　▲ 藿香蓟茎（张国良　摄）　▲ 藿香蓟叶（张国良　摄）

▲ 藿香蓟花（张国良　摄）　▲ 藿香蓟子实（张国良　摄）　▲ 近似种熊耳草（张国良　摄）

三、生物习性与生态特性

藿香蓟以种子繁殖。在 10～30 ℃条件下种子均能萌发，最适萌发温度为 20 ℃，交替温度处理可提高种子的萌发率；藿香蓟种子萌发对光照敏感，无光照处理种子不萌发；土壤相对湿度 50 %～100 %，种子出苗率均高于 55 %，最适相对湿度为 70 %。藿香蓟种子仅能在土壤表面萌发，1 cm 的播种深度可完全抑制种子萌发。pH 值 5～10，种子萌发率高于 85 %，最适 pH 值为 7。NaCl 浓度 0～80 mmol/L 种子萌发率超过 88 %，浓度为 160 mmol/L 时萌发率接近 30 %。藿香蓟喜温暖、湿润、光照充足的生长环境，耐旱、耐热，但不耐寒、不耐阴，怕霜冻，5 ℃以下时植株死亡，适宜生长温度 15~30 ℃。花期全年，1 个世代一般不超过 2 个月。

四、传播扩散与危害特点

（一）传播扩散

《香港植物志》(1861 年）有记载，藿香蓟一名出自《种子植物名称》(1954 年)。1917 年首次在广东采集到该物种标本。藿香蓟种子量大，每株有 20~100 个花序，每个花序具种子 30~50 粒，瘦果具冠毛。种子可随风近距离飘移扩散，也可随观赏植物引种或贸易携带传播。

▲ 藿香蓟危害（张国良　摄）

（二）危害特点

藿香蓟繁殖力强，与作物争水、争光、争肥，严重影响作物生长，几乎可危害所有夏季、秋季旱地作物及果树。具化感作用，可抑制其他植物生长，易形成优势种群，影响入侵地生物多样性。

五、防控措施

农艺措施：播种前对作物种子进行精选细筛，提高作物种子纯度；对于农田，在播种前对土壤进行深度不小于 20 cm 的深耕，将土壤表层种子翻至深层，可有效抑制藿香蓟种子出苗；结合作物栽培管理，在藿香蓟出苗期，中耕除草，可有效控制其种群密度；对农田周边的藿香蓟植株进行铲除清理，防止传入农田。

物理防治：对于农田、果园、荒地生境零散发生的藿香蓟，可人工连根拔除；对大面积发生，且不适宜化学防治的区域，可机械割除。拔除或割除的植株应进行暴晒、烧毁、深埋等无害化处理。

化学防治：

玉米田：播后苗前，可选择扑草净、莠去津等除草剂，均匀喷雾，土壤处理；在玉米 3~4 叶期、藿香蓟苗期，可选择苯唑草酮、砜嘧磺隆等除草剂，茎叶喷雾。

果园：藿香蓟苗期，可选择草甘膦、草胺膦、2 甲 4 氯等除草剂，茎叶喷雾。

荒地：藿香蓟苗期，可选择草甘膦、草胺膦、2 甲 4 氯、氯氟吡氧乙酸等除草剂，茎叶喷雾。

58 薇甘菊

薇甘菊 *Mikania micrantha* Kunth 隶属菊科 Asteraceae 假泽兰属 *Mikania*。

【英文名】Mile-a-minute weed、Bitter vine、American rope、Chinese creeper、Climbing hempweed、Mikania vine。

【异名】*Eupatorium denticulatum*、*Mikania alata*、*Mikania denticulata*。

【俗名】小花假泽兰、米干草、山瑞香、假泽兰、蔓菊。

【入侵生境】常生长于农田、果园、荒地、沟渠、河堤、路旁、林地等生境。

【管控名单】属“重点管理外来入侵物种名录”“中华人民共和国进境植物检疫性有害生物名录”。

一、起源与分布

起源：美洲热带地区。

国外分布：印度、孟加拉国、斯里兰卡、泰国、菲律宾、马来西亚、印度尼西亚、斐济、毛里求斯、澳大利亚、美国、墨西哥、多米尼加、伯利兹、哥斯达黎加、古巴、萨而瓦多、危地马拉、牙买加、巴拿马、阿根廷、玻利维亚、巴西、秘鲁、委内瑞拉等。

国内分布：福建、湖南、江西、广东、广西、海南、四川、贵州、云南、香港、澳门、台湾等地。

二、形态特征

植株：多年生攀缘草质藤本植物。

根：茎节乃至节间都能长出不定根。

茎：茎黄色或褐色，通常圆柱状，略带条纹，光滑或被稀疏柔毛。

叶：叶对生，具腺点，叶柄长 1～6 cm；叶片卵形，长 3～13 cm，宽达 10 cm；两面具许多腺点，基部心形或深凹，边缘全缘至粗齿状，先端渐尖。

花：头状花序多数在枝顶端排列成伞房花序或复伞房花序状；总苞片长圆形，长 3.5～4.5 mm，具腺点，无毛至微柔毛，先端短渐尖；花冠宽钟状，白色，长 2.5～3 mm，管狭窄，内具乳突；花丝常部分外伸，花药淡褐色。

子实：瘦果黑色，长 1.5～2 mm，具纵肋；冠毛污白色。

▲ 薇甘菊植株（付卫东　摄）

▲ 薇甘菊不定根（付卫东　摄）

▲ 薇甘菊茎（张国良　摄）

▲ 薇甘菊叶（张国良　摄）

▲ 薇甘菊花（张国良　摄）

▲ 薇甘菊子实（张国良　摄）

田间识别要点：攀缘草本，叶对生，三角状卵形，边缘具浅波状粗锯齿，基部心形，头状花序多数，花白色。

三、生物习性与生态特性

薇甘菊的生长周期根据气候条件而略有变化。在广东深圳，薇甘菊生长旺盛期 3—10 月，花期 11—12 月，结实期翌年 1—2 月。在广东东莞，薇甘菊花期 10—12 月，结实期 11—12 月。在中国香港，薇甘菊生长旺盛期 3—8 月，花期 9—10 月，结实期 11 月至翌年 2 月。

薇甘菊种子在 25～30 ℃萌发率为 83.3 %，低于 5 ℃、高于 40 ℃条件下萌发极差。种子为光敏性种子，黑暗条件下很难萌发。幼苗初期生长缓慢，苗龄 30 天的幼苗株高仅为 1 cm，单株叶面积小（1 cm^2），之后可随苗龄的增长而生长加块，但光照不足会强烈抑制幼苗的生长发育。薇甘菊 1 个茎节，夏季 1 天可伸长 20 cm，每个节每年再萌生 150 余节；小花从现蕾至盛开的时间为 5 天，开花后 10～12 天种子成熟，种子成熟后自然储存 10～60 天，萌发率较高，储存时间越长，萌发率越低。薇甘菊花的结实率与光照时间长短有密切关系；每天光照 12 h，结实率高达 68.4 %；每天光照 6 h，结实率达 36.9 %；而每天光照 3 h，结实率仅 14.2 %。

四、传播扩散与危害特点

（一）传播扩散

早在 1884 年在中国香港植物公园种植过薇甘菊，而作为外来杂草，1919 年在中国香港出现，1984 年首次在广东深圳采集到薇甘菊标本。薇甘菊种子细小而轻，具冠毛，可借助风力、水流、动物、昆虫以及人类活动而远距离传播，也可随带有种子或藤茎的载体、交通工具传播，茎节可进行无性繁殖。薇甘菊在我国有着广泛的适生区域，主要分布在 18°～27° N，整个长江流域均是潜在风险区域。

（二）危害特点

薇甘菊严重危害经济作物，阻碍攀附植物光合作用继而导致攀附植物死亡。入侵经济林，林木受薇甘菊的缠绕、攀缘和覆盖后，生长速度受到影响，木材产量明显减少；若受薇甘菊危害的经济林想保证木材产量，抚育成本将增加 50 %；薇甘菊的入侵还能降低森林生态系统涵养水源、消耗二氧化碳、产生氧气、净化大气、减少污染、减少病虫害以及卫生保健等生态服务功能。入侵农田，可使人工除草成本增加 50 %～80 %；同时可造成甘蔗（*Saccharum officinarum*）、柑橘（*Citrus reticulata*）、麻竹（*Dendrocalamus latiflorus*）、香蕉（*Musa nana*）、菠萝（*Ananas comosus*）、咖啡（*Coffea arabica*）、烟草（*Nicotiana tabacum*）、玉米（*Zea mays*）减产，产量损失 20 %～50 %。薇甘菊有丰富的种子并可通过茎节繁殖，在其适生地攀缠于乔灌木，通过竞争或化感作用抑制本土植物的生长，形成优势种群，导致群落的逆行演替，并使入侵生境物种丰富度降低甚至丧失原有的生物多样性。

▲ 薇甘菊危害（张国良　摄）

五、防控措施

植物检疫：在薇甘菊的适生区，应加强口岸检疫、产地检疫和调运检疫，切断薇甘菊传入、传出途径。

物理防治：对于薇甘菊散生型发生生境，在春季或夏初，薇甘菊藤蔓较短时可人工连根拔除；对于薇甘菊覆盖较大的发生地，在营养生长期至种子成熟前（一般为 4—9 月），先用刀、枝剪等将攀缘生长的薇甘菊藤蔓在离地 0.5 m 处割断，清除地上部分的藤蔓，挖出根部。清除的植株应进行暴晒、烧毁、深埋等无害化处理。

化学防治：

玉米田：薇甘菊幼苗期，可选择氟草烟、硝磺草酮等除草剂，茎叶喷雾。

大豆田：薇甘菊幼苗期，可选择广灭灵、扑草净、灭草松等除草剂，茎叶喷雾。

甘蔗园：薇甘菊幼苗期，可选择扑草净、灭草松、草甘膦除草剂，茎叶喷雾。

果园：薇甘菊幼苗期，可选择莠灭净、氟草烟、草甘膦等除草剂，茎叶喷雾。

林地：薇甘菊开花前，可选择森草净、草甘膦、草甘・三氯吡等除草剂，茎叶喷雾。

橡胶园：薇甘菊开花前，可选择二氯吡啶酸、三氯吡氧乙酸、草甘膦异丙胺盐等除草剂，茎叶喷雾。

荒地、路旁：薇甘菊开花前，可选择草甘膦、草甘・三氯吡等除草剂，茎叶喷雾。

生物防治：释放假泽兰滑蓟马（*Liothrips mikaniaee*）和喷洒薇甘菊柄锈菌（*Puccinia spegazzinii*），对薇甘菊的防控有一定的效果。

59 紫茎泽兰

紫茎泽兰 *Ageratina adenophora*（Spreng.）R. M. King & H. Rob. 隶属菊科 Asteraceae 紫茎泽兰属 *Ageratina*。

【英文名】Croftonweed、Sticky eupatorium、Catweed、Mexican devil。

【异名】*Eupatorium coelestinum*、*Eupatorium adenophorum*、*Eupatorium glandulosum*。

【俗名】解放草、破坏草。

【入侵生境】常生长于农田、草地、林地、荒地、路旁、沟渠、住宅旁等生境。

【管控名单】属“重点管理外来入侵物种名录”“中华人民共和国进境植物检疫性有害生物名录”。

一、起源与分布

起源：北美洲。

国外分布：美国、澳大利亚、新西兰、南非、西班牙、印度、菲律宾、马来西亚、印度尼西亚、巴布亚新几内亚、泰国、缅甸、越南、尼泊尔、巴基斯坦等。

国内分布：湖北、广西、重庆、四川、贵州、云南、西藏、台湾等地。

二、形态特征

植株：多年生草本或亚灌木植物，植株高 30～200 cm。

根：根粗壮，发达，横生。

茎：茎直立，常紫色，枝对生，斜升，被白色或锈色短柔毛。

叶：叶对生，叶柄长；叶片紫色，正面深绿色，背面浅紫色，三角状卵形至菱状卵形，长 3.5～7.5 cm，宽 1.5～3 cm，薄纸质，两面疏被微柔毛；基部三出脉，基部截形或略带心形，边缘具浅圆齿急尖。

花：伞房或复伞房花序，直径 12 cm；小头状花序多数，具小花 10～16 朵；总苞宽钟状，总苞片 2 层，线形或线状披针形，先端急尖或渐尖；花托凸出至圆锥形，花冠白色至粉红色，管状。

子实：瘦果黑褐色，狭长椭圆形；冠毛基部合生，白色，细。

田间识别要点：茎紫色，叶对生，卵状三角形，基出三脉，边缘具整齐的粗锯齿，头状花序在枝顶端排列成伞房状。

▲ 紫茎泽兰植株（①付卫东　摄，②王忠辉　摄）

▲紫茎泽兰茎（付卫东　摄）

▲紫茎泽兰叶（王忠辉　摄）

▲紫茎泽兰花
（①付卫东　摄，②王忠辉　摄）

▲紫茎泽兰子实（张国良　摄）

三、生物习性与生态特性

紫茎泽兰单个种群的生活史被分为1～2年的幼稚期、3～6年的青年期、7～11年的成熟期、12～15年的衰老期，共4个时期。紫茎泽兰11月下旬开始孕蕾，12月下旬现蕾，翌年2月中旬始花，3月中旬至4月初盛花，4月中旬至5月中旬结实。种子自进入雨季后从5月下旬开始萌发出苗，6月为出苗高峰，6—8月为旺盛营养生长期，11月进入生殖生长。新枝萌发从5月开始，5—9月为生长旺盛期，11月花芽分化。

紫茎泽兰种子萌发最低温度为5℃左右，最适温度为15～20℃；种子为光敏性种子，在无光或黑暗条件下不能发芽；萌发的土壤pH值为4～7，最适pH值为5～6；土壤湿度为30%以上时种子才能发芽，发芽的最适土壤湿度为60%，低于16%时不能生存。紫茎泽兰喜温暖、湿润的环境，适应能力极强，在年平均温度高于10℃、相对湿度高于68%、最高气温35℃以下、最冷月平均温度高于6℃的气候条件下均可生长。

四、传播扩散与危害特点

（一）传播扩散

紫茎泽兰于20世纪40年代从中缅、中越边境传入我国云南南部，通过种子繁殖和根茎繁殖。紫茎泽兰可通过有性繁殖产生大量的瘦果，单株瘦果量1万～10万粒，瘦果小而轻，具冠毛。可借助风力、水流或附着于人类衣服、动物皮毛及交通工具传播，同时也可通过土壤运输、苗木调运等方式扩散蔓延。

（二）危害特点

紫茎泽兰为恶性入侵杂草，繁殖能力强。入侵农田，与作物争夺养分和水分，同时消耗土壤中大量的氮、磷、钾，造成土壤肥力下降，导致作物减产；入侵林地、牧场、荒地，可与牧草、林木和本地植物争夺阳光、养分和生存空间，并分泌克生物质，抑制周围其他植物的生长，形成单一优势种群，影响生物多样性；紫茎泽兰带纤毛的种子和花粉会引起马属动物哮喘，重者会引起肺部组织坏死和动物死亡；植株含泽兰酮等化合物，对牲畜有毒，牲畜误食后，轻则引起腹泻、脱毛、走路摇晃，重则使母畜流产，甚至四肢痉挛，最后死亡；人接触后会引起红肿，甚至出现接触性皮炎。

▲ 紫茎泽兰危害（王忠辉　摄）

五、防控措施

农艺措施：作物种植之前，对农田进行深度不小于 20 cm 的深耕，将土壤表层种子翻至深层，可抑制种子出苗率；增加作物和植被的水肥条件，提高作物或植被覆盖度和竞争力；在紫茎泽兰出苗高峰期（6 月），中耕除草；对农田、果园周边的紫茎泽兰植株进行清除。

物理防治：在紫茎泽兰结实前和生长弱势的 11 月至翌年 2 月，在点片发生区，采取人工拔除、机械铲除；在生态脆弱区、石漠化地区，紫茎泽兰成片发生时，可人工剪花枝，减少紫茎泽兰的结实量，控制其蔓延。

化学防治：

玉米田：在玉米 3～5 叶期，可选择噻吩磺隆、氨氯吡啶酸、氯氟吡氧乙酸异辛酯等除草剂，茎叶喷雾。

果园：在紫茎泽兰开花前，可选择草甘膦、草甘膦铵盐、氨氯吡啶酸等除草剂，茎叶喷雾。

林地、山地：在紫茎泽兰开花前，可选择草甘膦、氯氟吡氧乙酸异辛酯、草甘膦铵盐、甲嘧磺隆、苯嘧磺草胺等除草剂，茎叶喷雾。

荒地：在紫茎泽兰开花前，可选择氨氯吡啶酸、草甘膦、草甘膦铵盐、甲嘧磺隆等除草剂，茎叶喷雾。

生物防治：可选择泽兰实蝇（*Procecidochares utilis*）和泽兰尾孢菌（*Cercospora eupatorii*）等多种生物联合防治，能有效抑制紫茎泽兰种群生长；选取热带禾本科或豆科植物［如皇竹草（*Pennisetum sinese*）、白刺花（*Sophora davidii*）等］替代种植，可有效控制紫茎泽兰种群生长。

60 飞机草

飞机草 *Chromolaena odorata*（L.）R. M. King & H. Rob. 隶属菊科 Asteraceae 飞机草属 *Chromolaena*。

【英文名】Siam weed、Christmas bush、Bitterbush。

【异名】*Eupatorium odoratum*、*Eupatorium conyzoides*。

【俗名】香泽兰、先锋草。

【入侵生境】常生长于田埂、荒地、农田、路旁、河边、林缘、林内空旷地等生境。

【管控名单】属“重点管理外来入侵物种名录”“中华人民共和国进境植物检疫性有害生物名录”。

一、起源与分布

起源：墨西哥。

国外分布：墨西哥、古巴、委内瑞拉、美国、尼日利亚、南非、喀麦隆、中非、利比里亚、塞拉利昂、加蓬、越南、柬埔寨、泰国、菲律宾、缅甸、老挝、孟加拉国、马来西亚、印度、印度尼西亚、新加坡、不丹、尼泊尔等。

国内分布：福建、湖南、江西、广东、广西、海南、四川、贵州、云南、香港、澳门、台湾等地。

二、形态特征

植株：多年生草本植物，丛生，植株高 1～3 m。

根：根粗壮，横走。

茎：地下茎发达，匍匐状；地上茎直立，具条纹；分枝通常对生，水平开展；茎与分枝密被黄褐色茸毛或短柔毛。

叶：叶对生，叶柄 1～2 cm；叶片背面浅，正面绿色，卵形、三角形或卵状三角形，长 4～20 cm，宽 1.5～5 cm，两面粗糙，被红棕色腺体的茸毛，背面和脉上密被茸毛；基部三出脉，侧脉细，背面略微隆起；基部截形或浅心形，边缘疏具粗糙且不规则的锯齿或光滑，或一侧锯齿状，或具 1 粗齿或每侧 3 裂，先端锐尖；花序小的叶小且光滑。

花：伞房花序或复伞房花序；花序梗粗壮，密被短柔毛；头状花序具小花 20 朵；总苞圆柱形，长 10 mm，宽 4～5 mm，总苞片 3～4 轮，覆瓦状排列，外层总苞片卵形，长约 2 mm，被微柔毛，先端钝，中层和内层总苞片稻草色，长圆形，长 7～8 mm，三出脉，无腺体，先端渐尖；花冠白色或粉红色。

子实：瘦果黑褐色，长约 4 mm，具 5 纵肋；具冠毛。

▲ 飞机草植株（张国良　摄）

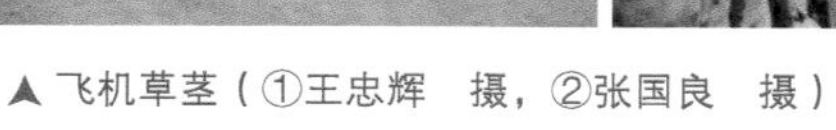

▲ 飞机草茎（①王忠辉　摄，②张国良　摄）

▲ 飞机草叶（王忠辉　摄）

▲飞机草花（张国良　摄）

▲飞机草子实（①王忠辉　摄，②付卫东　摄，③张国良　摄）

田间识别要点：分枝水平伸出，叶对生，卵状三角形，边缘疏具粗锯齿，柱头粉红色，头状花序圆锥状。

三、生物习性与生态特性

飞机草一般1年开花1次，但在海南1年可开花2次，第1次4—5月，第2次9—10月。在广东广州，飞机草一般在11月至翌年2月开花，2—4月结实和种子成熟。以种子繁殖为主，平均每株能产生瘦果72 000~387 000粒。种子具休眠特性，但休眠期很短，遇到适宜的条件4~5天便开始萌发，若不能萌发，10天后便失去活力。飞机草为喜热性杂草，不耐低温。喜光而不耐阴，但苗期较耐阴。对水分要求不严，较耐干旱。

四、传播扩散与危害特点

（一）传播扩散

飞机草于20世纪20年代曾作为一种香料植物被引种到泰国，30年代初期经中缅、中越边境传入云南南部，1934年在云南南部被发现。1936年首次在云南采集到该物种标本。飞机草瘦果具刺状冠毛，能随风力传播，同时也会附着在人的鞋底、衣服和车轮上，远距离传播。可能扩散的区域为长江流域及南方各地，特别是西南、华南地区以及湖南、湖北、江西、浙江、福建等地。

（二）危害特点

飞机草竞争力强，抢夺其他植物的生存空间和土壤营养，危害秋收作物［玉米（*Zea mays*）、大豆（*Glycine max*）、甘薯（*Dioscorea esculenta*）和甘蔗（*Saccharum officinarum*）］、果树、茶树，发生量大，危害重，可造成作物减产；同时飞机草是叶斑病原的中间寄主。飞机草有不同程度的化感作用，与本土植物争阳光、争水分、争养分，能明显抑制其他植物的生长，影响生物多样性；飞机草具冠毛的种子和花粉能引起马的哮喘病，甚至引起牲畜组织坏死和死亡；叶有毒，含香豆素，人类接触后，手和脚会患皮炎，给牲畜垫圈，蹄叉会患皮炎；牲畜误食一定量中毒后，走路摇晃，口吐白沫，严重时四肢痉挛，最后心衰而亡；用叶擦人的皮肤会引起红肿、起疱，误食嫩叶会头晕、呕吐。

▲ 飞机草危害（①王忠辉　摄，②张国良　摄）

五、防控措施

农艺措施：提高作物和植被的水肥条件，提升植被覆盖度和竞争力；作物播种或定植前，对土壤进行深度不小于 20 cm 的深耕，将土壤表层杂草种子翻至深层，可降低杂草种子出苗率；结合栽培措施，在飞机草种子出苗期，中耕除草，可控制杂草种群密度；对农田周围的飞机草植株进行清理，防止进入农田。

物理防治：在苗期或开花前，针对不同的生境，采取人工拔除、机械铲除和刈割等措施，拔除和铲除应连根拔起。拔除或铲除的植株应进行暴晒、粉碎、深埋等无害化处理。

化学防治：

水稻田：在飞机草苗期，可选择 2 甲 4 氯等除草剂，茎叶喷雾。

玉米田：在玉米 3～5 叶期、飞机草苗期，可选择莠去津、2 甲 4 氯、麦草畏、绿草定等除草剂，茎叶喷雾。

果园、茶园、桑园：飞机草苗期或营养生长期，可选择莠去津、氨氯吡啶酸、绿草定、吡氟禾草灵、草甘膦等除草剂，茎叶喷雾。

荒地：飞机草苗期或营养生长期，可选择氨氯吡啶酸、绿草定、吡氟禾草灵、草甘膦等除草剂，茎叶喷雾。

生物防治：可释放泽兰食蝇（*Procecidochares utilis*）和香泽兰灯蛾（*Pareuchaetes pseudoinsulata*）对飞机草进行生物防治。

替代控制：可选择大叶千斤拔（*Flemingia macrophylla*）、落花生（*Arachis hypogaea*）、臂形草（*Brachiaria eruciformis*）等植物对飞机草进行替代控制。

61 假臭草

假臭草 *Praxelis clematidea*（Hieronymus ex Kuntze）R. M. King & H. Rob. 隶属菊科 Asteraceae 假臭草属 *Praxelis*。

【英文名】Praxelis。

【异名】*Eupatorium clematideum*、*Eupatorium catarium*、*Eupatorium urticifolium* var. *clematideum*。

【俗名】猫腥菊。

【入侵生境】常生长于荒地、路旁、山坡、滩涂、果园、林地、农田、草地等生境。

【管控名单】属“重点管理外来入侵物种名录”“中华人民共和国进境植物检疫性有害生物名录”。

一、起源与分布

起源：南美洲。

国外分布：美国、巴西、玻利维亚、秘鲁、阿根廷、巴拉圭、澳大利亚等。

国内分布：福建、江西、广东、广西、海南、云南、香港、澳门、台湾等地。

二、形态特征

植株：一年生草本植物，植株高可达 60 cm。

茎：直立或上升，亮绿色，单生或基部稍分枝，仅基部无叶，被短柔毛，无腺体。

叶：叶对生，有腥味，叶柄长 3～7 mm；叶片卵形，长 20～30 mm，宽 12～25 mm，下部被短柔毛，沿叶脉处无腺体，叶脉间有具柄腺体和腺点，基部纤细，边缘粗锯齿状，先端锐尖。

花：头状花序排列成顶生的伞房花序；花序梗长 4～7 mm，被短柔毛；总苞狭钟状，直径 4～5 mm；总苞片 2～3 层，基部散生无腺体单毛，上部无毛，边缘具缘毛，先端长渐狭；花托圆锥形；小花 35～40 朵，花冠亮丁香蓝色，长约 4.5 mm；花冠裂片内表面具长乳突，外面通常无毛或具有少量外缘毛；花药附着物长大于宽，先端急尖；花柱基部不膨胀，无毛，淡紫蓝色；花柱分枝具粗糙乳突。

子实：瘦果黑色，长 2～2.5 mm，具 3～5 肋，色浅，无毛；冠毛直立，灰白色，长 3.5～4.5 mm。

▲ 假臭草植株（张国良 摄）

▲ 假臭草茎（①王忠辉 摄，②张国良 摄）

▲ 假臭草叶（张国良 摄）

▲ 假臭草花（张国良 摄）

▲ 假臭草子实（张国良 摄）

田间识别要点：全株被长柔毛，叶对生，卵圆形至菱形，具腺点，边缘齿状，有猫尿腥味，头状花序于枝顶端，总苞钟形，花蓝紫色。

三、生物习性与生态特性

在热带和亚热带地区，假臭草苗期可从3月中旬一直延续到11月，历时8个月之久，4月下旬至5月上旬为出苗高峰期，花期5—11月，种子成熟主要在夏秋两季。在冬春季也能见假臭草开花、种子成熟，在广州花果期为全年。假臭草以种子繁殖为主，种子数量很多，繁殖率极高，在适宜条件下，种子全年可以萌发。假臭草也具有无性繁殖能力，可以从距离地面的茎部产生不定根扎入土壤后形成新的植株；嫩枝也极容易扦插生根成活。假臭草喜湿度大、光照充足的环境，对土壤养分的吸收能力强，适应性较好，具有耐盐性。

四、传播扩散与危害特点

（一）传播扩散

假臭草于20世纪80年代在中国香港被发现，90年代在深圳被发现。假臭草种子极小、质量轻，具白色冠毛，传播能力极强，可借助农产品贸易、水流、风力、农业机械或昆虫活动进行传播。通过模型评估，福建东南地区、广东、海南和台湾西部沿海区域均为假臭草的高适生区。

（二）危害特点

假臭草入侵能给当地农、林、畜牧业及生态环境造成极大危害。入侵农田，会极大消耗土壤养分，降低土地的可耕性，并与作物产生竞争，导致其产量降低；入侵果园，会与果树竞争土壤中的水和营养物质，严重影响果树生长，导致减产和品质下降；入侵牧场，排挤本地牧草物种，同时能分泌一种有毒的恶臭物质，影响家畜觅食。假臭草可分泌次级代谢物质，产生较强的化感作用，加之对土壤肥力的吸收和利用能力强，竞争优势大，易形成单一优势种群，抑制其他植物生长，破坏生态环境，影响生物多样性。

▲ 假臭草危害（①张国良　摄，②王忠辉　摄）

五、防控措施

植物检疫：检验检疫部门应加强对进口货物、运输工具等携带杂草及其他有害生物的检疫；同时应加强发生区向非发生区调运货物、运输工具的检疫。一旦发现假臭草繁殖体，应对货物作检疫除害处理。

农艺措施：增加荒地可耕种性，减少抛荒；作物播种前，对农田进行深度不小于20 cm的深耕，将土壤表层种子翻至深层，降低种子出苗率；清除农田内及周边的杂草植株，可减少土壤的种子库数量；结合栽培管理，在假臭草种子出苗期，中耕除草，可减少假臭草的种群数量；提高作物和植被的水肥条件，提升作物和植被的覆盖度和竞争力。

物理防治：对于入侵时间短、发生面积小且数量少的区域，在种子成熟前人工拔除或铲除。拔除或铲除的植株应进行无害化处理。

化学防治：

玉米田：播后苗前，可选择乙草胺等除草剂，均匀喷雾，土壤处理；玉米 3～5 叶期、假臭草苗期，可选择草甘膦异丙胺盐 +2 甲 4 氯等除草剂，茎叶喷雾。

果园：假臭草开花前，可选择草铵膦、草甘膦异丙胺盐 +2 甲 4 氯等除草剂，茎叶喷雾。

荒地：在假臭草苗期至开花前，可选择草铵膦、草甘膦、草甘膦异丙胺盐 +2 甲 4 氯、氨氯吡啶酸等除草剂，茎叶喷雾。

62 加拿大一枝黄花

加拿大一枝黄花 *Solidago canadensis* L. 隶属菊科 Asteraceae 一枝黄花属 *Solidago*。

【英文名】Canadian goldenrod。

【异名】*Aster canadensis*、*Doria canadensis*、*Solidago altissima* var. *gilvocanescens*。

【俗名】幸福草、黄莺、黄花草、金棒草、麒麟草、霸王花、北美一枝黄花、加拿大一枝花等。

【入侵生境】常生长于荒地、郊野、河岸、农田、庭院、公路、铁路、林地等生境。

【管控名单】属“重点管理外来入侵物种名录”。

一、起源与分布

起源：北美洲。

国外分布：奥地利、捷克、斯洛伐克、保加利亚、丹麦、法国、德国、英国、匈牙利、意大利、波兰、挪威、罗马尼亚、瑞士、瑞典、西班牙、土耳其、以色列、韩国、日本、印度、美国、加拿大等。

国内分布：上海、江苏、安徽、浙江、福建、山东、河南、湖北、湖南、江西、广东、广西、海南、重庆、四川、贵州、云南、台湾等地。

二、形态特征

植株：多年生草本植物，植株高 0.3～2.5 m。

茎：具长根状茎；茎直立，上部被短柔毛或糙毛，基部无毛。

叶：叶互生，无柄或下部叶具柄，基生叶与茎下部叶常于花期前枯萎；叶片披针形或线状披针形，长 5～15 cm，宽 0.5～2.5 cm，边缘具锐齿或波状浅钝齿；具离基三出脉，两面被糙毛。

花：圆锥花序顶生，高 10～15 cm，分枝蝎尾状，开展至反曲，上侧着生多数黄色头状花序，长 4～6 mm；总苞狭钟状，总苞片线状披针形，长 2～4 mm；花黄色；边缘舌状花 10～18 朵，雄性，舌片先端 2～3 个小齿；管状花 3～6 朵，两性花，檐部 5 裂，裂片披针形。

子实：瘦果褐色，近圆柱状，长约 1 mm；冠毛污白色，长 3～3.5 mm。

▲ 加拿大一枝黄花植株（张国良　摄）

▲ 加拿大一枝黄花茎（①付卫东　摄，②张国良　摄）

▲ 加拿大一枝黄花叶（张国良　摄）

▲ 加拿大一枝黄花花（①张国良　摄，②付卫东　摄）

▲ 加拿大一枝黄花子实
（①付卫东　摄，②张国良　摄）

田间识别要点：直立草本，叶互生，披针形或线状披针形，边缘具锐齿，基部心形，头状花序小，单面着生，在分枝上排列成蝎尾状，组成大型圆锥花序，花黄色。

三、生物习性与生态特性

加拿大一枝黄花利用根状茎实现无性繁殖，靠种子进行有性繁殖。每株植株有 4 ~ 15 条根状茎，以植株根茎为中心向周围辐射状伸展生长。加拿大一枝黄花种子和根茎在 20 ~ 30 ℃的温度条件下出苗最好。种子在 15 % ~ 50 % 土壤条件下均能萌发，但根茎在 50 % 的水分条件下不能出苗。种子破土能力很弱，覆盖 0.5 cm 以上的土层就能有效遏制其出苗，地下茎在表土出苗率较低，而在 5 ~ 10 cm 土层内出苗率高。加拿大一枝黄花生态适应强，耐阴、耐旱、耐瘠薄，喜在盐碱度低、偏酸性的壤土和砂壤土中生长，尤其在阳光和水分充足的环境中生长最佳。加拿大一枝黄花在上海的繁殖周期是 11 月至翌年 8 月为营养生长期，2—3 月气温低，植株生长缓慢；4 月随温度上升，生长速度加快；5—6 月增长速度最快，平均每天增高 2 cm 以上；7—8 月生长速度趋缓；9—10 月植株进入生殖生长阶段，株高增高明显下降，10 月初见花，11 月初吐冠毛，果实成熟。

四、传播扩散与危害特点

（一）传播扩散

“加拿大一枝黄花”一名始见于《庐山植物园栽培植物手册》,《上海植物名录》（1959 年）首次报道上海归化记录，1926 年首次在浙江采集到该物种标本。1936 年在庐山植物园引种栽培，20 世纪 80 年代蔓延成杂草。加拿大一枝黄花主要以种子和根状茎繁殖。每株产生种子量为 1 万 ~ 2 万粒，有些植株甚至可达 4 万粒。瘦果质量轻，具冠毛，可借助风力、水流、鸟类及车辆运输等实现远距离传播。加拿大一枝黄花在国内的潜在分布极广，其中以长江中下游地区最为严重。

（二）危害特点

加拿大一枝黄花有极高的入侵性，竞争力强，被称为“植物杀手”。入侵果园、农田、菜地、绿地，与作物竞争养分、水分和空间，降低作物光照条件，影响作物生长，从而使作物生长缓慢，甚至成片死亡，危害棉花（*Gossypium hirsutum*）、玉米（*Zea mays*）、大豆（*Glycine max*）等旱地作物和种植茭白的水田，严重影响这些作物的产量和质量，对农田的潜在威胁很大。加拿大一枝黄花有其极强的繁殖和快速占有空间的能力，抑制其他植物生长，迅速形成单一优势种群，破坏原有植被，降低生物多样性。花粉量大，可导致人类花粉过敏。

▲ 加拿大一枝黄花危害（张国良　摄）

五、防控措施

植物检疫：对能携带加拿大一枝黄花繁殖体（种子、根状茎等）的货物加强产地检疫和调运检疫，若发现应作检疫除害处理。

农艺措施：减少耕地抛荒，复耕抛荒地，可遏制加拿大一枝黄花的生长和蔓延；对有条件的土地，进行水旱轮作；播种前，对农田进行深度不小于 20 cm 的深耕，将土壤表层杂草种子翻至深层，可降低加拿大一会黄花出苗率；清除田园、果园及周边的加拿大一枝黄花植株（包括地下根状茎）。

物理防治：对于零星发生或不适宜化学防治的区域，在营养生长期，可人工铲除，挖出根状茎。对植株和根状茎应进行暴晒、烧毁等无害化处理。

化学防治：

禾谷类农田：在加拿大一枝黄花幼苗期，可选择氯氟吡氧乙酸异辛酯、2 甲 4 氯、苯磺隆等除草剂，茎叶喷雾。

果园：在加拿大一枝黄花幼苗期，可选择草甘膦异丙胺盐、氯氟吡氧乙酸、咪唑烟酸等除草剂，茎叶喷雾。

荒地：在加拿大一枝黄花开花前，可选择草甘膦异丙胺盐、咪唑烟酸、甲嘧磺隆、草甘膦等除草剂，茎叶喷雾。

林地：在加拿大一枝黄花开花前，可选择草甘膦异丙胺盐、啶嘧磺隆、咪唑烟酸、甲嘧磺隆等除草剂，茎叶喷雾。

公路、铁路：在加拿大一枝黄花开花前，可选择草甘膦异丙胺盐、咪唑烟酸、甲嘧磺隆等除草剂，茎叶喷雾。

63 钻叶紫菀

钻叶紫菀 *Symphyotrichum subulatum*（Michx.）G. L. Nesom. 隶属菊科 Asteraceae 联毛紫菀属 *Symphyotrichum*。

【英文名】Annual saltmarsh、American-aster、Eastern annual saltmarsh aster。

【异名】*Aster subulatus*、*Aster squamatus*、*Symphyotrichum squamatum*。

【俗名】钻形紫菀、窄叶紫菀、美洲紫菀。

【入侵生境】常生长于农田、荒地、园林绿地、苗圃、公路、道路等生境。

【管控名单】无。

一、起源与分布

起源：北美洲。

国外分布：全球温暖地区。

国内分布：北京、天津、河北、辽宁、上海、江苏、安徽、浙江、福建、山东、河南、湖北、湖南、江西、广东、广西、重庆、四川、贵州、云南、香港、澳门、台湾等地。

二、形态特征

植株：一年生草本植物，植株高 16～100 cm。

根：主根圆柱状，具多数侧根和纤维状细根。

茎：茎直立，略带紫色，无毛，无腺体。

叶：基生叶具柄，叶片披针形至卵形，通常于花期枯萎；茎生叶无柄，披针形至线状披针形，长 2～11 cm，宽 0.1～1.7 cm，上部渐狭，表面无毛，无腺体，基部渐狭至楔形；边缘具细锯齿，无纤毛，先端锐尖。

花：头状花序，伞房状或圆锥伞房状排列，花多，呈放射状，花序梗长 0.3～1 cm，无毛，无腺体；总苞圆柱状，总苞片排列 3～5 层，披针形至线状披针形，无毛，极不等长，外层苞片长 1～2 cm，宽约 0.2 mm，边缘干膜质，粗糙，无腺体，上部具缘毛，先端锐尖或渐尖；舌状小花多数，舌片紫蓝色，长 1.5～2.5 mm；管状花黄色，长 3～3.5 mm，冠檐长 1.4～1.5 mm，裂片三角形，直立，长 0.4～0.5 mm，无毛。

子实：瘦果基部渐狭，长 1.5～2.5 mm，具 2～6 条细脉，疏被短糙刚毛；白色冠毛多而纤细，长 4～5 mm。

田间识别要点：叶披针形、线状披针形，头状花序，舌状花狭小，舌片紫蓝色、红色，管状花短于冠毛。

▲ 钻叶紫菀植株（①付卫东　摄，②张国良　摄）

▲ 钻叶紫菀茎（①王忠辉　摄，②付卫东　摄）

▲ 钻叶紫菀叶（①张国良　摄，②付卫东　摄）

▲ 钻叶紫菀花（张国良　摄）

▲ 钻叶紫菀子实（张国良　摄）

三、生物习性与生态特性

钻叶紫菀以种子繁殖。在恒温条件下，种子萌发率很低［25 ℃恒温，12 h 光照 12 h 黑暗，萌发率为（7.2 ± 1.2）%］，在变温条件下，种子萌发率较高［在 10 ℃ /35 ℃，16 h 光照 8 h 黑暗，萌发率为（35.3 ± 12.7）%］；种子在表土的出苗率最高，当覆土厚度超过 3 cm 以上时，种子不出苗。钻叶紫菀具有较强的耐盐碱性，在弱碱性土壤可以健壮生长。钻叶紫菀花果期 8—10 月，在广西中南部一年四季均可开花结果。

四、传播扩散与危害特点

（一）传播扩散

1827 年在中国澳门发现，1947 年在湖北武昌发现。《江苏南部种子植物手册》（1959 年）称钻形紫菀，《中国植物志》（第 74 卷，1985 年）改钻叶紫菀。钻叶紫菀植株可产生大量瘦果，果实具冠毛，可随风扩散入侵。种子的沉降速度较小，为 30.7 cm/s，在空中停留时间长；种子的脱落方式为非随机脱落，有 0.001 5 % 的钻叶紫菀种子可扩散到 100 m 以外。同时种子可随农产品、农业机械、人类活动扩散蔓延。

（二）危害特点

钻叶紫菀为秋收农田［棉花（*Gossypium hirsutum*）、大豆（*Glycine max*）和甘薯（*Dioscorea esculenta*）］和水稻田常见杂草，具化感作用，对作物种子［小麦（*Triticum aestivum*）、绿豆（*Vigna radiata*）、白菜（*Brassica rapa*）等］的萌发具有抑制作用。容易入侵荒地等生境，有时形成单一优势种群，降低物种丰富度，影响生物多样性。

五、防控措施

农艺措施：对作物种子进行精选，提高种子纯度；作物播种前，对农田进行深度不小于 20 cm 的深耕，将土壤表层种子翻至深层，可有效抑制钻叶紫菀种子出苗率；结合栽培管理，在钻叶紫菀出苗期，中耕除草，可有效控制其种群密度；清理农田及附近田埂、边坡的钻叶紫菀，保持田园环境清洁。

物理防治：对于点状、零散发生的钻叶紫菀，可在苗期或种子成熟前人工拔除；对于大面积发生，且不适宜化学防治的区域，可机械铲除。对于拔除或铲除的钻叶紫菀植株，应进行暴晒、粉碎等无害化处理。

化学防治：

荒地、山坡：在钻叶紫菀幼苗期，可选择氯氟吡氧乙酸、2 甲 4 氯、草甘膦等除草剂，茎叶喷雾。

64 一年蓬

一年蓬 *Erigeron annuus*（L.）Pers. 隶属菊科 Asteraceae 飞蓬属 *Erigeron*。

【英文名】Annual fleabane、Eastern daisy fleabane。

【异名】*Stenactis annua*、*Erigeron heterophyllus*、*Aster annuus*。

【俗名】白顶飞蓬、治疟草、千层塔。

【入侵生境】常生长于农田、果园、荒地、路旁、林缘等生境。

【管控名单】无。

一、起源与分布

起源：北美洲。

国外分布：北半球温带和亚热带地区。

国内分布：上海、江苏、安徽、浙江、福建、陕西、山东、河南、湖北、湖南、江西、广东、广西、重庆、四川、贵州、云南、西藏、陕西、宁夏、新疆等地。

二、形态特征

植株：一年生或二年生草本植物，植株高 30～100 cm。

茎：粗壮，基部直径达 6 mm，直立，上部有分枝，绿色，下部被开展的长硬毛，上部被较密上弯的短硬毛。

叶：基部叶花期枯萎，长圆形或宽卵形，稀近圆形，长 4～17 cm，宽 1.4～4 cm，或更宽，顶端尖或钝，基部狭成具翅的长柄，边缘具粗齿；下部叶与基部叶同形，但叶柄较短；中部叶和上部叶较小，长圆状披针形或披针形，长 1～9 cm，宽 0.5～2 cm，先端尖，具短柄或无柄，边缘具不规则的齿或全缘；最上部叶线形，叶边缘被短硬毛，两面疏被短硬毛，有时近无毛。

花：头状花序数个或多数，排列成疏圆锥花序，长 6 ~ 8 mm，宽 10 ~ 15 mm；总苞半球形，总苞片 3 层，草质，披针形，长 3 ~ 5 mm，宽 0.5 ~ 1 mm，近等长或层稍短，淡绿色或多少褐色，背面密被腺毛和疏长节毛；外围的雌花舌状，2 层，长 6 ~ 8 mm，管部长 1 ~ 1.5 mm，上部疏被微毛，舌平展，白色，或有时淡天蓝色，线形，宽约 0.6 mm，顶端具 2 小齿；花柱分枝线形；中央管状花，两性，黄色，管部长约 0.5 mm，檐部近倒锥形，裂片无毛。

子实：瘦果披针形，长约 1.2 mm，扁压，疏被贴柔毛；具冠毛，雌花冠毛极短，膜片状连成小冠，两性花冠毛 2 层，外层鳞片状，内层为 10 ~ 15 条长约 2 mm 的刚毛。

▲ 一年蓬植株（①王忠辉　摄，②张国良　摄）

▲ 一年蓬茎（①张国良　摄，②王忠辉　摄）

▲ 一年蓬叶（张国良　摄）

▲ 一年蓬花（张国良　摄）

▲ 一年蓬子实（张国良　摄）

田间识别要点：全株被糙伏毛，头状花序，外围雌花舌状线性，白色或淡蓝紫色，中央两性花管状，黄色。近似种春飞蓬（*Erigeron philadelphicus*）基生叶花期不枯萎，匙形，茎生叶半抱茎，头状花序蕾期下垂和倾斜，舌状花白色略带粉红色。近似种粗糙飞蓬（*Erigeron strigosus*）茎叶较少，匙状披针形至线状披针形，常较厚，边缘全缘或具齿，舌状花较短。

三、生物习性与生态特性

一年蓬以种子繁殖，每个花序能产生275粒种子，一个生长季一棵植株平均可产生1万~5万粒成熟种子，种子重量大约25 μg；种子萌发率较低，仅在5.08%以下。一年蓬可通过调节物候来加大繁殖力度，通常在秋季生产种子，越冬后，花作为营养型花，依靠光合作用积累能量，使其比春季发芽的植物在种子存活率上更具竞争优势。一年蓬能适应多种环境，在土壤肥沃、光照充足的地方极易生长，但是在土壤贫瘠的地方如山崖、陡壁，甚至在土壤稀少的石缝中也可存活。种子在早春萌发，当年6—8月开花，8—10月结果，在高海拔和高纬度等生长期较短的地区，一年蓬是二年生植物，在秋季萌芽，在冬季以莲座形式越冬，翌年夏季开花结果。

四、传播扩散与危害特点

（一）传播扩散

1986年在上海郊区被发现，《江苏植物名录》（1921年）有记载。经过约50年的停滞期，逐步由东部沿海向内陆扩散蔓延，仍有继续扩散的趋势。一年蓬种子小而轻，具冠毛，可借助风力、水流传播扩散。

（二）危害特点

一年蓬危害麦类、果树、桑（*Morus alba*）和茶（*Camellia sinensis*）等，同时入侵牧场、苗圃，造成危害。由于蔓延迅速，发生量大，会影响入侵地的生态系统和生物多样性；大量发生于荒野、路旁，严重影响景观。花粉致花粉病，危害人类健康。

▲ 一年蓬危害（张国良　摄）

五、防控措施

农艺措施：对裸地的植被进行恢复，对撂荒地进行复耕；在作物播种前，对农田进行深度不小于20 cm的深耕，将土壤表层杂草种子翻至深层，降低种子出苗率；结合栽培管理，在一年蓬出苗期，进行中耕除草，减少一年蓬的种群数量；在一年蓬营养生长期或花期，不定期对植株进行刈割，可减少植株的结实量；及时清除田埂、沟渠、道路的一年蓬植株，防止其扩散进入农田。

物理防治：对于点状、零散发生的一年蓬，可在其苗期或种子成熟前人工拔除；对于大面积发生，且不适宜化学防治的区域，可机械铲除。拔除或铲除的植株应进行暴晒等无害化处理。

化学防治：

玉米田：玉米3~5叶期，一年蓬苗期，可选择2甲4氯、氯氟吡氧乙酸等除草剂，茎叶喷雾。

果园、林地：一年蓬苗期，可选择氯氟吡氧乙酸、苯嘧磺草胺、草甘膦等除草剂，茎叶喷雾。

荒地、路旁：一年蓬开花前，可选择草甘膦、苯嘧磺草胺等除草剂，茎叶喷雾。

65 小蓬草

小蓬草 *Erigeron canadensis* L. 隶属菊科 Asteraceae 飞蓬属 *Erigeron*。

【英文名】Canada fleabane、Butterweed、Canadian horseweed。

【异名】*Conyza canadensis*、*Leptilon canadense*、*Marsea canadensis*、*Conyzella canadensis*。

【俗名】飞蓬、小白酒草、小飞蓬、加拿大蓬、蒿子草。

【入侵生境】常生长于田边、草坪、果园、菜园、旷野、荒地、路旁、住宅旁等生境。

【管控名单】属“重点管理外来入侵物种名录”。

一、起源与分布

起源：北美洲。

国外分布：全球亚热带和温带地区。

国内分布：全国各地均有分布。

二、形态特征

植株：一年生草本植物，植株高 50～100 cm。

根：纺锤状，具纤维状根。

茎：直立，圆柱状，多少具棱，具条纹，疏被长硬毛，上部分枝。

叶：叶密集，基部叶花期常枯萎；下部叶倒披针形，长 6～10 cm，宽 1～1.5 cm，顶端尖或渐尖，基部渐狭成柄，边缘具疏锯齿或全缘；中部叶和上部叶较小，线状披针形或线形，近无柄或无柄，全缘或少具 1～2 个齿，两面或仅正面疏被短毛，边缘常被上弯的硬缘毛。

▲ 小蓬草植株（张国良 摄）

花：头状花序多数，小，直径 3～4 mm，排列成顶生多分枝的大圆锥花序；花序梗纤细，长 5～10 mm，总苞近圆柱状，长 2.5～4 mm；总苞片 2～3 层，淡绿色，线状披针形或线形，顶端渐尖，外层短于内层，背面疏被毛，内层长 3～3.5 mm，宽约 0.3 mm，边缘干膜质，无毛；花托平，直径 2～2.5 mm，具不明显的突起；雌花多数，舌状，白色，长 2.5～3 mm，舌片小，稍超出花盘，线形，顶端具 2 个钝小齿；两性花淡黄色，花冠管状，长 2.5～3 mm，上端具 4～5 齿裂，管部上部疏被微毛。

子实：瘦果线状披针形，长 1.2～1.5 mm，稍压扁，被贴微毛；冠毛污白色，1 层，糙毛状，长 2.5～3 mm。

田间识别要点：植株绿色，疏被长硬毛，叶密集，倒披针形至披针形，边缘具疏锯齿，并被上弯的硬毛，头状花序小。近似种苏门白酒草（*Erigeron sumatrensis*），植株高 0.8 ~ 1.5 m，茎粗壮，叶偏灰绿色，叶缘锯齿较粗大，总苞大，冠毛黄褐色。

▲ 小蓬草茎（张国良　摄）

▲ 小蓬草叶（张国良　摄）

▲ 小蓬草花（张国良　摄）

▲ 小蓬草子实（①付卫东　摄，②张国良　摄）

▲ 近似种苏门白酒草（张国良　摄）

三、生物习性与生态特性

小蓬草以种子繁殖。单株平均种子量 9 万余粒，种子小而轻，千粒重为（0.036 ± 0.003）g；在野外，小蓬草种子自然萌发率较低，仅为 6.75 %。秋冬季或春季出苗，花果期 5—10 月，以幼苗或种子越冬。在湖南，3 月 19 日至 4 月 18 日，为幼苗初始生长阶段；4 月 18 日至 7 月 27 日，为叶片生长旺盛期；7 月 27 日以后，为开花结果期。在沿海地区，小蓬草一般在秋冬季出苗，常年在 10 月初开始出苗，10 月中下旬是第 1 次出苗高峰期，在入冬低温时幼苗生长缓慢，在翌年 5 月之前均有出苗，4 月出现第 2 次出苗高峰期，花果期 7—9 月。

四、传播扩散与危害特点

（一）传播扩散

小蓬草于 1860 年在山东烟台首次发现，《江苏植物名录》（1921 年）称“小蒸草”，《中国植物图鉴》（1937 年）称加拿大蓬，《中国经济植物志》（1961 年）《中国植物志》（第 74 卷，1985 年）改称小蓬草。1886 年分别在浙江宁波和湖北宜昌采集到该物种标本。种子具冠毛，且质量轻，可随风扩散，或漂在水上随水流传播，同时还可以附着在鸟的羽毛或动物毛皮上传播。蔓延极快，可能在全国扩散。

（二）危害特点

小蓬草对秋收农田、果园和茶园危害重，可抑制作物生长，与作物争夺养分、水分、光照、生存空间等，造成作物减产。具化感作用，可抑制邻近其他植物的生长，易形成单一优势种群，破坏入侵地的生态系统和种群结构，降低物种丰富度，影响生物多样性。

▲ 小蓬草危害（①付卫东　摄，②张国良　摄）

五、防控措施

农艺措施：对于小蓬草发生严重的农田，可采取洋葱—大麦—胡萝卜等作物轮作方式，降低小蓬草危害程度；在作物播种前，对农田进行深度不小于 20 cm 的深翻，将土壤表层杂草种子翻至深层，可有效降低农田土壤小蓬草种子萌发；结合作物栽培管理，在小蓬草出苗期间，中耕除草，可减少小蓬草的种群；在小蓬草营养生长期或花期，不定期对植株进行刈割，可减少植株的结实量；及时清除农田周边田埂、沟渠、道路的小蓬草，防止其扩散进入农田。

物理防治：针对点状、零星发生的小蓬草，在苗期可人工拔除；对于大面积发生，且不适宜化学防治的区域，在开花前可机械铲除。拔除或铲除的小蓬草植株应进行暴晒、深埋等无害化处理。

化学防治：

耕地：在小蓬草苗期，可选择氯氟吡氧乙酸、二氯吡啶酸、二氯喹啉酸等除草剂，茎叶喷雾。

非耕地：在小蓬草开花前，可选择草甘膦、乙羧·草胺膦、草甘·甲·乙羧等除草剂，茎叶喷雾。

66 苏门白酒草

苏门白酒草 *Erigeron sumatrensis* Retz. 隶属菊科 Asteraceae 飞蓬属 *Erigeron*。

【英文名】Guernsey fleabane、Tall fleabane。

【异名】*Conyza sumatrensis*。

【俗名】苏门白酒菊。

【入侵生境】常生长于山坡草地、旷野、路旁、荒地、河岸、沟边等生境。

【管控名单】属“重点管理外来入侵物种名录”。

一、起源与分布

起源：南美洲。

国外分布：美国、墨西哥、加拿大、哥斯达黎加、古巴、多米尼亚、肯尼亚、科特迪瓦、哥伦比亚、委内瑞拉、厄瓜多尔、玻利维亚、巴西、菲律宾、马来西亚、斯里兰卡、越南、印度、希腊、英国、西班牙、法国、澳大利亚等。

国内分布：江苏、安徽、浙江、福建、山东、河南、湖北、湖南、江西、广西、广东、海南、重庆、四川、贵州、云南、西藏、台湾等地。

二、形态特征

植株：一年生或二年生草本植物，植株高 80～150 cm。

根：直或弯，纤维状根。

茎：茎直立，粗壮；基部直径 4～6 mm，具条棱，绿色或下部红紫色，中部或中部以上有长分枝，被较密灰白色上弯粗糙毛，杂有开展的疏柔毛。

叶：叶密集，基部叶花期凋落，下部叶倒披针形或披针形，长 6～10 cm，宽 1～3 cm，顶端尖或渐尖，基部渐狭成柄，边缘上部每边常具 4～8 个粗齿，基部全缘；中部和上部叶渐小，叶片狭披针形或近线形，具齿或全缘，两面特别是背面密被糙短毛。

花：头状花序多数，直径 5～8 mm，在茎枝顶端排列成大而长的圆锥花序，花序梗长 3～5 mm；总苞卵状短圆柱状，长约 4 mm，宽 3～4 mm；总苞片 3 层，灰绿色，线状披针形或线形，顶端渐尖，背面被糙短毛，外层稍短或短于内层，内层长约 4 mm，边缘膜质；花托稍平，具明显小窝孔，径 2～2.5 mm；雌花多层，长 4～4.5 mm，管部细长，舌片淡黄色或淡紫色，极短细，丝状，顶端两细裂；两性花 6～11 朵，花冠淡黄色，长约 4 mm，檐部狭漏斗形，上端具 5 齿裂，管部上部疏被微毛。

子实：瘦果线状披针形，长 1.2～1.5 mm，压扁，被贴微毛；冠毛 1 层，初时白色，后变黄褐色。

田间识别要点：植株高大，灰绿色，茎粗壮，叶密集，叶缘锯齿较粗大，冠毛黄褐色。近似种香丝草（*Erigeron bonariensis*）植株矮小，株高 30～50 cm，茎细、茎生叶线性或狭披针形，分枝少，冠毛红褐色。

▲ 苏门白酒草植株（张国良　摄）

▲ 苏门白酒草茎（张国良　摄）

▲ 苏门白酒草叶（张国良　摄）

▲ 苏门白酒草花（张国良　摄）

▲ 苏门白酒草子实（张国良　摄）

三、生物习性与生态特性

苏门白酒草在生长季末期（南方 11—12 月，北方较寒冷地区 9—11 月），其种子掉落在土壤中越冬，翌年初春气温回升至 16 ℃左右时开始萌发、出苗。随着气温的升高，幼苗直立生长很快，一般不分蘖，只有在苗尖被折断后才会生出许多分蘖或分枝。最先萌发出苗的植株一般在 5 月中下旬开花，大约 1 个月之后种子成熟，所以在生长季中的任一时刻都可见到不同生长阶段的植株，5 月后也随时可以见到开花结实的植株。

苏门白酒草只通过种子繁殖，其产生种子的能力非常强，单株种子量 1 000 粒以上，生长旺盛的植株种子量在 10 000 粒以上。生长季末期产生的种子掉落到土壤中越冬休眠，但也有极少数种子残留在背风处的植株上越冬。越冬期间若土壤较长时间渍水，可使种子腐烂。

四、传播扩散与危害特点

（一）传播扩散

苏门白酒草最早见于《中国植物志》（第 74 卷，1985 年），大约 19 世纪中期传入我国。种子细小而轻，且瘦果具冠毛，可随风进行传播，也易被农机具、交通工具、衣服、动物皮毛等附着携带传播。

（二）危害特点

苏门白酒草是麦类、蔬菜、果园、烟草（*Nicotiana tabacum*）、棉花（*Gossypium hirsutum*）等多种旱地作物的田间杂草，也是草坪、花卉、林木苗圃和绿化带等生境的杂草。入侵农田和果园，消耗农田土壤中的氮、磷、钾等养分，与作物争水、争肥，导致作物和果树减产。具较强的化感能力，排挤其他植物生长，形成单一优势种群，降低生物多样性，影响景观。

▲ 苏门白酒草危害（张国良　摄）

五、防控措施

农艺措施：精选作物种子，提高种子纯度；在有条件的情况下，农田可改旱作为水作，或水旱轮作；作物播种前，对农田进行深度不小于 20 cm 的深翻，将土壤表层杂草种子翻至深层，可有效降低种子萌发率；结合作物栽培管理，在苏门白酒草出苗期间，进行中耕除草，可减少苏门白酒草的种群密度；在苏门白酒草营养生长期或花期，不定期对植株进行刈割，可减少植株的结实量；及时清除农田周边田埂、沟渠、道路的苏门白酒草，防止其扩散进入农田。

物理防治：对于点状、零散发生的苏门白酒草，可在其苗期或种子成熟前，人工连根拔除；对于大面积发生的苏门白酒草，可机械铲除。拔除或铲除的植株应进行暴晒、粉碎、深埋等无害化处理。

化学防治：

玉米田：播后苗前，可选择莠去津等除草剂，均匀喷雾，土壤处理；玉米 3～5 叶期、苏门白酒草苗期，可选择 2 甲 4 氯等除草剂，茎叶喷雾。

大豆田：播后苗前，可选择莠去津等除草剂，均匀喷雾，土壤处理；大豆 3～4 叶期、苏门白酒草苗期，可选择乙羧氟草醚等除草剂，茎叶喷雾。

果园：苏门白酒草苗期，可选择甲嘧磺隆、草甘膦、草铵膦等除草剂，茎叶喷雾。

荒地：苏门白酒草开花前，可选择草甘膦、草铵膦等除草剂，茎叶喷雾。

67 香丝草

香丝草 *Erigeron bonariensis* L. 隶属菊科 Asteraceae 飞蓬属 *Erigeron*。

【英文名】Hairy fleabane、Argentine fleabane。

【异名】*Conyza bonariensis*、*Erigeron linifolius*、*Erigeron crispus*、*Conyza leucodasys*、*Conyza crispa*、*Conyza ambigua*、*Marsea bonariensis*、*Leptilon bonariense*。

【俗名】野塘蒿、灰绿白酒草、蓑衣草、野地黄菊、美洲假蓬。

【入侵生境】常生长于农田、果园、荒地、路旁等生境。

【管控名单】无。

一、起源与分布

起源：南美洲。

国外分布：全球热带和亚热带地区。

国内分布：福建、河南、湖北、湖南、江西、广东、广西、四川、贵州、云南、台湾等地。

二、形态特征

植株：一年生或二年生草本植物，植株高 20～50 cm。

根：具纤维状根。

茎：茎直立或斜升，稀更高，中部以上常分枝，常有斜上不育的侧枝，密被贴短毛，杂有开展的疏长毛。

叶：叶密集，基部叶花期常枯萎，下部叶倒披针形或长圆状披针形，长 3～5 cm，宽 0.3～1 cm，顶端尖或稍钝，基部渐狭成长柄，通常具粗齿或羽状浅裂；中部叶和上部叶具短柄或无柄，狭披针形或线形，长 3～7 cm，宽 0.3～0.5 cm，中部叶具齿，上部叶全缘，两面均密被贴糙毛。

花：头状花序多数，直径 8～10 mm，在茎顶端排列成总状或总状圆锥花序，花序梗长 10～15 mm；

总苞椭圆状卵形，长约 5 mm，宽约 8 mm；总苞片 2～3 层，线形，顶端尖，背面密被灰白色短糙毛，外层稍短或短于内层，内层长约 4 mm，宽 0.7 mm，具干膜质边缘。花托稍平，有明显的蜂窝孔，径 3～4 mm；雌花多层，白色，花冠细管状，长 3～3.5 mm，无舌片或顶端仅具 3～4 个细齿；两性花淡黄色，花冠管状，长约 3 mm，管部上部被疏微毛，上端具 5 齿裂。

子实：瘦果线状披针形，长 1.5 mm，压扁，疏被短毛；冠毛 1 层，淡红褐色，长约 4 mm。

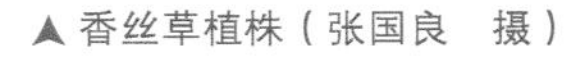

▲ 香丝草植株（张国良　摄）

▲ 香丝草茎（①付卫东　摄，②张国良　摄）

▲ 香丝草叶（张国良　摄）

▲ 香丝草花
（①张国良　摄，②付卫东　摄）

▲ 香丝草子实
（张国良　摄）

▲ 近似种小蓬草及香丝草（右）与小蓬草（左）叶片比较（张国良　摄）

田间识别要点：植株灰绿色，被贴短毛和疏长毛，茎生叶线性或披针形，被灰白色短糙毛，总苞较大，冠毛淡红褐色。近似种小蓬草（*Erigeron canadensis*）叶为披针形，边缘具疏锯齿。

三、生物习性与生态特性

香丝草单株种子量可达百万粒，具有较高的萌发率、短暂的萌发时间以及种子轻小等生物学特性，可以保持其种群数量。香丝草适应性强，在中等和较低温度下都可以生长和繁殖，种子含水量高且萌发快，对环境的耐受性特别强，pH 值 4～10 都可以较好的生长。在自然条件下，秋季、冬季或翌年春季都可出苗，花期 5—10 月。

四、传播扩散与危害特点

（一）传播扩散

《江苏植物志》（1921 年）称野塘蒿，《植物学大辞典》（1933 年）称香丝草，1857 年最早在中国香港采集到标本。以种子传播扩散，瘦果具冠毛，且较轻，可借助风力传播。同时也可随农产品运输携带进行远距离传播。全国除新疆、青海、内蒙古、宁夏、黑龙江、吉林和辽宁之外，其他地区均为香丝草适生区。

（二）危害特点

为农田、果园、荒地、路旁常见杂草。入侵农田，与作物争夺水分、养分和光，竞争生存空间，具化感作用，影响作物生长，造成减产。入侵荒地或其他生境，可排挤本地植物生长，易形成单一优势种群，降低物种丰富度，影响生物多样性。

五、防控措施

农艺措施：作物播种前，对农田进行深度不小于 20 cm 的深耕，将土壤表层杂草种子翻至深层，降低杂草种子出苗率；增加对裸地、荒地的植被覆盖度，及时绿化和种植本土植物，阻截香丝草入侵；对田园周边的香丝草植株进行清理，防止其入侵农田。

化学防治：

果园、荒地、路旁：在香丝草苗期，可选择草甘膦、麦草畏、氯氟吡氧乙酸等除草剂，茎叶喷雾。

68 野茼蒿

野茼蒿 *Crassocephalum crepidioides*（Benth.）S. Moore 隶属菊科 Asteraceae 野茼蒿属 *Crassocephalum*。

【英文名】Redflower ragleaf、Redflower ragweed、Fireweed。

【异名】*Gynura crepidioide*。

【俗名】革命菜、昭和草、安南草、冬风菜、假茼蒿。

【入侵生境】常生长于农田、果园、荒地、公路、沟渠、灌丛、住宅旁等生境。

【管控名单】无。

一、起源与分布

起源：非洲。

国外分布：泰国、印度、澳大利亚、中南半岛、非洲等。

国内分布：浙江、福建、湖北、湖南、江西、广东、广西、海南、重庆、四川、贵州、云南、西藏、甘肃、香港、澳门、台湾等地。

二、形态特征

植株：一年生草本植物，植株高 20～120 cm。

茎：茎直立，具纵条棱，不分枝或少分枝，无毛或被稀疏的短柔毛。

叶：叶互生，膜质，椭圆形或长圆状椭圆形，长 7～12 cm，宽 5～5 cm，顶端渐尖，基部楔形，边缘具不规则锯齿或重锯齿，或有时基部羽状裂，两面无毛或近无毛；叶柄长 2～2.5 cm，具极狭的翅。

花：头状花序数个在茎顶端排列成伞房状，直径约 3 cm；总苞钟状，长 1～1.2 cm，基部截形，有数枚不等长的线形小苞片；总苞片 1 层，线状披针形，等长，宽约 15 mm，具狭膜质边缘，顶端有簇状毛；小花全部管状，两性，花冠红褐色或橙红色，檐部 5 齿裂，花柱基部呈小球状，分枝，顶端尖，被乳头状毛。

子实：瘦果狭圆柱形，长 1.8～2.7 mm，赤红色，具肋，肋间被毛；冠毛极多数，白色，长 7～13 mm，绢毛状，易脱落。

▲ 野茼蒿植株（张国良　摄）

▲ 野茼蒿茎（付卫东　摄）

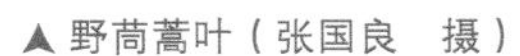

▲ 野茼蒿叶（张国良　摄）

▲ 野茼蒿花（张国良　摄）

▲ 野茼蒿子实（张国良　摄）

田间识别要点：叶互生，稍肉质，总苞片 2 层，外层小，花为两性，管状，粉红色至橙红色，瘦果狭圆柱形，赤红色。近似种梁子菜（*Erechtites hieraciifolius*）的头状花序外围有 2～3 层雌花。近似种蓝花野茼蒿（*Crassocephalum rubens*）花冠蓝色、紫色或淡紫色，有时粉红色，瘦果深褐色。

▲ 近似种蓝花野茼蒿（张国良　摄）

三、生物习性与生态特性

野茼蒿种子一般在春季出苗，花果期 7—12 月。种子没有明显的休眠特性；在 10～35 ℃条件下，种子均能出苗，适宜野茼蒿种子出苗的温度范围为 15～30 ℃，最适温度为 25 ℃，出苗率可达 100 %；中性环境（pH 值 6～8）比偏碱性环境（pH 值 10）及偏酸性环境（pH 值 4）更有利于野茼蒿种子萌发；对土壤湿度的适应范围较广，土壤含水量 5 %～40 % 种子均可出苗，最佳土壤含水量为 30 %，出苗率可达 90 %；种子的萌发需要光照，无光环境抑制野茼蒿种子萌发，将其重新放入有光环境时，会爆发式萌发；在常温条件下种子储藏 1 年后，萌发率虽然明显下降，但种子活力仍不低于 90 %。野茼蒿种子千粒重为 0.388 g，在较低风速（5.8 m/s）下扩散距离为 120～180 cm。

四、传播扩散与危害特点

（一）传播扩散

野茼蒿一名始见于侯宽昭《广州植物志》。20 世纪 30 年代初从中南半岛蔓延进入我国。野茼蒿籽粒为瘦果，颗粒小、轻，具开展的冠毛，可借助风力、水流传播扩散。

（二）危害特点

野茼蒿多沿道路及河岸蔓延，为荒地常见杂草。分泌化感物质，抑制其他植物，易形成优势种群，危害蔬菜、甘蔗及花卉，也危害农田、果园、茶园、绿地和苗圃。

▲ 野茼蒿危害（付卫东　摄）

五、防控措施

农艺措施：播种前，对农田进行深度不小于 20 cm 的深耕，将土壤表层杂草种子翻至深层，可有效降低种子萌发率；结合栽培管理，在田间野茼蒿出苗期，中耕除草，可有效降低群落密度；在营养生长期，可不定期刈割，降低结实量；清理农田周边田埂、沟渠边等的野茼蒿植株，可有效防止其扩散进入农田。

物理防治：对于路旁、河岸、沟渠边、荒地等生境发生的野茼蒿，可在其苗期或开花前，根据野茼蒿的发生面积大小，人工拔除或机械铲除。拔除或铲除的植株应进行暴晒、粉碎、销毁等无害化处理。

化学防治：在野茼蒿苗期，可选择乙羧氟草醚、草铵膦等除草剂，茎叶喷雾。

生物防治：野茼蒿叶斑病菌（YTH-21）为害野茼蒿的叶，造成叶片坏死脱落，是一种潜在的生物防治野茼蒿真菌。

69 刺苍耳

刺苍耳 *Xanthium spinosum* L. 隶属菊科 Asteraceae 苍耳属 *Xanthium*。

【英文名】Bathurst burr、Spiny cocklebur、Thorny burweed。

【异名】*Xanthium cloessplateaum*、*Acanthoxanthium spinosum*、*Xanthium spinosum* var. *inerme*。

【俗名】洋苍耳。

【入侵生境】常生长于农田、荒地、山地、林地、草地、公路、铁路、河堤、生活区等生境。

【管控名单】属“重点管理外来入侵物种名录”“中华人民共和国进境植物检疫性有害生物名录”。

一、起源与分布

起源：南美洲。

国外分布：北美洲、欧洲、非洲、亚洲、大洋洲。

国内分布：北京、河北、辽宁、内蒙古、安徽、河南、湖南、宁夏、新疆等地。

二、形态特征

植株：一年生草本植物，植株高 30～100 cm。

根：根多分枝。

茎：直立，不分枝或从基部分枝，圆柱状，具纵条纹，被柔毛或微柔毛；节上具不分枝或 2～3 叉状刺，刺长 10～30 mm，黄色。

叶：叶片披针形或椭圆状披针形，长 2.5～6 cm，宽 0.5～2.5 cm，先端渐狭，全缘或具 1～2 对齿或裂片；叶正面灰绿色至深绿色，被稀疏的短糙伏毛，沿脉较密，后期常脱落；叶背面灰白色，通常沿中脉和侧脉明显被糙伏毛外，还密被白色绢毛，具三基出脉或羽状脉；叶柄长 5～15 mm。

花：雌雄同株；雄头状花序假顶生，雌头状花序 1～2 个腋生。

子实：刺果黄褐色，倒卵状椭圆形到矩圆形，长 7～13 mm，宽 4～7 mm，果体被绵毛，具细倒钩刺，果顶端具 1～2 个细刺状喙，果成熟后极易脱落，刺和喙无毛。

▲ 刺苍耳植株（张国良 摄）

▲ 刺苍耳茎（①张国良　摄，②王忠辉　摄）

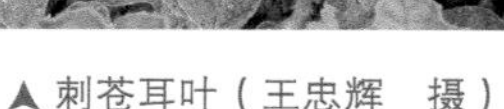

▲ 刺苍耳叶（王忠辉　摄）　▲ 刺苍耳花（张国良　摄）　▲ 刺苍耳子实（张国良　摄）

田间识别要点：茎节上具黄色三叉状棘刺，叶片披针形或椭圆状披针形。

三、生物习性与生态特性

刺苍耳以种子繁殖，单株种子量平均为 1 032 粒。在伊犁河谷，刺苍耳 4 月萌芽，5 月为营养生长高峰期，6 月下旬开花，7 月初结果，9—10 月为果熟期，11 月枯萎死亡。刺苍耳的叶面积较小，对贫瘠、干旱的环境有较强的适应能力，同时具有较强的抗寒能力。

四、传播扩散与危害特点

（一）传播扩散

刺苍耳于 1932 年在河南周口郸城被发现，可能通过农产品贸易传入。刺苍耳结实量巨大，果实表面具倒钩刺，容易附着在人类衣物、动物皮毛上，或夹杂在干草和货物中扩散蔓延。可能扩散的区域为华北、西北、华东、西南以及华南等广大地区。

（二）危害特点

刺苍耳入侵农田，危害小麦（*Triticum aestivum*）、大豆（*Glycine max*）等旱地作物，在田间与作物竞争水分、光照、养分及生存空间，严重时能导致作物大面积减产，以致绝收，阻碍农事活动。入侵牧场，引起草原退化；刺苍耳全株有毒，加上果实具硬钩刺，牛羊不食，间接影响了当地畜牧业的发展；而且钩刺容易附着在牛、羊的皮毛上，影响毛的品质。刺苍耳具化感作用，抑制、排挤其他植物生长，易形成单一优势种群，改变入侵地原有植物种类和群落结构，破坏生态系统，降低物种丰富度，影响生物多样性。

▲ 刺苍耳危害（张国良 摄）

五、防控措施

植物检疫：加强刺苍耳发生区的货物（种子、粮食、动物毛皮、生产资料、农产品等）及其包装物的调运检疫，若发现刺苍耳种子，应对货物进行检疫除害处理。

农艺措施：恢复裸地植株，复耕弃耕地，增加植被覆盖度，减少刺苍耳入侵的生境；结合农田栽培管理，在刺苍耳出苗期，中耕除草，可减少刺苍耳的种群密度；及时清除农田周边田埂、沟渠、道路的刺苍耳植株，防止其扩散进入农田。

物理防治：对于点状、零星发生的刺苍耳，在幼苗期，可人工拔除；对于大面积发生，且不适宜化学防治的区域，在开花前，可机械铲除。拔除或铲除的植株应进行暴晒、深埋等无害化处理。

化学防治：

大豆田：在大豆 3~4 叶期、刺苍耳 2~4 叶期，可选择灭草松等除草剂，茎叶喷雾。

小麦田：在小麦 3~5 叶期、刺苍耳 2~4 叶期，可选择氯氟吡氧乙酸、灭草松等除草剂，茎叶喷雾。

荒地、路旁等：刺苍耳开花前，可选择草甘膦等除草剂，茎叶喷雾。

70 意大利苍耳

意大利苍耳 *Xanthium strumarium* subsp. *italicum*（Moretti）D. Löve 隶属菊科 Asteraceae 苍耳属 *Xanthium*。

【英文名】Rough cocklebur。

【异名】*Xanthium orientale* var. *italicum*。

【俗名】无。

【入侵生境】常生长于荒地、农田、河滩地、沟边、路旁等生境。

【管控名单】属“中华人民共和国进境植物检疫性有害生物名录”。

一、起源与分布

起源：北美洲或欧洲南部。

国外分布：加拿大、美国、墨西哥、澳大利亚、地中海地区。

国内分布：北京、河北、辽宁、黑龙江、山东、广东、广西、新疆、台湾等地。

二、形态特征

植株：一年生草本植物，植株高 60～140（180）cm。

茎：直立，粗壮，基部有时木质化，圆柱状，具棱，常多分枝，分枝叉开，粗糙被毛，具紫色条形斑点。

叶：单叶互生；叶片三角状卵形至宽卵形，长 9～13（15）cm，宽 8～12（14）cm，3～5 浅裂，基部浅心形至宽楔形，具基出三脉，边缘具不规则的浅钝齿、小齿或小裂片，两面被短硬毛；叶柄连喙长 3～10（18）cm。

花：头状花序单性同株；雄花序球形，直径约 5 mm，生于雌花序的上方，排列成总状；雌花的花冠筒状倒卵形，5 浅裂，裂片直立，外面被微柔毛；花药长不及花冠的 1/2；花冠雌花序具花 2 朵，囊状总苞于花期卵球形，结果时矩圆体形。

子实：刺果连喙长 20～30 mm，不含刺直径 12～18 mm，外面密被 4～7 mm 的倒钩刺，刺开展，中下部被扁平的硬糙毛、短腺毛和小量腺体。

田间识别要点：叶被粗糙短毛，具 3 条主脉，果的刺上被白色透明的刚毛和短腺毛，刺果长 20～30 mm，刺长 4～7 mm。近似种北美苍耳（*Xanthium chinense*）总苞和刺上无毛或微被白色短柔毛，刺果长 12～20 mm，刺长约 2 mm。

▲ 意大利苍耳植株（张国良　摄）

▲ 意大利苍耳茎（张国良　摄）

▲ 意大利苍耳叶（张国良　摄）

▲ 意大利苍耳花（张国良　摄）

▲ 意大利苍耳子实（张国良　摄）

▲ 近似种北美苍耳（张国良　摄）

三、生物习性与生态特性

意大利苍耳以种子繁殖，一株发育良好的植株可产生 1 400 余粒种子。在 10～35 ℃条件下，种子均能萌发，而最适宜温度为 25 ℃；在光照和黑暗条件下，种子萌发率均超过了 93 %；在相对湿度为 30 %～100 % 的土壤环境中，超过 70 % 的种子可以正常萌发；种子萌发率随土壤盐分浓度的升高呈下降趋势，在 280 mmol/L 的土壤 NaCl 环境中，仍有 1/3 的种子可以萌发；种子对土壤酸碱度表现出较强的耐受性，在 pH 值 4～10 的土壤环境中，种子萌发率为 90 % 以上。

在北京，意大利苍耳 5 月 17 日出苗，5 月 22 日为出苗高峰期，6 月 1 日为 3 叶期，6 月 19 日为 6 叶期（植株开始出现分枝），8 月 14 日（出苗后 89 天）开始见花，8 月 20 日（出苗后 95 天）开始结果，10 月上旬植株开始陆续枯死，整个生育期约 146 天。

四、传播扩散与危害特点

（一）传播扩散

意大利苍耳于 1991 年 9 月首次在北京被发现，随进口农产品特别是羊毛等带入。意大利苍耳刺果密生许多倒钩刺，很容易附着在家畜家禽、野生动物皮毛、农业机械、种子及农副产品包装物上进行远距离传播。通过模型评估，我国除青海、西藏、新疆天山山脉以南和内蒙古北部地区外，均为意大利苍耳的适生区。

（二）危害特点

意大利苍耳入侵农田，与作物争夺生存空间，具化感作用，抑制作物生长，造成作物减产，主要危害玉米（*Zea mays*）、棉花（*Gossypium hirsutum*）、大豆（*Glycine max*）等。意大利苍耳植株覆盖度大，竞争力强，易形成优势种群，降低物种丰富度，影响生物多样性。幼苗有毒，牲畜误食会造成中毒。

▲ 意大利苍耳危害（张国良　摄）

五、防控措施

植物检疫：对进口的粮食或引进种子，以及国内各地调运的旱地作物种子，要严格检疫，若发现，应作检疫除害处理。

农艺措施：在播种前，对农田进行深度不小于 20 cm 的深耕，将土壤表层杂草种子翻至深层，可降低杂草种子出苗率；结合作物栽培管理，在意大利苍耳出苗期，中耕除草，可降低意大利苍耳种群密度；清理农田附近田埂、边坡的意大利苍耳植株，保持田园环境清洁。

物理防治：对于零星生长的意大利苍耳，可在苗期人工拔除；对于成片的意大利苍耳，在其开花前贴地机械割除。

化学防治：

玉米田：玉米 3～5 叶期、意大利苍耳 4～5 叶期，可选择灭草松、氯氟吡氧乙酸等除草剂，茎叶喷雾。

荒地、林地、路旁：意大利苍耳 4～5 叶期，可选择草甘膦、草铵膦等除草剂，茎叶喷雾。

71 豚草

豚草 *Ambrosia artemisiifolia* L. 隶属菊科 Asteraceae 豚草属 *Ambrosia*。

【英文名】Common ragweed、Annual ragweed、Bitterweed。

【异名】*Ambrosia elatior*、*Ambrosia artemisiifolia* var. *elatior*。

【俗名】普通豚草、美洲艾、艾叶破布草、破布草、艾叶。

【入侵生境】常生长于农田、果园、林地、荒地、牧场、路旁、水渠、河岸、住宅旁、公园、垃圾堆等生境。

【管控名单】属“重点管理外来入侵物种名录”“中华人民共和国进境植物检疫性有害生物名录”。

一、起源与分布

起源：北美洲。

国外分布：加拿大、美国、墨西哥、危地马拉、古巴、牙买加、秘鲁、玻利维亚、巴拉圭、法属圭亚那、智利、巴西、阿根廷、澳大利亚、新西兰、德国、法国、瑞士、瑞典、意大利、匈牙利、捷克、斯洛伐克、乌克兰、波兰、奥地利、毛里求斯、俄罗斯、白俄罗斯、日本、朝鲜、韩国等。

国内分布：北京、天津、河北、黑龙江、吉林、辽宁、上海、江苏、安徽、浙江、福建、山东、河南、湖北、湖南、江西、广东、广西、四川、贵州、新疆、台湾等地。

二、形态特征

植株：一年生草本植物，植株高 20～150 cm。

茎：茎直立，上部有圆锥状分枝，具棱，密被糙毛。

叶：下部叶对生，具短叶柄，一至二回羽状深裂，裂片狭小，长圆形至倒披针形，全缘，有明显的中脉，正面深绿色，被细短伏毛或近无毛，背面灰绿色，密被短糙毛；上部叶互生，无柄，羽状分裂。

花：雄头状花序半球形或卵形，直径 4～5 mm，具短梗，下垂，在枝顶端密集组成总状花序；总苞宽半球形或碟形，总苞片全部结合，无肋，边缘具波状圆齿，稍被糙伏毛；花托具刚毛状托片，每个头状花序有 10～16 朵不育的管状花，花冠淡黄色，长约 2 mm，在短管部，上部钟状，有宽裂片，花药卵圆形，花柱不分裂；雌头状花序无花序梗，在雄头状花序下面或在下部叶腋单生，或 2～3 个密集呈伞状，有 1 个可育的雌花，花柱深裂，丝状。

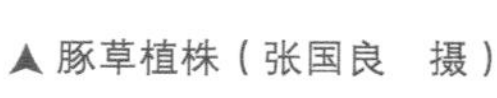
▲ 豚草植株（张国良　摄）

▲ 豚草茎（①王忠辉　摄，②张国良　摄）

子实：瘦果倒卵形，无毛，藏于坚硬的总苞中形成刺果，刺果倒卵形或卵状长圆形，长 4～5 mm，宽约 2 mm，顶端有围裹花柱的圆锥状喙部，顶部以下具 4～6 个尖刺，稍被糙毛。

▲豚草叶（王忠辉　摄）

▲豚草花（张国良　摄）

▲豚草子实（张国良　摄）

田间识别要点：茎中下部叶对生，上部叶互生，二至三回羽状深裂，裂片条状，头状花序单性，瘦果倒卵形，包被于总苞内。豚草的叶片与野艾蒿（*Artemisia lavandulifolia*）、小花鬼针草（*Bidens parviflora*）、大籽蒿（*Artemisia sieversiana*）叶片之间相似度很高。

豚草

野艾蒿

小花鬼针草

大籽蒿

▲近似种叶片比较（王忠辉　摄）

三、生物习性与生态特性

豚草大量出苗一般在 3 月上旬至 5 月初，营养生长期 5 月初至 7 月中旬，蕾期 7 月初至 8 月初，当夏至过后，随着日照时间的缩短，迅速进入花期，花期从 7 月下旬至 8 月末，果期为 8 月中旬至 10 月初。在沈阳，4 月中下旬至 5 月上旬是出苗盛期，8 月下旬至 9 月中旬种子成熟。在南昌，3 月底至 4 月初出苗进入营养生长期，9—10 月为结果盛期。在山东青岛，3 月中下旬开始出苗，7 月上旬开始现蕾，8 月上旬开花初期，10 月下旬植株枯黄。

豚草繁殖力强，一棵发育良好的豚草种子量 7 万～10 万粒，种子具有明显的休眠特性，部分种子在土壤中埋藏 40 年仍能萌发。当地表 5 cm 温度为 6.1～6.6 ℃时，豚草种子开始萌发、出苗，出苗最低温度不能低于 6～8 ℃，土壤湿度为 14 %～22 %；豚草种子出苗最适宜温度为 25～30 ℃，土壤含水率 15 %～60 % 均适于种子萌发；豚草种子在光照和黑暗条件下均能萌发，不受光照影响。适宜生长于中性和微酸性的环境，最适 pH 值为 6～8；覆土深度 1～4 cm 时，能正常出苗，超 8 cm 时不能出苗；豚草种子具二次萌发特性。

四、传播扩散与危害特点

（一）传播扩散

豚草一名源于日本名“豕草”，《上海植物名录》（1959 年）《江苏南部种子植物手册》（1959 年）使用豚草一名。豚草于1935年在杭州被发现，传入华东地区的豚草可能由进口粮食和货物裹挟带入，东北地区的豚草可能通过与苏联的经济交往传入。豚草可通过农产品调运、农机具、建筑材料等进行远距离传播，还可随水流、鸟类、牲畜携带、农事操作等进行近距离传播。国内学者通过实地调查与文献查阅，认为从30° S至55° N之间的广大区域内都有豚草分布。通过潜在适生区预测，发现豚草在四川、新疆的部分地区、贵州、广西、广东和海南等潜在分布广。

（二）危害特点

豚草入侵农田，可大量吸收土壤中的养分和水分，易造成土壤贫瘠；还可通过挥发、雨水淋溶和根系分泌等途径，向周围环境释放多种化感物质（如α-蒎烯、β-蒎烯、2-冰片烯等），对作物的种子萌发和幼苗生长产生抑制作用，显著影响作物生长高度、茎粗、抽穗率、分枝，造成作物减产；同时还是多种病虫害的寄主，豚草全株可作为甘蓝菌核病的中间寄主，感染甘蓝（*Brassica oleracea* var. *capitata*）和向日葵（*Helianthus annuus*）。牲畜误食豚草后，会降低肉、蛋、奶的质量，如奶牛偶尔误食后，会减少产奶量，产出的牛奶有异味，影响牛奶品质，同时影响人类身体健康。豚草的生命力、竞争力及生态可塑性极强，极易在新生境中形成优势种群，与本土植物竞争空间、营养、光和水分，严重破坏本地植被的结构及与之有关的动植物区系，降低自然生态系统的稳定性和物种多样性，最终导致生境改变并降低生物多样性。豚草花粉是导致枯草热、过敏性鼻炎、皮炎的过敏原之一，直接危害人体健康。

▲ 豚草危害（①张国良　摄，②付卫东　摄）

五、防控措施

农艺措施：对于农田生境，秋季进行深度不小于20 cm的深耕，翌年春季进行春耙，能有效地降低豚草出苗率；精选作物种子，提高种子纯度；结合作物栽培管理，在豚草出苗期，中耕除草，可有效控制种群密度；农田、果园周边豚草容易生长的地方，在开花结实前对豚草植株进行清除，防止其扩散进入农田。

物理防治：对于农田、果园、菜田、苗圃生境内零散发生的豚草，在幼苗期人工铲除；对于点状发生，面积小、密度小的生境，在豚草营养生长期，植株高度15~20 cm，地上叶片4~10对时，连根拔除；对于呈片状、呈带状、面积大、密度大的生境（如荒地开垦、轮休地耕作等）在豚草开花前机械刈割。

化学防治：

玉米田：播后苗前，可选择莠去津、乙草胺等除草剂，均匀喷雾，土壤处理；玉米3~5叶期，豚草苗期，可选择草铵膦、三氯吡氧乙酸、麦草畏等除草剂，茎叶喷雾。

小麦田：小麦苗期或拔节期、豚草苗期，可选择三氯吡氧乙酸、麦草畏等除草剂，茎叶喷雾。

大豆田：播后苗前，可选择乙草胺等除草剂，均匀喷雾，土壤处理；大豆3~4叶期、豚草苗期，可选择草铵膦、氯氨吡啶酸、乳氟禾草灵、氟磺胺草醚等除草剂，茎叶喷雾。

果园：在豚草出苗前，可选择莠去津、乙草胺等除草剂，均匀喷雾，土壤处理；在豚草苗期和营养生长期，可选择草甘膦、草甘膦异丙胺、氯氟吡氧乙酸、2甲4氯钠盐+苯达松、辛酰溴苯腈等除草剂，茎叶喷雾。

荒地、路旁：豚草出苗前，可选择莠去津、乙草胺等除草剂，均匀喷雾，土壤处理；在豚草苗期和营养生长期，可选择草甘膦、氟磺胺草醚、草甘膦异丙胺、盐莠灭净、乙羧氟草醚、氯氨吡啶酸等除草剂，茎叶喷雾。

生物防治：释放豚草卷蛾（*Epiblema strenuana*），豚草苗期，按每 10 株 2～4 头的虫口密度释放豚草卷蛾虫瘿；豚草营养生长期，按每 10 株 6～8 头的虫口密度释放豚草卷蛾虫瘿，可有效控制豚草。释放广聚萤叶甲（*Ophraella communa*），在豚草苗期，按每 10 株 2～8 头的虫口密度释放广聚萤叶甲；在豚草营养生长期，按每 10 株 12～20 头的虫口密度释放广聚萤叶甲，可有效控制豚草。

▲ 豚草卷蛾取食豚草（张国良　摄）

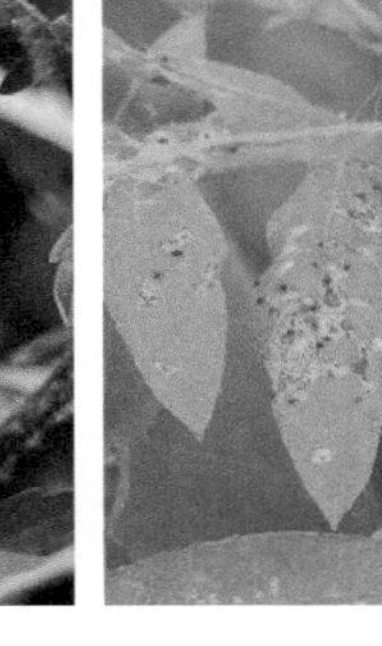
▲ 广聚萤叶甲取食豚草（张国良　摄）

替代控制：利用种植紫穗槐（*Amorpha fruticosa*）、沙棘（*Hippophae rhamnoides*）、小冠花（*Coronilla varia*）、草地早熟禾（*Poa pratensis*）、紫花苜蓿（*Medicago sativa*）、百脉根（*Lotus corniculatus*）、紫丁香（*Syringa oblata*）等对豚草进行替代控制，可取得较好的控制效果。

72 三裂叶豚草

三裂叶豚草 *Ambrosia trifida* L. 隶属菊科 Asteraceae 豚草属 *Ambrosia*。

【英文名】Giant ragweed、Great ragweed、Horseweed。

【异名】*Ambrosia aptera*、*Ambrosia integrifolia*。

【俗名】大破布草、豚草、三裂豚草。

【入侵生境】常生长于农田、荒地、公路、草场、林地、居民生活区等生境。

【管控名单】属“重点管理外来入侵物种名录”“中华人民共和国进境植物检疫性有害生物名录”。

一、起源与分布

起源：北美洲。

国外分布：法国、德国、瑞典、瑞士、意大利、匈牙利、南斯拉夫、奥地利、乌克兰、白俄罗斯、俄罗斯、土库曼斯坦、格鲁吉亚、阿布哈兹、哈萨克斯坦、日本、菲律宾、马来西亚、印度、印度尼西亚、埃及、利比亚、突尼斯、加拿大、美国、墨西哥、危地马拉、古巴、牙买加、玻利维亚、秘鲁、巴拉圭、巴西、法属圭亚那、智利、阿根廷、澳大利亚、波兰、朝鲜、韩国、土库曼斯坦、格鲁吉亚、哈萨克斯坦、菲律宾、马来西亚、捷克、斯洛伐克等。

国内分布：北京、河北、黑龙江、吉林、辽宁、内蒙古、浙江、福建、山东、湖南、江西、四川、新疆等地。

二、形态特征

植株：一年生草本植物，植株高 50～120 cm。

茎：粗壮，直立，有分枝，被短糙毛，有时近无毛。

叶：叶对生，有时互生，具叶柄，下部叶 3～5 裂，上部叶 3 裂或有时不裂，裂片卵状披针形或披针形，顶端急尖或渐尖，边缘具锐锯齿，基出三脉，粗糙，正面深绿色，背面灰绿色，两面被短糙毛；叶柄 2～3.5 cm，被短糙毛，基部膨大，边缘具窄翅，被长缘毛。

花：雄头状花序多数，圆形，直径约 5 mm，具长 2～3 mm 的细花序梗，下垂，在枝顶端密集呈总状；总苞浅碟形，绿色，总苞片结合，外面的有肋，边缘具圆齿，被疏短糙毛；花托无托片，具白色长柔毛，每个头状花序具 20～25 朵不育小花，小花黄色，长 1～2 mm，花冠钟形，上端 5 裂，外面有 5 紫色条纹；花药离生，卵圆形，花柱不分裂，顶端膨大呈笔状；雌头状花序在雄头状花序下面上部的腋部聚作团伞状，具 1 朵可育的雌花，花柱 2 深裂，丝状，上伸出总的喙部之外。

子实：瘦果倒卵形，无毛，藏于坚硬的总苞中，长 6～8 mm，宽 4～5 mm，顶端圆锥状短喙，喙部以下有 5～7 肋，每肋顶端具瘤或尖刺，无毛。

▲ 三裂叶豚草植株（张国良　摄）

▲ 三裂叶豚草幼苗（张国良　摄）

▲ 三裂叶豚草茎（①王忠辉　摄，②张国良　摄）

▲ 三裂叶豚草叶（王忠辉　摄）

▲三裂叶豚草花（张国良　摄）

▲三裂叶豚草子实（张国良　摄）

田间识别要点：茎中下部叶片一回掌状分裂，裂片 3～5，稀不分裂。雄头状花序于枝顶端排列成总状，雌头状花序生于雄头状花序下方的叶腋内，瘦果包被于总苞内。

三、生物习性与生态特性

三裂叶豚草 3 月末至 4 月初开始出苗，4 月中旬进入出苗盛期，5 月末至 6 月初为出苗末期。早期出苗的三裂叶豚草 4 月 10 日左右长出第 1 对真叶，开始营养生长，6 月末开始现蕾，进入花期；始花期为 7 月下旬，开花盛期在 7 月底至 8 月初；花粉大量散发时间为 8 月上旬，果期 9—10 月。在南京，3 月 20 日开始出苗，5 月 20 日现蕾，6 月 1 日进入盛花期，7 月中旬至 9 月上旬果实全部成熟。在黑龙江牡丹江，4 月下旬至 5 月上旬开始出苗，营养生长期 90 天，7 月末至 8 月初开始现蕾，9 月中旬果实开始成熟。

三裂叶豚草具有强大的繁殖能力，单株种子量约 5 000 粒。种子一般在温度达到 5 ℃时开始发芽，最适发芽温度为 20～25 ℃；土壤湿度 14 %～22 % 是种子萌发的最佳条件；在光照和黑暗条件下种子均能萌发，但光照条件下发芽率明显高于黑暗条件下。种子具有休眠特性，可通过低温解除休眠，在黑暗中不萌发的种子可进入二次休眠。三裂叶豚草种子在 pH 值 4～12 条件下均可萌发，最适宜的 pH 值 6～8，当 pH 值小于 4 时，不能萌发。

四、传播扩散与危害特点

（一）传播扩散

《东北植物检索表》（1959 年）将本种的中文名定为“豚草”。《中国高等植物图鉴》（1975 年）和《中国植物志》（1979 年）改为三裂叶豚草。我国最早于 1930 年在铁岭发现三裂叶豚草，可能随进口农产品无意引入。三裂叶豚草传播扩散依靠种子完成，可通过作物种子调运、粮食贸易、交通运输工具携带等途径远距离扩散传播，也可随水流、鸟类、牲畜携带近距离传播。随入境农产品调运，可扩散至全国大部分适生区。

（二）危害特点

三裂叶豚草入侵农田，可大量吸收土壤中的养分和水分，易造成土壤贫瘠；还可通过挥发、雨水淋溶和根系分泌等途径，向周围环境释放多种化感物质，对作物的种子萌发和幼苗生长产生抑制作用，显著影响作物生长高度、茎粗、抽穗率、分枝，造成作物减产；同时还是多种病虫害的寄主，三裂叶豚草全株可作为甘蓝菌核病的中间寄主，感染甘蓝（*Brassica oleracea* var. *capitata*）和向日葵（*Helianthus annuus*）。三裂叶豚草的生命力、竞争力及生态可塑性极强，极易在新生境中形成优势种群，与本土植物竞争空间、营养、光和水分，严重破坏本地植被的结构及与之有关的动植物区系，降低自然生态系统的稳定性和物种丰富度，最终导致生境改变并影响生物多样性。三裂叶豚草花粉是枯草热、过敏性鼻炎、皮炎的过敏源之一，可直接危害人类健康。

▲ 三裂叶豚草危害（张国良　摄）

五、防控措施

农艺措施：对于农田生境，秋季进行深度大于 20 cm 深耕，翌年春季进行春耙，可有效地降低三裂叶豚草出苗率；精选作物种子，提高种子纯度；结合作物栽培管理，在三裂叶豚草出苗期，中耕除草，可有效控制种群数量；对农田、果园周边的豚草植株在开花前进行清除，防止其扩散进入农田。

物理防治：在三裂叶豚草幼苗期，对于农田、果园、菜田、苗圃生境中零散发生的豚草，结合栽培管理和中耕除草，人工铲除；对于点状发生、面积小、密度小的生境，在三裂叶豚草营养生长期，植株高度 15～20 cm，地上叶片 4～10 对时，人工连根拔除；对于呈片状、呈带状、面积大、密度大的生境（如荒地开垦、轮休地耕作等）在三裂叶豚草开花前机械刈割。

化学防治：

玉米田：播后苗前，可选择莠去津等除草剂，均匀喷雾，土壤处理；玉米 3～5 叶期、三裂叶豚草苗期，可选择氯氨吡啶酸、草胺膦等除草剂，茎叶喷雾。

小麦田：三裂叶豚草苗期，可选择氯氨吡啶酸、乙羧氟草醚等除草剂，茎叶喷雾。

大豆田：大豆 3～4 叶期、三裂叶豚草苗期，可选择灭草松、乙羧氟草醚、甲氧咪草烟、氟磺胺草醚等除草剂，茎叶喷雾。

果园：在三裂叶豚草苗期和营养生长期，可选择草甘膦、草甘膦异丙胺、草胺膦、硝磺草酮、氯氟吡氧乙酸、辛酰溴苯腈等除草剂，茎叶喷雾。

林地、山地、荒地：在三裂叶豚草苗期和营养生长期，可选择草甘膦、草甘膦异丙胺、草胺膦、辛酰溴苯腈、硝磺草酮、氯氨吡啶酸等除草剂，茎叶喷雾。

生物防治：释放豚草卷蛾（*Epiblema strenuana*），三裂叶豚草苗期，按每 10 株 2~4 头的虫口密度释放豚草卷蛾虫瘿；三裂叶豚草营养生长期，按每 10 株 6~8 头的虫口密度释放豚草卷蛾虫瘿，可有效控制三裂叶豚草。释放广聚萤叶甲（*Ophraella communa*），在三裂叶豚草苗期，按每 10 株 2~8 头的虫口密度释放广聚萤叶甲；在三裂叶豚草营养生长期，按每 10 株 12~20 头的虫口密度释放广聚萤叶甲。

替代控制：利用种植紫穗槐（*Amorpha fruticosa*）、沙棘（*Hippophae rhamnoides*）、小冠花（*Coronilla varia*）、草地早熟禾（*Poa pratensis*）、紫花苜蓿（*Medicago sativa*）、百脉根（*Lotus corniculatus*）、紫丁香（*Syringa oblata*）等对三裂叶豚草进行替代控制，可取得较好的控制效果。

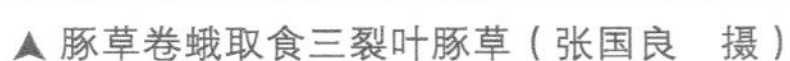

▲ 豚草卷蛾取食三裂叶豚草（张国良　摄）

▲ 广聚萤叶甲取食三裂叶豚草（张国良　摄）

73 银胶菊

银胶菊 *Parthenium hysterophorus* L. 隶属菊科 Asteraceae 银胶菊属 *Parthenium*。

【英文名】Parthenium weed、Congress weed、White top weed。

【异名】*Argyrochaeta bipinnatifida*、*Argyrochaeta parviflora*、*Parthenium glomeratum*、*Parthenium lobatum*。

【俗名】美洲银胶菊。

【入侵生境】常生长于农田、果园、荒地、路旁、河边等生境。

【管控名单】属“重点管理外来入侵物种名录”。

一、起源与分布

起源：美洲热带地区。

国外分布：美国、印度、越南、澳大利亚、南太平洋、南美洲、西印度群岛、非洲等。

国内分布：山东、福建、湖南、江西、广东、广西、海南、重庆、四川、贵州、云南、香港、澳门、台湾等地。

二、形态特征

植株：一年生草本植物，植株高 60～100 cm。

茎：直立，基部直径约 5 mm，多分枝，具条纹，被短柔毛，节间长 2.5～5 cm。

叶：下部叶和中部叶二回羽状深裂，全叶卵形或椭圆形，连叶柄长 10～19 cm，宽 6～11 cm，羽片 3～4 对，卵形，小羽片卵状或长圆状，常具齿，顶端略钝，正面被基部为疣状的疏糙毛，背面的毛密而柔软；上部叶无柄，羽裂，裂片线状长圆形，全缘或具齿，或有时指状 3 裂，中裂片较大，通常长于侧裂片的 3 倍。

花：头状花序多数，直径 3～4 mm，在茎枝顶端排列成开展的伞房花序，花序梗 3～8 mm，被粗毛；总苞宽钟形或近半球形，直径约 5 mm，长约 3 mm，总苞 2 层，各 5 个，外层较硬，卵形，长约 2.2 mm，顶端叶质，背面被短柔毛，内层较薄，几近圆形，长宽近相等，先端钝，下凹，边缘近膜质，透明，上部被短柔毛；舌状花 1 层，5 朵，白色，长约 1.3 mm，舌片卵形或卵圆形，先端 2 裂；管状花多数，长约 2 mm，檐部 4 浅裂，裂片短尖或短渐尖，具乳头状突起，雄蕊 4。

子实：瘦果倒卵形，基部渐尖，干时黑色，长约 2.5 mm，被疏腺点；冠毛 2，鳞片状，长圆形，长约 0.5 mm，顶端截平或有时具细齿。

▲ 银胶菊植株（张国良　摄）

▲ 银胶菊茎（付卫东　摄）

▲ 银胶菊叶（张国良　摄）

▲ 银胶菊花（张国良　摄）

▲ 银胶菊子实（张国良　摄）

田间识别要点：茎中部叶和下部叶二回羽状深裂，头状花序小，排列成伞房状，舌状花5朵，白色。

三、生物习性与生态特性

银胶菊以种子繁殖，生长、繁殖都较迅速，从种子萌发到植株发育成熟、开花结果仅需30~40天。从3月中旬至9月下旬均可出苗，出苗高峰期为4月上旬和8月下旬，其出苗率分别为21.65 %和11.9 %。植株分枝期在5月中旬至7月初，5月下旬至8月上旬为开花期，7月中旬至8月下旬为结果盛期。在山东临沂，银胶菊4月初出苗，6月初始花。银胶菊种子发芽的适宜温度为12~28 ℃，20 ℃时发芽快且发芽率高。有光照时发芽率可达70 %以上，种子在土壤表面有40 %的发芽率，覆土0.5 cm时萌发率减少50 %，覆土1.5 cm时几乎不出苗。银胶菊能产生大量的种子，单株种子量为7 500~10 000粒，千粒重为0.74~0.76 g，瘦果在成熟后约有3个月的休眠期。种子在土壤表层能保持至少6年的活力。银胶菊根系发达，耐干旱，耐瘠薄，能适应半干旱环境，在土壤贫瘠、地表裸露或碱性黏土中能生长得很好。

四、传播扩散与危害特点

（一）传播扩散

1926年首次在云南采集到银胶菊标本，在20世纪70—90年代广泛传播扩散。银胶菊种子小，且具冠毛，很容易通过交通工具、农业机械、谷物和饲料等进行扩散，还可通过水流和动物携带进行扩散，能在短时间内从一个孤立的地区扩散开来，并迅速建立种群。目前主要分布在我国南方热带或亚热带地区，扩散范围和危害面积正在快速增加。

（二）危害特点

银胶菊是危害农牧业生产的主要杂草之一。具化感作用，入侵农田，抑制玉米（*Zea mays*）、小麦（*Triticum aestivum*）、大豆（*Glycine max*）等作物生长，造成作物减产，同时增加了防治费用。银胶菊具化感作用，根系可分泌肉桂酸，降低群落物种的丰富度，影响生物多样性，对生态系统构成威胁。银胶菊植株和花粉有毒，会使过敏性人群产生过敏反应，引发皮炎、鼻炎、枯草病及支气管炎，严重影响人类健康。

▲ 银胶菊危害（①张国良　摄，②王忠辉　摄）

五、防控措施

农艺措施：在播种前，对农田进行深度不小于 20 cm 的深耕，将土壤表层种子翻入深层，可降低银胶菊出苗率；结合作物栽培管理，在银胶菊出苗期，中耕除草，可降低银胶菊的种群密度；对农田及其周边的银胶菊植株进行清理，保持田园清洁。

物理防治：对于点状、片状发生的小面积生境，在苗期可人工铲除或拔除。铲除或拔除的植株应进行暴晒、烧毁、深埋等无害化处理。

化学防治：

小麦田：播后苗前，可选择莠去津等除草剂，均匀喷雾，土壤处理；银胶菊苗期，可选择苯嘧磺隆、磺草酮等除草剂，茎叶喷雾。

玉米田：播后苗前，可选择莠去津等除草剂，均匀喷雾，土壤处理；玉米 3～5 叶期、银胶菊苗期，可选择硝磺草酮、磺草酮、砜嘧磺隆等除草剂，茎叶喷雾。

大豆田：播后苗前，可选择莠去津等除草剂，均匀喷雾，土壤处理；银胶菊苗期，可选择嗪草酮、砜嘧磺隆等除草剂，茎叶喷雾。

甜（辣）椒、茄子：银胶菊苗期，可选择异丙隆等除草剂，茎叶喷雾。

果园、荒地：在银胶菊苗期（3～4 叶），可选择草甘膦、2 甲 4 氯、乙氧氟草醚，定向喷雾。

74 假苍耳

假苍耳 *Cyclachaena xanthiifolia*（Nutt.）Fresen. 隶属菊科 Asteraceae 假苍耳属 *Cyclachaena*。

【英文名】Giant sumpweed、Carelessweed。

【异名】*Iva xanthiifolia*。

【俗名】无。

【入侵生境】常生长于农田、路旁、河边、荒地、林地等生境。

【管控名单】属“中华人民共和国进境植物检疫性有害生物名录”“重点管理外来入侵物种名录”。

一、起源与分布

起源：北美洲。

国外分布：加拿大、美国、墨西哥、阿根廷、智利、南非、莱索托、摩洛哥、阿尔及利亚、突尼斯、土耳其、格鲁吉亚、亚美尼亚、阿塞拜疆、伊朗、哈萨克斯坦、乌兹别克斯坦、土库曼斯坦、阿富汗、巴基斯坦、印度、塔吉克斯坦、吉尔吉斯斯坦、蒙古国、日本、朝鲜、韩国、印度尼西亚、澳大利亚、新西兰。

国内分布：河北、黑龙江、吉林、辽宁、内蒙古、山东、新疆等地。

二、形态特征

植株：一年生草本植物，植株高 150～300 cm。

茎：直立，有分枝，下部有时变无毛，具纵棱。

叶：叶对生，茎上部叶互生，叶柄长 1～12 cm；叶片呈三角状卵形、宽卵形或近圆形，长 6～20 cm，宽 5～18 cm，通常 3～5 掌状浅裂，有时不裂，具齿，先端急尖，有时短渐尖，基部浅心形、截形或圆形，密被腺点，上面密被糙伏毛，具 3～5 条掌状脉。

花：花序梗长 1～6（12）mm；总苞陀螺状至半球形，直径 3～5 mm，苞片长 2～3 mm；雌性小花的花冠长 0.1～0.5 mm。

子实：瘦果倒卵形，背腹压扁，黑色或黑褐色；长 2 mm，宽 1 mm，表面密布颗粒状细纵纹，两侧具明显脊棱；顶端圆钝，基部具凸出的黄色果脐。

▲ 假苍耳植株（①付卫东　摄，②张国良　摄）

▲ 假苍耳茎（①付卫东　摄，②张国良　摄）

▲ 假苍耳叶（①付卫东　摄，②张国良　摄）

▲ 假苍耳花（①②付卫东　摄，③张国良　摄）

田间识别要点：植株与苍耳属植物相似，但花、花序及果实不同，花序梗长，总苞陀螺状至半球形，瘦果倒卵形，背腹压扁。

三、生物习性与生态特性

假苍耳以种子繁殖，通常单株种子量2 000～3 000粒。种子采用60 ℃热水浸泡4 min处理，可有效提高发芽率；在4 ℃层积15天后种子的发芽率最高，为68.33 %；−20 ℃以下的低温储藏处理可抑制种子的发芽率。种子的发芽率、发芽势、发芽指数和活力指数均随着储藏年份的增加而下降。喜欢酸性、中性及碱性土壤，在沙壤、轻壤、重壤以及黄壤等多种土壤条件下都能生长。在沈阳，4月上中旬出苗，7月下旬现蕾，8月初开始开花，8月下旬种子开始成熟，10月中旬植株逐渐枯死。

四、传播扩散与危害特点

（一）传播扩散

假苍耳一名始于关广清于1983年的报道，1981年在辽宁朝阳被发现，1982年在沈阳郊区被发现，现已广泛分布于我国东北地区。瘦果先端具喙或尖刺，可以附着于人类衣服、动物皮毛，鸟的羽毛，随人类和动物活动传播蔓延。果实成熟后易脱落，可借助水流、风力扩散。我国华北、东北、华东、华中、西南、西北地区均存在假苍耳的适生区。

（二）危害特点

假苍耳生命力强、生长繁茂，与作物、牧草、林木争光、争水、争肥，具有较强的空间占据能力。入侵林地，严重影响林木生长；入侵农田，影响粮食产量，当前已经对大豆（*Glycine max*）、玉米（*Zea mays*）、向日葵（*Helianthus annuus*）和甜菜（*Beta vulgaris*）等作物构成了巨大的威胁；入侵草场，牲畜不食，可降低草场的载畜量。假苍耳可在花期产生大量花粉，可导致花粉病患者增多；果期植株散发明显的异味，皮肤接触后会有瘙痒感；皮肤敏感人群接触到假苍耳叶片会引发皮炎。

▲ 假苍耳危害（付卫东　摄）

五、防控措施

植物检疫：在假苍耳发生地区，应加强对粮食、种子调运的检疫，若如发现假苍耳种子，货物应作检疫除害处理。

物理防治：对于零星生长的假苍耳，可在苗期人工拔除；对于发现面积大，且不适宜化学防治的区域，可在开花前机械贴地割除。

化学防治：在假苍耳4~6叶期，可选择草甘膦、氟磺胺草醚、苯嗪草酮等除草剂，茎叶喷雾。

替代控制：可选择种植紫穗槐（*Amorpha fruticosa*）、沙棘（*Hippophae rhamnoides*）等具有经济价值、绿化价值的植物替代假苍耳属植物群落。

75 黄顶菊

黄顶菊 *Flaveria bidentis*（L.）Kuntze. 隶属菊科 Asteraceae 黄顶菊属 *Flaveria*。

【英文名】Coastal plain yellowtops、Speedyweed。

【异名】*Ethulia bidentis*、*Eupatorium chilense*。

【俗名】二齿黄菊。

【入侵生境】常生长于农田、果园、公路、生活区、城市绿地、道路、林地等生境。

【管控名单】属“重点管理外来入侵物种名录”“中华人民共和国进境植物检疫性有害生物名录”。

一、起源与分布

起源：南美洲。

国外分布：阿根廷、巴拉圭、巴西、秘鲁、玻利维亚、厄瓜多尔、智利、美国、安提瓜、波多黎各、多米尼加、古巴、日本、韩国、法国、西班牙、希腊、匈牙利、埃及、埃塞俄比亚、博茨瓦纳、津巴布韦、莱索托、纳米比亚、南非、塞内加尔、斯威士兰等。

国内分布：北京、天津、河北、山东、山西、河南、台湾等地。

二、形态特征

植株：一年生草本植物，植株高0.2~2.5 m，最高可达3 m。

根：主根直立，须根多数。

茎：直立，基部木质化，具数条纵沟槽，常带紫色，无毛或疏被柔毛。

叶：叶柄长3~15 mm；叶片披针状椭圆形，长50~120（180）mm，宽10~25（70）mm，上部叶基部合生，边缘具锯齿。

▲ 黄顶菊植株（张国良　摄）

花：头状花序，蝎尾状聚伞花序；副萼状苞片1枚或2枚，直径1~2 mm，总苞片3~4枚，长圆形，长约5 mm；舌状花无或1朵，舌片淡黄色，斜卵形，长约1 mm；管状花（2）3~8朵，花冠筒长约0.8 mm，檐部漏斗状，长约0.8 mm。

子实：瘦果倒披针形或近棒状，长2~2.5 mm；无冠毛。

▲ 黄顶菊茎（王忠辉　摄）

▲ 黄顶菊叶（王忠辉　摄）

▲ 黄顶菊花（①张国良　摄，②付卫东　摄）

▲ 黄顶菊子实（张国良　摄）

田间识别要点：叶片披针状椭圆形，交互对生，头状花序密集组成蝎尾状团伞花序。

三、生物习性与生态特性

黄顶菊是一种喜光、喜湿的杂草，并具有根系发达、吸收力强、耐盐碱、耐瘠薄、抗逆性强、结实量极大的特性。花果期夏季至秋季或全年，种子4—8月都可以萌发，具有极强的繁殖扩散能力。在自然条件下91.7 %黄顶菊种子分布在0～1 cm土层内，在13～45 ℃条件下均可萌发；在土壤水分含量60 %，28 ℃条件下萌发率最高。河北中南部从4月下旬至9月下旬均可以出苗，4月下旬出苗早的植株，7月下旬开始出现花序，8月底至11月上旬为种子成熟期，11月初最低温度降至10 ℃以下，大部分黄顶菊干枯。

四、传播扩散与危害特点

（一）传播扩散

2001 年首次在天津南开大学发现。黄顶菊瘦果无冠毛和刺，主要以农产品调运、交通工具携带等方式远距离传播，同进也可凭借风力、农业机械或动物过腹等方式近距离扩散。除华北地区外，华中、华东、华南沿海地区都有可能成为黄顶菊入侵的重点区域。

（二）危害特点

黄顶菊入侵农田和果园，可消耗土壤肥力；同时黄顶菊对作物的生长具有抑制作用，导致作物和果树减产，当密度为 1～40 株 /m^2，棉花（*Gossypium hirsutum*）产量损失 32 %～95 %。黄顶菊植株高大，枝叶非常稠密，严重遮挡阳光，挤占其他植物的生态空间，分泌化感物质，抑制其他植物生长，并最终导致其他植物死亡，形成优势种群，影响生物多样性。黄顶菊入侵对土壤系统包括对养分循环、酶活性、微生物的组成及功能等均能产生深远影响。

五、防控措施

农艺措施：春季对农田和果园进行深度不小于 20 cm 的深耕，可将土壤表层杂草种子翻埋到深层，降低杂草出苗率；通过增肥等栽培管理措施，提高作物植被覆盖度和竞争力；在农田、果园，春季黄顶菊出苗前，用植物秸秆密实覆盖或覆盖黑色地膜遮光，可降低种子出苗率；在黄顶菊营养生长期、营养生长旺盛期、现蕾期进行 3 次刈割，可抑制黄顶菊植株再生和开花结实；结合作物栽培管理，在黄顶菊出苗期，中耕除草，可降低田间种群数量；在秋季和春季，清洁农田、果园和周边黄顶菊枯枝，保持农田、果园环境清洁。

物理防治：对点状、零散发生、面积小、密度小的生境，在黄顶菊 4～5 叶期，人工拔除或铲除；对于片状、带状发生、面积大、密度大的生境，可在黄顶菊开花结实前机械铲除。

化学防治：

小麦田：在黄顶菊苗期，可选择苄嘧磺隆、麦草畏等除草剂，茎叶喷雾。

▲ 黄顶菊危害（张国良　摄）

玉米田：在玉米 3～5 叶期、黄顶菊苗期，可选择烟嘧磺隆、硝磺草酮、硝磺草酮＋莠去津、唑嘧磺隆等除草剂，茎叶喷雾。

大豆田：播后苗前，可选择乙草胺、异丙甲草胺等除草剂，均匀喷雾，土壤处理；在大豆 3～4 叶期、黄顶菊苗期，可选择乙羧氟草醚、乳氟禾草灵、灭草松等除草剂，茎叶喷雾。

花生田：播后苗前，可选择乙草胺、异丙甲草胺等除草剂，均匀喷雾，土壤处理。

棉花田：播后苗前，可选择乙草胺、异丙甲草胺等除草剂，均匀喷雾，土壤处理；在棉花 3～4 叶期、黄顶菊苗期，可选择嘧草硫醚等除草剂，茎叶喷雾。

果园：在黄顶菊苗期，可选择乙羧氟草醚、硝磺草酮、草甘膦等除草剂，茎叶喷雾。

荒地：在黄顶菊开花前，可选择氨氯吡啶酸、三氯吡氧乙酸、硝磺草酮、乙羧氟草醚、草甘膦等除草剂，茎叶喷雾。

替代控制：根据不同生境，选择种植紫穗槐（*Amorpha fruticosa*）、紫花苜蓿（*Medicago sativa*）、向日葵（*Helianthus annuus*）、高丹草（*Sorghum bicolor* × *sudanense*）、小冠花（*Coronilla varia*）、沙打旺（*Astragalus laxmannii*）等替代植物，可对黄顶菊进行有效控制。

76 印加孔雀草

印加孔雀草 *Tagetes minuta* L. 隶属菊科 Asteraceae 万寿菊属 *Tagetes*。

【英文名】Stinking roger、Mexican marigold、Sinkweed、Tall khaki weed、Wild marigold。

【异名】*Tagetes riojana*、*Tagetes glandulifera*、*Tagetes porophyllum*、*Tagetes bonariensis*。

【俗名】小花万寿菊、细叶万寿菊、臭罗杰。

【入侵生境】常生长于荒地、农田、果园、林地、住宅旁、公路等生境。

【管控名单】无。

一、起源与分布

起源：美洲热带地区。

国外分布：美国、阿根廷、智利、玻利维亚、秘鲁、巴拉圭、西班牙、法国、葡萄牙、瑞士、日本、印度、南非、肯尼亚、安哥拉、突尼斯、也门、马达加斯加、澳大利亚等。

国内分布：北京、河北、山西、山东、西藏等地。

二、形态特征

植株：一年生草本植物，具万寿菊属特有的芳香，植株高 10~250 m。

茎：具纵肋，老时基部木质化；无毛，具腺体，有分枝。

叶：叶多数对生，上部叶有时互生，深绿色，羽状全裂，椭圆形，长 3～30 cm，宽 0.7～8 cm，叶轴具狭翅，有（3）9～17 枚小叶，小叶线状披针形，长 1～22 cm，宽 0.7～8（10）mm。

花：狭圆柱状头状花序单生或排列成顶生伞房花序；总苞片 3 片或 4 片，长 7～14 mm，宽 2～3 mm，合生，呈管状，黄绿色，无毛，并有棕色或橙色的腺点；舌状花 2~3 朵，淡黄色至乳白色，长 2~3.5 mm；管状花 4～7 朵，黄色至深黄色，长 4～5 mm。

子实：瘦果黑褐色，线性长圆形，长（4.5）6～7 mm，被短毛；冠毛 1～2 枚刚毛状，长达 3 mm，其余 3～4 个短而钝，长约 1 mm。

▲ 印加孔雀草植株（①张国良　摄，②王忠辉　摄）

▲ 印加孔雀草茎（王忠辉　摄）

▲ 印加孔雀草叶（张国良　摄）

▲ 印加孔雀草花（①张国良　摄，②王忠辉　摄）

田间识别要点：茎具肋，叶多数对生，上部叶有时互生，深绿色，头状花序密集，在茎顶端排列成伞房花序，舌状花淡黄色至乳白色。近似种孔雀草（*Tagetes erecta*）茎下部叶对生，头状花序顶生，花序梗上部膨大，花单瓣或重瓣，舌状花金黄色或橙黄色，杂有紫红色斑点。

▲ 印加孔雀草子实（①付卫东　摄，②张国良　摄）

三、生物习性与生态特性

印加孔雀以种子繁殖。种子产量与株高、分枝数相关，单株种子量 6 000~9 000 粒，最高达 29 000 粒。种子没有休眠特性，当年成熟的种子萌发率可达 64 %，翌年种子萌发率 22 %，在土壤表层萌发率低。印加孔雀草种子萌发的适宜条件为 25 ℃白光，种子吸胀 7 天后可 100 % 萌发。全黑暗条件下种子发芽势、发芽率均高于光照条件；萌发最适温度范围为 25～30 ℃，变温（12 h/12 h）会促进种子萌发；最适萌发湿度为 25 %。在河北，4 月中下旬出苗，花期 7—9 月，果期 9—10 月，入冬后枯萎。

四、传播扩散与危害特点

（一）传播扩散

1990 年 10 月首次在中国科学院北京植物园草坪采集到印加孔雀草标本，2006 年在中国台湾发现了归化的印加孔雀草，2011 年，在北京郊区发现印加孔雀草野生群落，可能为随境外引入的花卉种苗带入。印加孔雀草花序多，结实量大，瘦果具冠毛，易扩散传播。主要通过风力、水流、交通工具、动物及人类活动传播扩散。

（二）危害特点

印加孔雀草有万寿菊属特有的挥发油气味，使其对病虫害有天然的抵制能力，对其他植物也会产生化感作用，食草动物也不喜食其植株；印加孔雀草对作物的影响来自 2 个方面：一是与作物争夺生存空间、阳光、水分、养分；二是其化感作用对作物生长的抑制。

▲ 印加孔雀草危害（付卫东　摄）

五、防控措施

物理防治：在印加孔雀草的各个生长阶段，均可手工拔除或使用机械割除；但对已结实的印加孔雀草，清除后的植株最好进行烧毁，以杀灭其瘦果活性。

化学防治：

玉米田：玉米 3～5 叶期、印加孔雀草幼苗期，可选择辛酰溴苯腈、2 甲 4 氯、烟嘧磺隆、氯氟吡氧乙酸等除草剂，茎叶喷雾。

小麦田：印加孔雀草幼苗期，可选择 2 甲 4 氯、氯氟吡氧乙酸、乙羧氟草醚等除草剂，茎叶喷雾。

果园：印加孔雀草开花前，可选择氨氯吡啶酸、氯氟吡氧乙酸、草甘膦等除草剂，茎叶喷雾。

荒地、路旁：在印加孔雀草开花前，可选择草甘膦、草甘膦异丙胺盐等除草剂，茎叶喷雾。

77 羽芒菊

羽芒菊 *Tridax procumbens* L. 隶属菊科 Asteraceae 羽芒菊属 *Tridax*。

【英文名】Brittleweed、Coatbuttons、Tridax daisy。

【异名】无。

【俗名】长柄菊。

【入侵生境】常生长于农田、荒地、坡地、生活区、路旁等生境。

【管控名单】无。

一、起源与分布

起源：美洲热带地区。

国外分布：印度、中南半岛、印度尼西亚、美洲热带地区。

国内分布：福建、广东、广西、海南、云南、澳门、台湾等地。

二、形态特征

植株：多年生铺地草本植物，长 30～100 cm。

根：浅根性，具不定根。

茎：茎纤细，平卧，节处常生多数不定根，基部直径约 3 mm，略呈四方形，分枝，被倒向糙毛或脱毛，节间长 4～9 mm。

叶：单叶对生；基部叶略小，花期凋萎；中部叶有长达 1 cm 的叶柄，叶片披针形或卵状披针形，长 4～8 cm，宽 2～3 cm，基部渐狭或几近楔形，顶端披针状渐尖，边缘具规则的粗齿和细齿，近基部常浅裂，裂片 1～2 对或有时仅存于叶缘的一侧，两面被疣状的糙伏毛，基生三出脉，两侧的 1 对较细弱，中脉中上部间或有 1～2 对极不明显的侧脉，网脉无或极不显著；上部叶小，卵状披针形或狭披针形，具短叶柄，长 2～3 cm，宽 6～15 mm，基部近楔形，顶端短尖到渐尖，边缘具粗齿或基部近浅裂。

花：头状花序少数，直径 1～1.4 cm，单生于茎、枝顶端；花序梗长 10～20 cm，稀 30 cm，被白色疏毛；总苞钟形，长 7～9 mm；总苞片 2～3 层，外层绿色，卵形或卵状长圆形，长 6～7 mm，顶端短尖或凸尖，背面被密毛；内层长圆形，长 7～8 mm，无毛，干膜质，顶端凸尖；最内层线形，光亮，鳞片状；花托稍突起，托片长约 8 mm，顶端芒尖或近于凸尖；雌花 1 层，舌状，舌片长圆形，长约 4 mm，宽约 3 mm，顶端 2～3 浅裂，管部长 3.5～4 mm，被毛；两性花多数，花冠管状，长约 7 mm，被短柔毛，上部稍大，檐部 5 浅裂，裂片长圆状或卵状渐尖，边缘有时带波浪状。

子实：瘦果陀螺形、倒圆锥形，稀圆柱状，干时黑色，长约 2.5 mm，密被毛；冠毛上部污白色，下部黄褐色，长 5～7 mm，羽毛状。

田间识别要点：单叶对生，叶边缘具不整齐深锯齿或羽状浅裂齿，头状花序单生于茎、枝顶端，边花舌状白色，冠毛羽状。

▲ 羽芒菊植株（张国良　摄）

▲ 羽芒菊叶（王忠辉　摄）

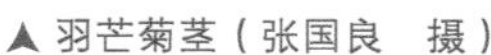
▲ 羽芒菊茎（张国良　摄）

▲ 羽芒菊花（张国良　摄）

▲ 羽芒菊子实（张国良　摄）

三、生物习性与生态特性

羽芒菊适应性强，能在各类土壤中生长良好，但以在干燥或湿润的沙地生长最茂盛。耐干旱，在年降水量为 400 mm 的情况下仍能生长，并有一定的生物量。在人工栽培条件下，从播种至出苗需 7～10 天，从出苗至开花需 50～60 天，从开花至成熟需 15～20 天。羽芒菊开花成熟后，仅花茎部分干枯，下部则继续生长，不断派生大量分枝，各级分枝均能开花结实，花果期 4～5 个月。

四、传播扩散与危害特点

（一）传播扩散

羽芒菊于 1947 年在海南和广东南部沿海发现。最早于 1921 年在中国香港采集到该物种标本。羽芒菊瘦果细小，具冠毛，能借助于风力、水流或附着于交通工具、人类衣服、动物皮毛等实现传播。国内可能扩散的区域为南亚热带。

（二）危害特点

羽芒菊为杂草，危害作物，具化感作用，可抑制其他植物生长，易形成密集型的优势种群，降低物种丰富度，对入侵地的生态环境造成威胁。

▲ 羽芒菊危害（张国良　摄）

五、控制措施

植物检疫：加强对发生区商品、农产品、生产资料等货物的调运检疫，如发现羽芒菊繁殖材料（种子、根茎等），应对货物作检疫除害处理。

农艺措施：播种前，对土壤进行深度不小于 20 cm 的深耕，将土壤表层种子翻至深层，可有效抑制羽芒菊种子萌发；结合栽培管理，在羽芒菊出苗期，中耕除草，可控制其种群密度；清理农田附近田埂、边坡的羽芒菊，保持田园环境清洁。

物理防治：对于农田、果园、荒地等生境零星发生的羽芒菊，可人工连根拔除；对于片状、带状大面积发生区，可机械割除。拔除或割除的植株应集中进行暴晒、烧毁等无害化处理。

化学防治：

果园、荒地、公路：在羽芒菊苗期、营养生长期，可选择草甘膦、草胺膦等除草剂，茎叶喷雾。

78 粗毛牛膝菊

粗毛牛膝菊 *Galinsoga quadriradiata* Ruiz & Pav. 隶属菊科 Asteraceae 牛膝菊属 *Galinsoga*。

【英文名】Shaggy soldier、Hairy galinsoga。

【异名】*Galinsoga parviflora* var. *hispida*、*Galinsoga ciliata*、*Adventina ciliata*。

【俗名】粗毛辣子草、睫毛牛膝菊、粗毛小米菊、珍珠草。

【入侵生境】常生长于农田、果园、草坪、绿地、荒地、公路、生活区、疏林等生境。

【管控名单】无。

一、起源与分布

起源：墨西哥。

国外分布：全球温带和亚热带地区。

国内分布：北京、河北、黑龙江、辽宁、上海、江苏、安徽、浙江、湖北、江西、广西、贵州、云南、陕西、台湾等地。

二、形态特征

植株：一年生草本植物，茎叶粗糙，密被开展长柔毛，植株高 8～60 cm。

茎：纤细不分枝或自基部分枝，分枝斜升，主茎节间短，侧枝生于叶腋间，生长旺盛，节间较长，每片叶的叶腋间可生 1 条以上的侧枝。

叶：叶对生，叶片卵形或长椭圆状卵形，茎上部叶卵状披针形，长 1.5～6 cm，宽 0.6～4.5 cm，边缘具粗锯齿或牙齿。

花：花序梗 5～20 mm；总苞半球形或宽钟状，直径 3～6 mm；总苞片宽椭圆形至倒卵形，长 2～3 mm；托片线形或倒披针形，全缘或 2～3 浅裂；舌状花 4～5 朵，舌片通常白色，长 0.9～2.5 mm，宽 0.9～2 mm，先端 3 齿裂；管状花 15～35 朵，花冠长约 1 mm，黄色，下部密被白色短柔毛

子实：瘦果黑色或黑褐色，长（1）1.3～8 mm，二型；舌状花瘦果冠毛毛状，脱落；管状花瘦果冠毛膜片状，白色，披针形至倒披针形，流苏状，有时具芒，长 0.2～1.7 mm。

▲ 粗毛牛膝菊植株（张国良　摄）

田间识别要点：粗毛牛膝菊茎枝密被开展的长柔毛和腺状柔毛，花序梗的毛长约 0.5 mm，管状花的萼片顶端具钻形尖头，叶片边缘具粗锯齿或牙齿。近似种牛膝菊（*Galinsoga parviflora*）全部茎枝被疏散或上部稠密的贴伏短柔毛和少量腺毛，叶片边缘具浅钝锯齿或波状浅锯齿。

▲ 粗毛牛膝菊茎（张国良　摄）

▲ 粗毛牛膝菊叶（张国良　摄）

▲ 粗毛牛膝菊花（张国良　摄）

▲ 粗毛牛膝菊子实（张国良　摄）

▲ 近似种牛膝菊（王忠辉　摄）

三、生物习性与生态特性

粗毛牛膝菊以种子繁殖，通过茎生出不定根进行无性生殖。种子体积小、质量轻，千粒重为 0.220 3～0.228 6 g；适宜埋种深度为 0～4 cm，能够在温度为 10～35 ℃条件下萌发。在呼和浩特，粗毛牛膝菊出苗期在 5 月，6 月初出现花蕾，6 月中旬花苞开放；6 月末植株出现分枝，从叶腋处生出侧枝；7 月初至 10 月末为花果期，11 月中旬植株开始枯萎。

四、传播扩散与危害特点

（一）传播扩散

粗毛牛膝菊一名出于《中国植物志》（1979 年）。20 世纪中叶随园艺植物引种携带传入。1943 年首次在四川成都采集到该物种标本。种子被短硬毛，可借助雨水、风力，或附着于鸟类羽毛、动物皮毛传播扩散。

（二）危害特点

危害秋收作物［玉米（*Zea mays*）、大豆（*Glycine max*）、甘薯（*Dioscorea esculenta*）、甘蔗（*Saccharum officinarum*）］、蔬菜、观赏花卉、果树及茶树，发生量大，危害重。粗毛牛膝菊能产生大量种子，在适宜的环境条件下快速扩增，排挤本土植物，形成大面积的单一优势种群。粗毛牛膝菊入侵和危害草坪、绿地，造成草坪荒废，给城市绿化和生物多样性带来巨大威胁。

▲ 粗毛牛膝菊危害（张国良　摄）

五、防控措施

农艺措施：作物种植前，对农田进行深度不小于 20 cm 的深耕，将土壤表层种子翻至深层，降低粗毛牛膝菊种子出苗率；在有条件的地方，可采用水旱轮作，可降低土壤种子库。

物理防治：对于点状、零散发生在农田、果园的粗毛牛膝菊，可在苗期人工拔除；对于大面积发生的粗毛牛膝菊，在开花前机械铲除。拔除或铲除的植株应统一进行深埋、晒干等无害化处理。

化学防治：

玉米田：在玉米 3～5 叶期、粗毛牛膝菊苗期，可选择西玛津、2 甲 4 氯、氯氟吡氧乙酸等除草剂，茎叶喷雾。

大豆田：在大豆 3～4 叶期、粗毛牛膝菊苗期，可选择扑草净、敌草隆、氟磺胺草醚等除草剂，茎叶喷雾。

花生田：在花生 3～4 叶期、粗毛牛膝菊苗期，可选择扑草净等除草剂，茎叶喷雾。

蔬菜地：在粗毛牛膝菊苗期，可选择扑草净、2 甲 4 氯等除草剂，茎叶喷雾。

果园：在粗毛牛膝菊苗期，可选择扑草净、敌草隆、西玛津、氯氟吡氧乙酸等除草剂，茎叶喷雾。

荒地等：粗毛牛膝菊苗期开花前，可选择氯氟吡氧乙酸、敌草隆、西玛津、草甘膦等除草剂，茎叶喷雾。

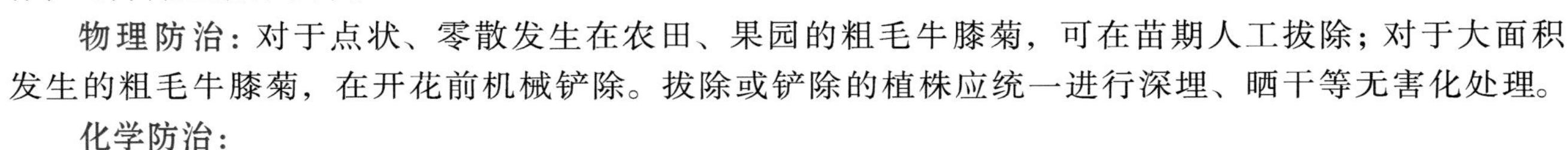

79 大狼杷草

大狼杷草 *Bidens frondosa* L. 隶属菊科 Asteraceae 鬼针草属 *Bidens*。

【英文名】Devil's beggar-ticks、Bur marigold、Pitchfork weed、Sticktight、Stickseed sunflower。

【异名】*Bidens melanocarpa*、*Bidens melanocarpa* var. *pallida*、*Bidens frondosa* var. *anomala*、*Bidens frondosa* var. *pallida*、*Bidens frondosa* var. *stenodonta*、*Bidens frondosa* var. *caudata*。

【俗名】接力草、外国脱力草。

【入侵生境】常生长于农田、果园、荒地、路旁、沟渠等生境。

【管控名单】无。

一、起源与分布

起源：北美洲。

国外分布：美洲、欧洲、亚洲。

国内分布：北京、河北、黑龙江、吉林、辽宁、江西、上海、江苏、安徽、浙江、山东、湖南、广东、广西等地。

二、形态特征

植株：一年生草本植物，植株高 20～120 cm。

茎：茎直立，分枝，被疏毛或无毛，常带紫色。

叶：叶对生，具柄，一回羽状复叶，小叶 3～5 枚，披针形，长 3～10 cm，宽 1～3 cm，先端渐尖，边缘具粗锯齿，背面被稀疏短柔毛。

花：头状花序单生茎、枝顶端，连同总苞片直径 12～25 mm，高约 12 mm；总苞钟状或半球形，外层苞片 5～10 枚，通常 8 枚，披针形或匙状倒披针形，叶状，边缘具缘毛；内层苞片长圆形，长 5～9 mm，膜质，具淡黄色边缘；无舌状花或舌状花不发育，极不明显；筒状花两性，花冠长约 3 mm，冠檐 5 裂。

子实：瘦果扁平，狭楔形，长 5～10 mm，近无毛或被糙伏毛；顶端芒刺 2 枚，长约 2.5 mm，具倒刺毛。

▲ 大狼杷草植株（张国良　摄）

▲ 大狼杷草茎（张国良　摄）

▲ 大狼杷草叶（张国良　摄）

▲ 大狼杷草花（张国良　摄）

▲ 大狼杷草子实（张国良　摄）

田间识别要点：叶常具小叶 3～5 枚，小叶披针形至披针状卵形，无舌状花，叶状总苞片 5～10 枚，瘦果楔形或倒卵状楔形，较宽。近似种多苞狼耙草(*Bidens vulgata*) 叶具小叶 2～5 枚，总苞片 10～21 枚。

三、生物习性与生态特性

在温带地区，大狼杷草 5—6 月出苗，1 周左右开始抽茎，7—8 月开花，8—9 月结实；在亚热带地区，4 月下旬出苗，6—8 月中旬分枝，8 月中旬至 9 月孕蕾开花，9—10 月结果并成熟，11 月中旬（霜降）以后枯死。

四、传播扩散与危害特点

（一）传播扩散

大狼杷草一名始见于《中国植物图鉴》(1937)，1926 年首次在江苏采集到大狼杷草标本。大狼杷草瘦果芒刺上的倒刺毛可钩于牲畜皮毛或人类衣物上，随人类和动物活动传播；种子可混杂于粮食和农产品内，随农产品贸易、粮食调运利用交通运输工具传播扩散；水流也可以帮助其传播。大狼杷草的适生区主要集中在东部、中西部、南部地区，但随着未来全球气候变化，其适生区可能会向东北、西北地区扩张。

▲ 大狼杷草危害（张国良　摄）

（二）危害特点

为秋收作物［如棉花（*Gossypium hirsutum*）、大豆（*Glycine max*）等］和水稻田常见杂草，由于根系发达，吸收土壤水分和养分的能力很强，耗肥和耗水超过作物生长的消耗，发生量大，影响作物对光能的利用和光合作用，干扰并抑制其他植物生长，易形成优势种群，影响生物多样性。

五、防控措施

农艺措施：精选作物种子，提高种子纯度。结合栽培管理，在大狼杷草出苗期，中耕除草，可有效控制杂草种群密度；在农田中利用地膜等进行覆盖，提高地面和土壤表层温度，杀死杂草幼苗；对农田周围的杂草植株进行清理，防止大狼杷草传入农田。

物理防治：对于点状、零星发生的大狼杷草，可在苗期人工拔除；对于发生面积大，且不适宜化学防治的区域，可在开花结果前机械铲除。拔除或铲除的植株应进行暴晒、烧毁等无害化处理。

化学防治：

水稻田：在大狼杷草苗期，可选择苄嘧磺隆、2 甲 4 氯等除草剂，茎叶喷雾。

王米田：在玉米 3～5 叶期、大狼杷草苗期，可选择 2 甲 4 氯、氯氟吡氧乙酸等除草剂，茎叶喷雾。

果园及非农生境：在大狼杷草苗期，可选择 2 甲 4 氯、草甘膦、草甘膦铵盐、氯氟吡氧乙酸等除草剂，茎叶喷雾。

80 婆婆针

婆婆针 *Bidens bipinnata* L. 隶属菊科 Asteraceae 鬼针草属 *Bidens*。

【英文名】Spanish needles beggar-ticks、Spanish needles。

【异名】*Bidens pilosa* var. *bipinnata*。

【俗名】鬼针草、刺针草、鬼钗草。

【入侵生境】常生长于农田、果园、荒地、路旁、林缘、沟渠、灌丛等生境。

【管控名单】无。

一、起源与分布

起源：美洲。

国外分布：美洲、亚洲、欧洲、非洲、大洋洲。

国内分布：北京、河北、吉林、辽宁、内蒙古、上海、安徽、江苏、浙江、福建、山东、湖北、湖南、江西、广东、广西、重庆、四川、贵州、云南、陕西、甘肃、台湾等地。

二、形态特征

植株：一年生草本植物，植株高 30～120 cm。

茎：茎直立，下部略具 4 棱，无毛或上部疏被柔毛，基部直径 2～7 mm。

叶：叶对生，具柄，叶柄长 2～6 cm，背面微凸或扁平，腹面沟槽，槽内及边缘被疏柔毛，叶片长 5～14 cm，二回羽状分裂，第一次分裂深达中肋，裂片再次羽状分裂，小裂片三角状或菱状披针形，具 1～2 对缺刻或深裂，顶生裂片狭，先端渐尖，边缘具稀疏不规整的粗齿，两面均被疏柔毛。

花：头状花序直径 6～10 mm；花序梗长 1～5 cm（果时长 2～10 cm）；总苞杯形，基部被柔毛，外层苞片 5～7 枚，条形，开花时长 2.5 mm，果时长达 5 mm，草质，先端钝，被稍密的短柔毛；内层苞片膜质，椭圆形，长 3.5～4 mm，花后伸长为狭披针形，果时长 6～8 mm，背面褐色，被短柔毛，具黄色边缘；托片狭披针形，长约 5 mm，果时长可达 12 mm；舌状花通常 1～3 朵，不育，舌片黄色，椭圆形或倒卵状披针形，长 4～5 mm，宽 2.5～3.2 mm，先端全缘或具 2～3 齿，盘花筒状，黄色，长约 4.5 mm，冠檐 5 齿裂。

子实：瘦果条形，略扁，具 3～4 棱，长 12～18 mm，宽约 1 mm，具瘤状突起及小刚毛；顶端芒刺 3～4 枚，很少 2 枚，长 3～4 mm，具倒刺毛。

▲ 婆婆针植株（张国良　摄）

▲ 婆婆针茎（王忠辉　摄）

▲ 婆婆针叶（张国良　摄）

▲ 婆婆针花（张国良　摄）

▲ 婆婆针子实（张国良　摄）

田间识别要点：叶二至三回羽状分裂，末回裂片三角状或菱状披针形，舌状花黄色，瘦果条形，具芒刺和倒刺毛。

三、生物习性与生态特性

婆婆针雌雄同株，花期8—10月，种子在9—10月成熟。环境条件适宜种子可随时萌发，种子萌发率高，从出苗至开花，营养生长期约30天，整个花期80多天，并由昆虫授粉，10月下旬霜降后尾花逐渐凋零。气温19～25 ℃，相对湿度80%～85%，流蜜吐粉量丰富，是各种传粉媒介的宝贵资源。

四、传播扩散与危害特点

（一）传播扩散

1861年在中国香港首次发现婆婆针，通过无意引进或自然传入。以种子繁殖，瘦果顶端具刺芒，可借助风力和水流传播，同时瘦果可附着在人类衣服、鞋、袜或动物皮毛上，通过人类和动物活动扩散。

（二）危害特点

入侵秋熟旱作农田、果园等，危害玉米（*Zea mays*）、番薯（*Ipomoea batatas*）等，影响作物产量，常形成优势种群，排挤本地植物，破坏生态环境，影响生物多样性。

五、防控措施

农艺措施：结合栽培管理，在婆婆针出苗期，中耕除草，可控制杂草的种群数量；对田园周边的杂草植株进行铲除，防止传入农田；可在农田、果园采取薄膜覆盖或秸秆覆盖抑制种子萌发。

物理防治：小面积发生时，可在开花前，人工拔除或机械铲除；发生面积大时，可机械翻耕土壤或近地表刈割，能起到事半功倍的效果。

化学防治：

玉米田：播后苗前，可选择西玛津等除草剂，均匀喷雾，土壤处理；玉米3～5叶期、婆婆针幼苗期，可选择二甲戊灵、烟嘧磺隆、氯氟吡氧乙酸、2甲4氯等除草剂，茎叶喷雾。

大豆田：大豆3～4叶期、婆婆针幼苗期，可选择二甲戊灵等除草剂，茎叶喷雾。

棉花田：棉花3～4叶期、婆婆针幼苗期，可选择二甲戊灵等除草剂，茎叶喷雾。

果园、林地：婆婆针开花前，可选择西玛津、二甲戊灵、敌草隆、氯氟吡氧乙酸除草剂，茎叶喷雾。

荒地、路旁：婆婆针开花前，可选择2甲4氯、敌草隆、氯氟吡氧乙酸、草甘膦除草剂，茎叶喷雾。

81 三叶鬼针草

三叶鬼针草 *Bidens pilosa* L. 隶属菊科 Asteraceae 鬼针草属 *Bidens*。

【英文名】Blackjack、Beggar tick、Bur marigold、Butterfly needle。

【异名】*Bidens odorata*、*Bidens pilosa* var. *minor*。

【俗名】鬼针草、盲肠草、引线草。

【入侵生境】常生长于农田、果园、撂荒地、路旁、林缘、生活区等生境

【管控名单】属“重点管理外来入侵物种名录”。

一、起源与分布

起源：美洲热带地区。

国外分布：亚洲、美洲热带和亚热带地区。

国内分布：北京、河北、江苏、安徽、福建、湖北、广东、广西、重庆、四川、贵州、陕西、台湾等地。

二、形态特征

植株：一年生草本植物，植株高30～100 cm。

茎：茎直立，钝四棱形，无毛或有时上部稀被柔毛，基部直径可达6 mm。

叶：叶对生；茎下部叶较小，3裂或不分裂，通常在开花前枯萎；中部叶具长1.5～5 cm无翅的柄，三出复叶，小叶3枚，很少为具5（7）枚小叶的羽状复叶或单叶，两侧小叶椭圆形或卵状椭圆形，长2～4.5 cm，宽1.5～2.5 cm，先端锐尖，基部近圆形或阔楔形，有时偏斜，不对称，具短柄，边缘具锯齿；顶生小叶较大，长椭圆形或卵状长圆形，长3.5～7 cm，先端渐尖，基部渐狭或近圆形，具长1～2 cm的柄，边缘具锯齿，无毛或被极稀疏的短柔毛，上部叶小，3裂或不分裂，条状披针形。

▲ 三叶鬼针草植株（张国良 摄）

花：头状花序直径8～9 mm，花序梗长1～6 cm（果时长3～10 cm）；总苞基部被短柔毛，苞片7～8枚，条状匙形，上部稍宽，开花时长3～4 mm，果时长至5 mm，草质，边缘疏被短柔毛或几无毛，外层托片披针形，果时长5～6 mm，干膜质，背面褐色，具黄色边缘，内层较狭，条状披针形；无舌状花，管状花筒状，长约4.5 mm，冠檐5齿裂。

子实：瘦果黑色，条形，略扁，具棱，长7～13 mm，宽约1 mm，上部具稀疏瘤状突起及刚毛；顶端芒刺3～5枚，长1.5～2.5 mm，具倒刺毛。

▲ 三叶鬼针草茎（付卫东　摄）

▲ 三叶鬼针草叶（①付卫东　摄，②张国良　摄）

▲ 三叶鬼针草花（张国良　摄）

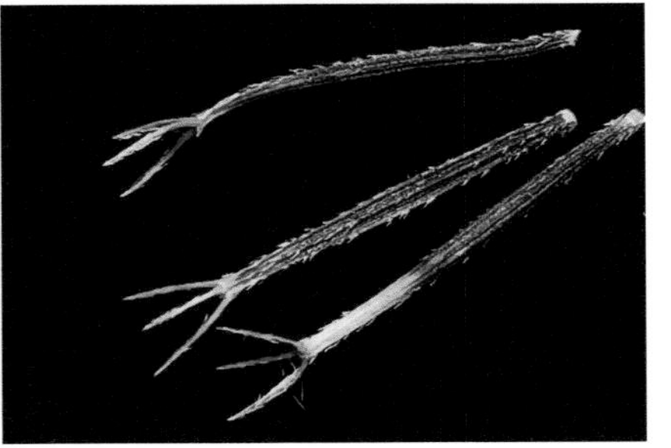

▲ 三叶鬼针草子实（张国良　摄）

田间识别要点：三出复叶，头状花序边缘无舌状花，如有，舌状花小型，二型，下部管状，舌片白色，花冠长 2～3 mm，瘦果顶端具 3～5 个芒刺。

三、生物习性与生态特性

三叶鬼针草以种子繁殖。交配机制灵活，不仅能异交传粉，还可自交结实，单个花序内可自交亲和；若以单个植株 500 个花序计算，每株可产生约 18 115 粒种子。三叶鬼针草种子一年四季均可成熟，其中春季、夏季成熟占 14 %，秋季成熟占 50 %，冬季成熟占 36 %；在 15～30 ℃条件下，三叶鬼针草种子的萌发率均在 80 % 以上；种子在高温 40 ℃的萌发率仍有 46.5 %，在低温 10 ℃的萌发率达 68 %；经 4 ℃和 −10 ℃储藏 6 个月的种子，萌发率与储藏前的种子相比无显著差异；种子萌发对 pH 值的适应范围较广，只有 pH 值小于等于 2 时萌发率才显著下降；土层覆盖能够显著降低三叶鬼针草的种子萌发，当覆盖厚度达 3 cm 时，萌发受到完全抑制。

三叶鬼针草种子在温度适宜（11 ℃以上）、土壤湿润的条件下即可萌发，发芽的主要季节是春季、夏季（约占 66 %），种子 4—5 月萌芽出土，花果期 7—10 月。在广西南宁，除气温最低的 1 月上旬种子发芽率较低外，其余时间均可自然发芽。在湖南常德，三叶鬼针草生长周期为 3 月初至 11 月初，全生育期 240 天左右，4 月 26 日前植株生长速度较慢，4 月 26 日至 5 月 16 日进入较快生长期，5 月 16 日至 6 月 30 日为快速增长期，6 月 30 日至 8 月 9 日生长速度减缓，9 日 8 日后基本停止长高；4 月 16 日后进入快速分枝期，7 月底分枝速度减慢，8 月底分枝停止；8 月 19 日进入开花始期，8 月 24 日进入开花期，从始花到终花需 50～55 天。当土壤中氮肥贫瘠时，三叶鬼针草减少叶片和分枝数的投入，加大对地下生物量的投入，从而依靠根系竞争地下营养资源。而当土壤中氮素充足时，三叶鬼针草通过增加叶片数和总叶面积来提高地上部分的物质投入，增强光合作用，加大竞争和利用光能的能力。

四、传播扩散与危害特点

（一）传播扩散

三叶鬼针草一名见于《广州植物志》（1956 年），1857 年在中国香港被首次报道，现广泛入侵华东、华中、华南、西南以及河北等地。以种子繁殖，种子重量轻，可借助风力、水流传播；瘦果冠毛芒状，具倒刺，可附着于人类衣服、动物皮毛，通过人类和动物活动扩散蔓延；也可通过牲畜引种、农产品贸易、货物贸易携带进行远距离传播。

（二）危害特点

主要危害经济作物，为旱田、果园、桑园和茶园常见杂草。可通过雨雾淋溶、叶片挥发、根系分泌等方式向其他植物释放化感物质，抑制其他植物生长，增加自身竞争力，导致作物减产；是棉蚜（*Aphis gossypii*）等的中间寄主。生长繁殖能力较强，种子发芽率高，具化感作用，严重破坏入侵地的生态系统和种群结构，降低物种丰富度，影响生物多样性。

▲ 三叶鬼针草危害（付卫东　摄）

五、防控措施

农艺措施：对作物种子进行精选，提高种子纯度；作物播种前，对农田进行深度不小于 20 cm 的深耕，将土壤表层种子翻至深层，可有效抑制三叶鬼针草种子萌发；结合作物栽培管理，在三叶鬼针草苗期间，中耕除草，可减少田间三叶鬼针草的种群密度；在营养生长期，对植株进行刈割，可减少三叶鬼针草的结实量；及时对农田周边田埂、沟渠、路旁等生境的三叶鬼针草植株进行清理，保持田园清洁。

物理防治：对于在田间或荒地等生境发生的三叶鬼针草，可根据发生面积，在其苗期或开花结果前，人工拔除或机械铲除。拔除或铲除的植株应进行暴晒、深埋、粉碎等无害化处理。

化学防治：

玉米田：播后苗前，可选择噁草・丁草胺、氧氟・乙草胺除草剂，均匀喷雾，土壤处理；玉米3~5叶期、三叶鬼针草苗期，可选择精异丙甲草胺、麦草畏等除草剂，茎叶喷雾。

小麦田：播后苗前，可选择噁草・丁草胺、氧氟・乙草胺除草剂，均匀喷雾，土壤处理；三叶鬼针草苗期，可选择麦草畏等除草剂，茎叶喷雾。

大豆田：播后苗前，可选择噁草・丁草胺、氧氟・乙草胺除草剂，均匀喷雾，土壤处理；大豆3~4叶期、三叶鬼针草苗期，可选择乙氧氟草醚、精异丙甲草胺等除草剂，茎叶喷雾。

果园、荒地、路旁：三叶鬼针草开花前，可选择草甘膦、草甘膦铵盐、草铵膦、甲磺隆等除草剂，茎叶喷雾。

82 白花鬼针草

白花鬼针草 *Bidens alba*（L.）DC. 隶属菊科 Asteraceae 鬼针草属 *Bidens*。

【英文名】White beggar-ticks、Butterfly needle、Hairy needle、Shepherd's needles、Spanish needle romerillo。

【异名】*Bidens pilosa* var. *albus*、*Coreopsis alba*、*Bidens pilosa* f. *radiata*。

【俗名】大花咸丰草、金杯银盏。

【入侵生境】常生长于农田、果园、荒地、林地、道路、公路、住宅旁等生境。

【管控名单】无。

一、起源与分布

起源：美洲热带地区。

国外分布：全球热带和亚热带地区。

国内分布：江苏、安徽、福建、湖北、广东、广西、海南、重庆、四川、贵州等地。

二、形态特征

植株：一年生草本植物，植株高30~100 cm。

茎：茎直立，钝四棱形，无毛或上部被极稀的柔毛，基部直径可达6 mm。

叶：茎下部叶较小，3裂或不分裂，通常在开花前枯萎；中部叶具长1.5~5 cm无翅的柄，三出复叶，小叶常为3枚，很少为具5（7）枚小叶的羽状复叶，两侧小叶椭圆形或卵状椭圆形，长2~4.5 cm，宽1.5~2.5 cm，先端锐尖，基部近圆形或阔楔形，有时偏斜，不对称，边缘具锯齿，顶生小叶较大，长椭圆形或卵状长圆形，长3.5~7 cm，先端渐尖，基部渐狭或近圆形，具长1~2 cm的柄，边缘具锯齿，无毛或被极稀疏的短柔毛；上部叶小，3裂或不分裂，条状披针形。

花：头状花序直径8~9 mm，花序梗长1~6 cm（果时长3~10 cm）；总苞基部被短柔毛，苞片7~8枚，条状匙形，上部稍宽，开花时长3~4 mm，果时长至5 mm，草质，边缘疏被短柔毛或几无毛；外层托片披针形，内层条状披针形；舌状花5~7枚，舌片椭圆状倒卵形，白色，长5~8 mm，宽3.5~5 mm，先端钝或有缺刻；盘花筒状，长约4.5 mm，冠檐5齿裂。

子实：瘦果黑色，条形，略扁，具棱，长7~13 mm，宽约1 mm；顶端芒刺2枚，长1.5~2.5 mm，具倒刺毛。

田间识别要点：白花鬼针草总苞片阔匙形，边缘舌状花白色，不育，长为宽的2倍或更长，瘦果具2芒刺，小叶不分裂。近似种芳香鬼针草（*Bidens odorata*）总苞片线性或线状匙形，边缘舌状花白色，但长不到宽的2倍，瘦果具0~2芒刺，小叶不分裂或强烈分裂。

▲ 白花鬼针草植株（张国良　摄）　▲ 白花鬼针草茎（张国良　摄）　▲ 白花鬼针草叶（张国良　摄）

▲ 白花鬼针草花（张国良　摄）

▲ 白花鬼针草子实（张国良　摄）

▲ 近似种芳香鬼针草（张国良　摄）

三、生物习性与生态特性

白花鬼针草以种子繁殖为主。单株种子量 3 000～6 000 粒，种子能保持 3～5 年的发芽能力；在热带地区，种子没有休眠期，成熟之后落地即可萌发。白花鬼针草也有无性繁殖能力，从成熟茎秆上切下的枝条很容易生根形成新的植株。种子在 15～40 ℃均能萌发；种子萌发对光线要求不高，在阴暗的条件下种子也可以萌发生长；相对湿度 30 %～100 % 均能够萌发，发芽率 51.66 %～95.21 %，湿度为 70 % 时发芽指标最高；种子在 pH 值 4～10 均萌发，发芽率 78.36 %～94.35 %，pH 值为 7 时，发芽指标最高；具较高的耐盐胁迫性，盐度在 0～320 mmol/L 均能够萌发，发芽率 5.78 %～95.07 %。在自然条件下，春季出苗，盛花期一般为 6—11 月，在广东珠三角地区一年四季均可开花结果。

四、传播扩散与危害特点

（一）传播扩散

白花鬼针草一名见于《中国植物志》（1979 年）。舌状花较小的类型于 1934 年被报道，是无意传入的杂草；舌状花较大的类型于 20 世纪 70 年代作为蜜源植物引入中国台湾。瘦果顶端具芒刺，可借助风力和水流传播；易附着在动物毛皮和人类衣服上携带传播。可能扩散的区域为 30° N 以南，包括广东、广西、海南、台湾、福建、西藏、四川、云南、贵州、湖南、江西、浙江等。

（二）危害特点

白花鬼针草有惊人的繁殖能力和传播速度，易入侵农田，危害番薯（*Ipomoea batatas*）、花生（*Arachis hypogaea*）、大豆（*Glycine max*）等作物，以及郁闭度不高的果园、林地和草地等，造成土壤肥力下降，作物减产，对当地的农业、林业、畜牧业以及生态环境造成巨大影响。同时具有强烈的化感作用，对低矮的草本植物有排斥作用，影响生物多样性，严重威胁本土植物的生存。

▲ 白花鬼针草危害（张国良　摄）

五、防控措施

农艺措施：在播种前，对农田进行深度不小于 20 cm 的深耕，将土壤表层种子翻至深层，可降低杂草种子出苗率；结合作物栽培管理，在白花鬼针草种子出苗期间，中耕除草，可降低白花鬼针草种群数量；清理农田附近田埂、边坡的白花鬼针草植株，保持田园环境清洁。

物理防治：对于农田、果园生境内点状、零星发生的白花鬼针草，在苗期和花期，可人工拔除；对于大面积发生，且不适宜化学防治的区域，可机械割除。拔除或割除的植株应进行深埋、堆肥、暴晒、烧毁等无害化处理。

化学防治：

玉米田：在玉米 3～5 叶期、白花鬼针草苗期，可选择麦草畏、辛酰溴苯腈、氯吡嘧磺隆等除草剂，茎叶喷雾。

大豆田：在大豆 3～4 叶期、白花鬼针草苗期，可选择乙羧氟草醚、灭草松等除草剂，茎叶喷雾。

果园、荒地、路旁：在白花鬼针草苗期或开花前，可选择三氯吡氧乙酸、草甘膦、草铵膦、敌草快，茎叶喷雾。

83 剑叶金鸡菊

剑叶金鸡菊 *Coreopsis lanceolata* L. 隶属菊科 Asteraceae 金鸡菊属 *Coreopsis*。

【英文名】Lanceleaf coreopsis、Lance-leaved coreopsis、Longstalk coreopsis、Sand coreopsis、Tickseed、Garden coreopsis。

【异名】*Chrysomelea lanceolata*、*Coreopsis crassifolia*、*Coreopsis heterogyna*、*Coreopsis lanceolata* subsp. *glabella*。

【俗名】线叶金鸡菊、大金鸡菊。

【入侵生境】常生长于荒地、果园、绿化带、生活区、路旁等生境。

【管控名单】无。

一、起源与分布

起源：北美洲。

国外分布：日本、韩国、澳大利亚、新西兰、南非、美国、加拿大、阿根廷等。

国内分布：江苏、安徽、浙江、福建、河南、湖南、江西、重庆、贵州等地。

二、形态特征

植株：多年生草本植物，植株高 30～70 cm。

根：纺锤状。

茎：茎直立，无毛或基部被软毛，上部有分枝。

叶：叶较少数，在茎基部成对簇生，具长柄，叶片匙形或线状倒披针形，基部楔形，顶端钝或圆形，长 3.5～7 cm，宽 1.3～1.7 cm；茎上部叶少数，全缘或 3 深裂，裂片长圆形或线状披针形，顶裂片较大，长 6～8 cm，宽 1.5～2 cm，基部窄，顶端钝，叶柄通常长 6～7 cm，基部膨大，具缘毛；上部叶无柄，线形或线状披针形。

花：头状花序在茎顶端单生，直径 4～5 cm；总苞片内层、外层近等长，披针形，长 6～10 mm，顶端尖；舌状花黄色，舌片倒卵形或楔形；管状花狭钟形。

子实：瘦果圆形或椭圆形，长 2.5～3 mm，边缘具宽翅，顶端具 2 短鳞片。

▲ 剑叶金鸡菊植株（①付卫东　摄，②张国良　摄）

▲ 剑叶金鸡菊茎（付卫东　摄）

▲ 剑叶金鸡菊叶（张国良　摄）

▲ 剑叶金鸡菊花（①张国良　摄，②付卫东　摄）

田间识别要点：剑叶金鸡菊基部叶成对簇生，匙形或线状倒披针形，茎上部叶全缘或 3 深裂。近似种大花金鸡菊（*Coreopsis grandiflora*）基部叶对生，披针形或匙形，下部叶羽状全裂。近似种两色金鸡菊（*Coreopsis tinctoria*）瘦果边缘无膜质宽翅，顶端无短鳞片。

▲ 剑叶金鸡菊子实（张国良　摄）

▲ 近似种大花金鸡菊（张国良　摄）

▲ 近似种两色金鸡菊（付卫东　摄）

三、生物习性与生态特性

剑叶金鸡菊以种子繁殖和克隆繁殖。喜光照充足、排水良好的砂质土壤，耐寒，耐旱，适应性强。花果期 5—11 月，为异株异花授粉的异交型，单个花序的花期为 5～6 天，果实成熟期 16～18 天，单株结实率可达 12 000 粒。种子无休眠期，土壤表层的种子萌发率最高，土层 2 cm 以下的种子萌发受到显著抑制，在适宜条件下种子的萌发率为 50 %～70 %，萌发期 2～3 天。剑叶金鸡菊克隆繁殖能力非常强，在 3—8 月以密集型克隆生长为主，在 8—12 月之后，一些不再具备开花结实能力的枝条开始倒伏，开始游击型克隆生长，排斥其他物种，形成单一优势种群。

四、传播扩散与危害特点

（一）传播扩散

《广州常见经济植物》（1952 年）称剑叶波斯菊，《中国植物志》（1979 年）改称剑叶金鸡菊。1911 年从日本引入中国台湾，作为园艺植物栽培，后逸生；1936 年作为园林植物引入江西庐山栽培。自然生境中，剑叶金鸡菊种子大多落在土壤表层，整个生长季很容易见到其自播实生苗，自然条件下主要通过重力作用落在母株附近，传播范围有限，人工引种栽培成为其主要扩散途径。国内除东北和西北地区外，都是剑叶金鸡菊可能入侵的区域。

▲ 剑叶金鸡菊危害（张国良　摄）

（二）危害特点

剑叶金鸡菊具有极强繁殖能力和适应能力，通过密集型和游击型克隆繁殖方式不断萌生新的分株，与当地物种竞争空间与养分，种群向四周蔓延，逐步排挤其他植物生长，最终形成高度密集的大面积单一优势种群，破坏入侵地原有的生态平衡，影响生物多样性。

五、防控措施

引种管理：加强引种管理，严禁引种该植物于开阔地、公路、铁路；严禁随意引入当地作为观赏花卉。

农艺措施：作物种植前，对农田进行深度不小于 20 cm 的深耕，将土壤表层杂草种子翻至深层，降低剑叶金鸡出苗率；结合作物栽培管理，在剑叶金鸡菊出苗期，中耕除草，可控制其种群密度；对田园周边的杂草植株进行清除，防止传入农田。

物理防治：对零散分布的剑叶金鸡菊种群，在开花前人工挖除或机械铲除，彻底挖除地下根茎和清除地上茎节，防止遗漏根茎进行克隆繁殖。

化学防治：

荒地、路旁等：在剑叶金鸡菊苗期或营养生长旺盛期，可选择草甘膦、草铵膦等除草剂，茎叶喷雾。

84 金腰箭

金腰箭 *Synedrella nodiflora*（L.）Gaertn. 隶属菊科 Asteraceae 金腰箭属 *Synedrella*。

【英文名】Synedrella、Cinderella weed。

【异名】*Verbesina nodiflora*。

【俗名】黑点旧。

【入侵生境】常生长于农田、牧场、苗圃、荒地、草坪、路旁、住宅旁等生境

【管控名单】无。

一、起源与分布

起源：美洲热带地区。

国外分布：非洲、亚洲、南美洲、北美洲、大洋洲。

国内分布：福建、广东、广西、海南、重庆、云南、香港、澳门、台湾等地。

二、形态特征

植株：一年生草本植物，植株高 30～100 cm。

茎：茎直立，基部直径约 5 mm，二歧分枝，被贴生粗毛或后脱落，节间长 6～22 cm，通常长 10 cm。

叶：下部叶和上部叶具柄，阔卵形至卵状披针形，连叶柄长 7～12 cm，宽 3.5～6.5 cm，基部下延成 2～5 mm 的翅状宽柄，顶端短渐尖或有时钝，两面被贴生、基部为疣状的糙毛，在下面的毛较密，近基部三出主脉，在上面明显，在下面稍凸起，有时两侧的 1 对基部外向分枝而似 5 主脉，中脉中上部常有 1～4 对细弱的侧脉，网脉明显或仅下面 1 对明显。

花：头状花序直径 4～5 mm，长约 10 mm，无或有短花序梗，常 2～6 个簇生于叶腋，或在顶端呈扁球状，稀单生；小花黄色；总苞卵形或长圆形；总苞片数个，外层总苞片绿色，叶状，卵状长圆形或披针形，长 10～20 mm，背面被贴生的糙毛，顶端钝或稍尖，基部有时渐狭，内层总苞片干膜质，鳞片状，

长圆形至线形，长 4~8 mm，背面疏被糙毛或无毛；托片线形，长 6~8 mm，宽 0.5~1 mm；舌状花连管部长约 10 mm，舌片椭圆形，顶端 2 浅裂；管状花向上渐扩大，长约 10 mm，檐部 4 浅裂，裂片卵状或三角状渐尖。

子实：雌花瘦果倒卵状长圆形，扁平，深黑色，长约 5 mm，宽约 2.5 mm，边缘具增厚、污白色宽翅，翅缘各具 6~8 个长硬尖刺；冠毛 2，挺直，刚刺状，长约 2 mm，向基部粗厚，顶端锐尖；两性花瘦果倒锥形或倒卵状圆柱形，长 4~5 mm，宽约 1 mm，黑色，具纵棱，腹面压扁，两面具疣状突起，腹面突起粗密；冠毛 2~5，叉开，刚刺状，等长或不等长，基部略粗肿，顶端锐尖。

田间识别要点：叶对生，边缘具不整齐的齿，头状花序小，2~6 个簇生于叶腋，稀单生，外层总苞片叶状，绿色，花黄色，冠毛刺状。近似种为金腰箭舅（*Calyptocarpus vialis*）、离药金腰箭（*Eleutheranthera ruderalis*）。

▲ 金腰箭植株（张国良　摄）

▲ 金腰箭茎（张国良　摄）

▲ 金腰箭叶（张国良　摄）

▲ 金腰箭花（张国良　摄）

▲ 金腰箭子实（张国良　摄）

▲ 近似种金腰箭舅（张国良　摄）

▲ 近似种离药金腰箭（张国良　摄）

三、生物习性与生态特性

金腰箭以种子繁殖。花期4—10月，果期6—12月。在20～30 ℃、土壤湿润条件下，种子发芽、植株生长和繁殖非常快，生长期130～150天，1年繁殖多代。单株种子量6 000多粒，雌花瘦果成熟后先散落地面，无休眠特性，两性瘦果需休眠数月。雌花瘦果和两性花瘦果在光照和黑暗条件下均能萌发；种子可在15 cm深土壤中存活1年。

四、传播扩散与危害特点

（一）传播扩散

金腰箭一名见于《种子植物名称》（1954年），1912年在中国香港开始成为常见杂草。种子分散在土壤、水和植物碎片里，借助风力近距离扩散；瘦果可附着于人类衣服或动物皮毛传播；也可混入蔬菜和植物种子中扩散。可能进一步扩散至我国热带和亚热带地区。

（二）危害特点

入侵各种蔬菜田、种植园、果园和经济园林，危害水稻（*Oryza sativa*）、玉米（*Zea mays*）、花生（*Arachis hypogaea*）、甘蔗（*Saccharum officinarum*）等28种作物及林果，造成作物和果品减产。有报道，仅玉米田入侵杂草土壤种子库量可达5 700粒/m^2。除与作物竞争水分、光照和养分外，过密的杂草种群密度，也会增加作物周围湿度，促进真菌病害发生。该杂草也是根结线虫的重要替代宿主。

▲ 金腰箭危害（张国良　摄）

五、防控措施

农艺措施：播种前采取土壤深翻措施可有效抑制杂草发生，结合农事操作、中耕除草措施，及时清除杂草幼苗。

物理防治：在金腰箭开花前人工或机械铲除。对于农田、果园等生境，在金腰箭出苗前，采用秸秆或薄膜覆盖，可降低种子出苗率。

化学防治：

果园、苗圃等：在金腰箭苗期，可选择氯氟吡氧乙酸等除草剂，茎叶喷雾。

荒地、路旁等：在金腰箭苗期，可选择草甘膦、草胺膦等除草剂，茎叶喷雾。

85 肿柄菊

肿柄菊 *Tithonia diversifolia*（Hemsl.）A. Gray 隶属菊科 Asteraceae 肿柄菊属 *Tithonia*。

【英文名】Mexican sunflower、Giant Mexican sunflower、Shrub sunflower、Tree marigold。

【异名】*Mirasolia diversifolia*、*Helianthus quinquelobus*。

【俗名】假向日葵、树葵、王爷葵。

【入侵生境】常生长于荒地、路旁、草地、河岸、林缘、生活区等生境。

【管控名单】无。

一、起源与分布

起源：墨西哥和危地马拉。

国外分布：亚洲、非洲、北美洲、大洋洲热带和亚热带地区。

国内分布：福建、广东、广西、海南、云南、台湾等地。

二、形态特征

植株：一年生草本植物，植株高 2 ~ 5 m。

茎：茎直立，有粗壮的分枝，基部常木质化，被稠密的短柔毛或通常下部无毛。

叶：卵形、卵状三角形或近圆形，长 7 ~ 20 cm，3 ~ 5 深裂，具长叶柄，上部叶有时不分裂，裂片卵形或披针形，边缘具细锯齿，背面被尖状短柔毛，沿脉的毛较密，基出三脉。

花：头状花序大，宽 5 ~ 15 cm，顶生于假轴分枝的总花梗上；总苞片 4 层，外层椭圆形或椭圆状披针形，基部革质，内层总苞片长披针形，上部叶质或膜质，顶端钝；舌状花 1 层，黄色，舌片长卵形，先端具不明显 3 齿；管状花黄色。

子实：瘦果长椭圆形，长约 4 mm，扁平，被短柔毛。

▲ 肿柄菊植株（张国良　摄）

▲ 肿柄菊茎（王忠辉　摄）

▲ 肿柄菊叶（王忠辉　摄）

▲ 肿柄菊花（①张国良　摄，②付卫东　摄）

▲ 肿柄菊子实（张国良　摄）

田间识别要点：高大草本，茎被稠密短柔毛，叶互生，3～5 深裂，头状花序大，顶生于假轴分枝的长花序梗上，舌状花黄色，舌片顶端具不明显 3 齿。

三、生物习性与生态特性

肿柄菊在云南全年生长，5—10 月的雨季为生长旺盛期，10 月开始现蕾，花期 11 月至翌年 1 月，果熟期 12 月下旬至翌年 2 月。肿柄菊分布在海拔 500～1 600 m，最高可达 2 000 m。肿柄菊具有性繁殖及克隆繁殖的特点，克隆繁殖是依靠植株基部节处萌生的小芽体形成克隆分株，克隆分株迅速生长后呈密集状丛生，在倒伏或贴地面生长的茎秆上萌生无数的不定根和不定芽，进一步实现植株的克隆增殖；有性繁殖是通过种子完成。肿柄菊可产生瘦果 8 万～16 万枚 /m^2，70 % 以上的瘦果都含有饱满的种子，种胚发育好；种子萌发率 29.5 %～55.5 %。

四、传播扩散与危害特点

（一）传播扩散

《中国种子植物科属辞典》（1958 年）称假向日葵，肿柄菊一名见于《上海植物名录》（1959 年）。1921 年首次在中国香港采集到肿柄菊标本。于 1910 年从新加坡引入中国台湾，20 世纪 80 年代初逸生为杂草。肿柄菊种子质量很轻，千粒重 4.6～6.5 g，瘦果细小，具冠毛，易于借助风力、流水传播，或附着于交通工具、人类衣服、动物皮毛通过人类和动物活动、交通运输扩散。国内可能扩散的区域为南亚热带地区。

（二）危害特点

肿柄菊在田边或部分农田内杂草化生长，其高大的植株和较强的繁殖能力，影响作物生长，同时给鼠类、害虫提供了隐蔽场所，给农业生产带来一定危害。肿柄菊繁殖能力强，产生的种子量大，同时有较强的克隆繁殖能力，植株密度快速增加，具化感作用，抑制其他植物生长，易形成密集型的单一优势种群，降低物种丰富度，对入侵地的生物多样性造成威胁。

▲ 肿柄菊危害（王忠辉　摄）

五、防控措施

控制引种：加强对肿柄菊的引种管理，严禁在道路、山坡绿化引种栽培。

农艺措施：对于农田，播种前对农田进行大于 20 cm 的深耕，将土壤表层种子翻至深层，可降低种子出苗率；结合栽培管理，在肿柄菊出苗期，中耕除草，可控制种群密度；清理农田附近田埂、边坡的肿柄菊植株，保持田园生境清洁。

物理防治：对于农田、果园、荒地等生境中零散发生的肿柄菊，可人工连根拔除；在肿柄菊大面积发生区，可机械割除。拔除或割除的植株应进行暴晒、烧毁等无害化处理。

化学防治：

果园、荒地、公路：在肿柄菊苗期、营养生长期，可选择草甘膦、草胺膦、甲嘧磺隆等除草剂，茎叶喷雾。

86 南美蟛蜞菊

南美蟛蜞菊 *Sphagneticola trilobata*（L.）Pruski 隶属菊科 Asteraceae 蟛蜞菊属 *Sphagneticola*。

【英文名】Wedelia、Creeping daisy、Rabbit's paw、Creeping oxeye。

【异名】*Wedelia trilobata*、*Silphium trilobatum*、*Thelechitonia trilobata*。

【俗名】穿地龙、地锦花、美洲蟛蜞菊、三裂叶蟛蜞菊、三裂蟛蜞菊。

【入侵生境】常生长于农田、果园、茶园、苗圃、荒地、路旁等生境。

【管控名单】无。

一、起源与分布

起源：美洲热带地区。

国外分布：全球热带地区。

国内分布：福建、广东、广西、海南、云南、香港、台湾等地。

二、形态特征

植株：多年生草本植物，匍匐，长可达 180 cm。

茎：茎粗壮，上部茎近直立，节间长 5～14 cm，无毛或微被短柔毛。

叶：叶对生，稍肉质，叶柄长不超过 5 mm；叶片椭圆形至披针形，长 4～9 cm，宽 2～5 cm，通常 3 裂，裂片三角形，具疏齿，先端急尖，基部楔形，无毛或疏被短柔毛，有时粗糙。

花：头状花序腋生，具细长的花梗，辐射状；总苞绿色，总苞片披针形，长 10～15 mm，具缘毛和不明显脉，最内侧较窄；舌状花 4～8 朵，艳黄色，长 15～20 mm，先端具 3～4 细齿；管状小花多数，黄色，长约 2 cm，花冠长 5～6 mm。

子实：瘦果黑色，有时具杂色，棍棒状，具角，长约 5 mm；冠毛不等长，呈冠状。

▲ 南美蟛蜞菊植株（①张国良　摄，②王忠辉　摄）

▲ 南美蟛蜞菊茎（王忠辉　摄）

田间识别要点：南美蟛蜞菊茎平卧，节上生根，叶对生，通常3裂或具粗锯齿，头状花序腋生，具长梗，花黄色或橘黄色。与近似种蟛蜞菊（*Sphagneticola calendulacea*）区别为叶形不同。

▲ 南美蟛蜞菊叶（①王忠辉 摄，②张国良 摄）

▲ 南美蟛蜞菊花（王忠辉 摄）

▲ 南美蟛蜞菊子实（张国良 摄）

▲ 近似种蟛蜞菊（张国良 摄）

三、生物习性与生态特性

南美蟛蜞菊适应性强，能在不同土质生长，耐旱且耐湿，能耐4 ℃低温，在平地和缓坡上匍匐生长，在陡坡上可悬垂生长；断枝扦插或被土覆盖后，约10天即生根长成新的植株；花期几乎全年。

四、传播扩散与危害特点

（一）传播扩散

南美蟛蜞菊20世纪70年代作为绿化植物引入广东，由于管理不善逸生为园圃杂草。1984年首次在中国台湾采集到该物种标本。此后，在广东、海南、云南、广西等地有标本采集记录。南美蟛蜞菊以无性繁殖为主，扦插、压条时只要有1个带节的茎段，在合适的条件下就可发育成完整植株，长到一定长度后，其茎节上长出不定根，又可以萌发出新的幼枝。茎节可通过苗木、花卉贸易或引种无意携带，经过交通运输远距离传播。南美蟛蜞菊最佳适生区主要集中在海南、香港、澳门、广东、广西、福建、台湾、江西等地。此外，在云南、湖南、浙江、贵州和四川也有局部地区预测为最佳适生区。

（二）危害特点

南美蟛蜞菊为南方旱地杂草，危害农田、果园、绿地、茶园、苗圃等生境，排挤作物、果树、茶树的生长，影响作物、水果、茶叶的产量和品质。南美蟛蜞菊通过挥发物的化感作用不仅可以干扰、抑制甚至毒害本地物种的生长发育，形成单一优势种群，还可通过其具有的抗菌和杀虫活性抵抗本地病原菌的危害，降低入侵地物种丰富度，影响生物多样性。被列为世界最具危害的100种外来入侵物种之一。

▲ 南美蟛蜞菊危害（①张国良 摄，②王忠辉 摄）

五、防控措施

控制引种：加强引种管理，控制引种规模，禁止向高风险区域引种。

物理防治：对于点状、零散发生的南美蟛蜞菊，可人工铲除；对于大面积发生的南美蟛蜞菊，可机械铲除。铲除的植株应进行暴晒、深埋、烧毁等无害化处理。

化学防治：

果园、荒地、路旁：在南美蟛蜞菊营养生长期，可选择草甘膦、氯氟吡氧乙酸等除草剂，茎叶喷雾。

87 水蕴草

水蕴草 *Elodea densa*（Planchon）Caspary 隶属水鳖科 Hydrocharitaceae 水蕴藻属 *Elodea*。

【英文名】Brazilian waterweed、Large-flowered waterweed。

【异名】*Egeria densa*、*Philotria densa*、*Anacharis densa*。

【俗名】埃格草、蜈蚣草。

【入侵生境】常生长于河流、池塘、湖泊、水田等生境。

【管控名单】无。

一、起源与分布

起源：阿根廷、巴拉圭、巴西、乌拉圭等。

国外分布：欧洲、大洋洲、南美洲、北美洲、亚洲温带和亚热带地区。

国内分布：浙江、湖北、广东、香港、台湾等地。

二、形态特征

植株：多年生沉水植物，植株柔软，高40～180 cm。

茎：茎直立或横生，圆柱状，亮绿色，较粗壮，直径1～3 mm，节间短，易断裂。

叶：线状披针形，近基部叶片对生或3枚轮生，中上部叶片4~8枚轮生，边缘具细锯齿，质薄，具1条主脉。

花：花单性，雌雄异株；雄花序具小花2~4朵，雄花花萼长椭圆形，花瓣宽椭圆形，表面有很多褶皱，雄蕊9，花丝和花药黄色；雌花序佛焰苞内仅具雌花1朵，雌花花瓣比雄花小，具3枚心皮，假雄蕊略呈梅花状。

子实：蒴果卵圆形，长约6 mm；种子纺锤形，在水下成熟，长4~5 mm。

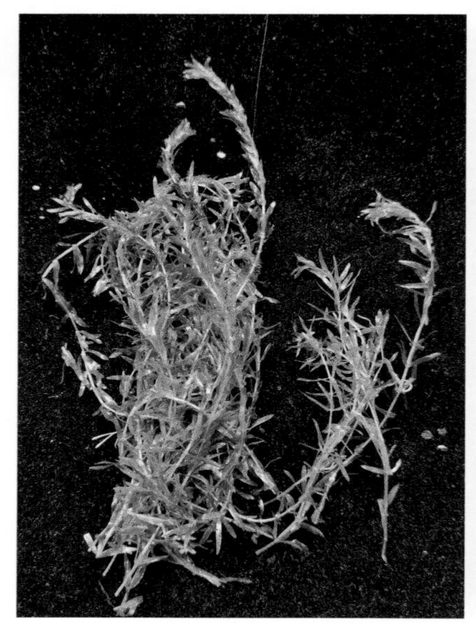
▲ 水蕴草植株（张国良　摄）

▲ 水蕴草根（张国良　摄）

▲ 水蕴草茎（张国良　摄）

▲ 水蕴草叶（张国良　摄）

田间识别要点：水蕴草无根状茎，叶边缘细齿不明显，雄蕊9。近似种黑藻（*Hydrilla verticillata*）具根状茎，叶背中脉常具细小的刺突，边缘有明显的锯齿，雄蕊3。近似种伊乐藻（*Elodea canadensis*）叶常3枚轮生，或2枚对生，茎较细。

▲ 近似种黑藻（张国良　摄）

三、生物习性与生态特性

水蕴草以扦插法繁殖为主，每年4—8月进行，花期6—10月。生命力强，生长速度快，可轻易长到100 cm长，能耐受多种水质及较低的水温。可在pH值6.5~7.5流动性水体生长。喜光照充足，光照度1 200 lx能保证植株较好地生长。在15~27 ℃生长良好，最适生长水温21~26 ℃，越冬温度不宜低于10 ℃。

四、传播扩散与危害特点

（一）传播扩散

水蕴草于1930年被引入中国台湾，1960年首次在台北采集到该物种标本，《台湾植物名录》（1982年）首次记录该物种，2017年被报道归化于浙江宁波。水蕴草一直以来作为水族箱观赏植物而被广泛栽培，后遭丢弃，逃逸到池塘、运河和沟渠水体中，茎段可在水体中顺流水传播。适生于长江中下游水域和亚热带的河流、池塘、湖泊等。

（二）危害特点

水蕴草容易培育，多用于室内水体绿化，是水族箱的常用材料。在自然水域中，水蕴草在适宜的水域中能快速繁殖生长，种群优势突出，对本地水生植物有较强的竞争优势，通过形成密集的单一优势种群而排挤本地物种，对当地的生物多样性、生态系统、环境和经济均可造成严重危害。

五、防控措施

引种管理：严格限制引种，并加强对引种的监测，防止逃逸。

农艺措施：条件允许情况下，可采用排干生境中的水，使水蕴草缺水干死。

物理防治：对野外发生的水蕴草，根据发生危害面积大小，可人工或机械打捞。

化学防治：在水蕴草生长期，可选择敌草快等除草剂，均匀喷雾。

生物防治：放养土著食草鱼类，如草鱼、鲤鱼，可控制水蕴草的种群。

88 凤眼莲

凤眼莲 *Eichhornia crassipes*（Mart.）Solms 隶属雨久花科 Pontederiaceae 凤眼莲属 *Eichhornia*。

【英文名】Water hyacinth、Floating water hyacinth、Pickerelweed。

【异名】*Pontederia crassipes*、*Heteranthera formosa*、*Eichhornia speciosa*。

【俗名】凤眼蓝、水葫芦、水浮莲。

【入侵生境】常生长于湖泊、溪流、池塘、水渠、水库、河道等生境。

【管控名单】属“重点管理外来入侵物种名录”。

一、起源与分布

起源：巴西亚马逊河流域。

国外分布：肯尼亚、卢旺达、南非、津巴布韦、安哥拉、尼日利亚、利比亚、埃及、印度、越南、泰国、澳大利亚、美国、墨西哥、古巴等。

国内分布：上海、江苏、安徽、浙江、福建、河南、湖北、湖南、江西、广东、广西、重庆、四川、贵州、云南、台湾等地。

二、形态特征

植株：一年生或多年生浮水草本植物，植株高可达 60 cm。

根：须根发达，棕黑色。

茎：极短，侧生匍匐枝，匍匐枝与母枝分离后长成新植株。

叶：在基部丛生呈莲座状；叶片圆形、宽卵形或宽菱形，具弧形脉，表面深绿色，光亮，质地厚实；叶柄中部膨大呈囊状或纺锤形，基部具鞘状苞片。

▲ 凤眼莲植株（张国良 摄）

花：穗状花序，花被裂片紫蓝色，花冠略两侧对称，上方 1 枚裂片四周淡紫红色，中间蓝色，在蓝色的中央有 1 黄色圆斑，形如“凤眼”；雄蕊贴生于花被筒上，3 长 3 短，子房上位，长梨形，中轴胎座，胚珠多数。

子实：蒴果卵形。

田间识别要点：匍匐茎繁殖，叶柄通常膨大，花被裂片紫蓝色，在蓝色的中央有 1 黄色圆斑。近似种雨久花（*Monochoria korsakowii*）茎生叶叶柄较短，抱茎，花被片椭圆形蓝色，花被片不具异色斑点。

▲ 凤眼莲根（付卫东　摄）

▲ 凤眼莲茎（张国良　摄）

▲ 凤眼莲叶（①张国良　摄，②付卫东　摄）

▲ 凤眼莲花（张国良　摄）

▲ 凤眼莲子实（张国良　摄）

▲ 近似种雨久花（张国良　摄）

三、生物习性与生态特性

凤眼莲萌芽期 3—5 月，开花期 7—10 月，果期 8—11 月；7 月下旬为暴发起始时期，8—12 月为暴发高峰期，12 月下旬开始枯萎，腋芽能存活越冬。凤眼莲适宜在 pH 值 7、磷含量 20 mg/kg、水体氮含量足够高、温度 28～30 ℃和高光照度条件下生长繁殖。凤眼莲在我国长江流域以南地区均可生长，1 月平均温度低于 10 ℃，或水温超过 33 ℃的条件下，凤眼莲生长受到抑制。冬季霜冻可使凤眼莲叶死亡，但植株根部仍保持绿色并不死亡，翌年气温变暖，凤眼莲再次开始萌发新叶。在我国，除海南外，凤眼莲只开花不结实。

四、传播扩散与危害特点

（一）传播扩散

1901 年作为花卉从日本引入中国台湾，可能在同一时期，中国香港也有引种。20 世纪 10 年代，在中国台湾、广东、广西均有凤眼莲野生种群发现。1908 年首次在广西梧州采集到该物种标本。20 世纪 50—70 年代作为猪饲料推广，逸生扩散。凤眼莲以无性繁殖为主，在适宜条件下 5 天就可以通过匍匐枝产生新植株，1 年可产生 1.4 亿分株，可铺满 140 hm^2 的水面。凤眼莲的叶柄中部膨大呈囊状或纺锤形气囊，内有多数腔室，极易漂浮于水面，可随水流传播扩散。随着凤眼莲向北蔓延，可能扩散至黄河流域。

（二）危害特点

凤眼莲堵塞水渠、影响农田水利，从而影响农田灌溉，使水稻（*Oryza sativa*）减产或无法种植；入侵鱼塘、水库等淡水养殖水域，覆盖水面，导致水中溶解氧含量低，造成鱼、虾窒息死亡，影响水产养殖。凤眼莲入侵性强，繁殖力迅速，与本地水生植物竞争光、营养和生长空间，导致本地水生植物腐烂死亡，污染水体，加剧水体富营养化程度。凤眼莲抑制浮游生物的生长，为吸血虫、脑炎流感等病菌提供了滋生地，还滋生蚊蝇，严重危害动植物生长和人类健康。

▲ 凤眼莲危害（①张国良　摄，②王忠辉　摄）

五、防控措施

物理防治：凤眼莲生物量和发生面积小时，可人工打捞、机械打捞；在水域出水口或入水口，设置阻截带或拦截网，可以阻止水葫芦随水流向下游区域扩散。

化学防治：

水稻田：在凤眼莲生长早期，可选择草甘膦异丙胺盐、五膦磺草胺等除草剂，茎叶喷雾。

沟渠、池塘：在凤眼莲生长早期，可选择咪唑乙烟酸、草甘膦等除草剂，茎叶喷雾。

生物防治：释放水葫芦象甲（*Neochetina bruchi*）、水葫芦螟蛾（*Sameodes albiguttalis*）、水葫芦叶螨（*Orthogalumma terebrantis*）、水葫芦盲蝽（*Eccritotarsus carinensis*）等天敌昆虫可有效控制凤眼莲。

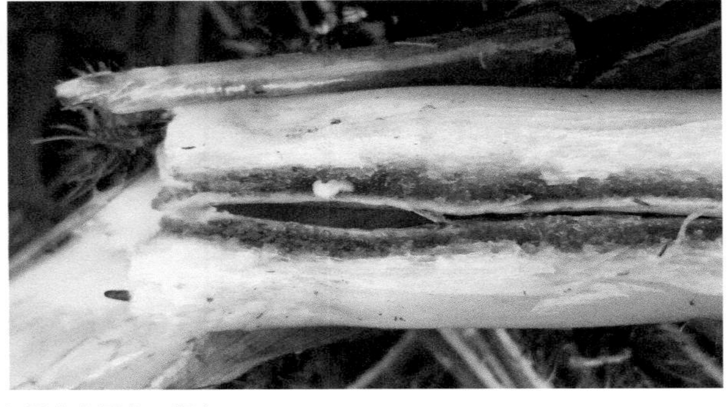

▲ 水葫芦象甲（张国良　摄）

89 节节麦

节节麦 *Aegilops tauschii* Coss. 隶属禾本科 Poaceae 山羊草属 *Aegilops*。

【英文名】Tausch's goatgrass。

【异名】*Triticum tauschii*、*Patropyrum tauschii*、*Aegilops tauschii* subsp. *strangulata*、*Aegilops strangulata*、*Aegilops squarrosa*、*Triticum aegilops*。

【俗名】山羊草、粗山羊草。

【入侵生境】常生长于农田、荒地、公路、道路、沟渠等生境。

【管控名单】属"中华人民共和国进境植物检疫性有害生物名录"。

一、起源与分布

起源：西亚。

国外分布：伊朗、土耳其、叙利亚、格鲁吉亚、阿塞拜疆、亚美尼亚、阿富汗、哈萨克斯坦、吉尔吉斯斯坦、乌克兰、俄罗斯、法国、德国、希腊、印度、巴基斯坦、美国、墨西哥等。

国内分布：北京、天津、河北、内蒙古、江苏、安徽、山东、河南、湖北、广东、四川、山西、陕西、甘肃、新疆等地。

二、形态特征

植株：一年生或越年生草本植物，植株高 20～40 cm。

茎：丛生，基部弯曲。

叶：叶鞘紧密包茎，平滑无毛而边缘具纤毛；叶舌薄膜质，长 0.5～1 mm；叶片微粗糙，宽约 3 mm，腹面疏被柔毛。

花：穗状花序圆柱形，含小穗（5）7～10（13）个，成熟时逐节脱落；小穗圆柱形，长约 9 mm，含小花 3～4（5）朵；小穗具 2 颖，颖革质，长 4～6 mm，通常具 7～9 条脉，有时可达 10 条脉及以上，顶端截平或具微齿；外稃披针形，顶端具长约 1 mm 的芒，穗顶部者长达 4 cm，具 5 条脉，脉仅于顶端显著，第 1 外稃长约 7 mm；内稃与外稃等长，脊上具纤毛。

子实：颖果暗红黄褐色，表面乌暗无光泽，先端被密毛，椭圆形至长椭圆形，长 4.5～6 mm，宽 2.5～3 mm，近两侧缘各有 1 细纵沟，背面圆形隆起，腹面较平或凹入；颖果背腹压扁，中央有 1 细纵沟，与内外稃紧贴而黏着不易分离。

▲ 节节麦植株（①王忠辉 摄，②张国良 摄）

田间识别要点：节节麦穗状花序呈圆柱形，穗轴粗壮，含小穗 5～13 个，节节麦与近似种圆柱山羊草（*Aegilops cylindrica*）的主要区别在于节节麦颖顶端截平或具微齿 1～2 个，齿为钝圆突头，而圆柱山羊草颖顶端具 2 个，外侧者延伸呈长约 1 cm 的芒。2 种小穗的区别在于节节麦芒在小花外稃上，圆柱山羊草的芒在颖片上。

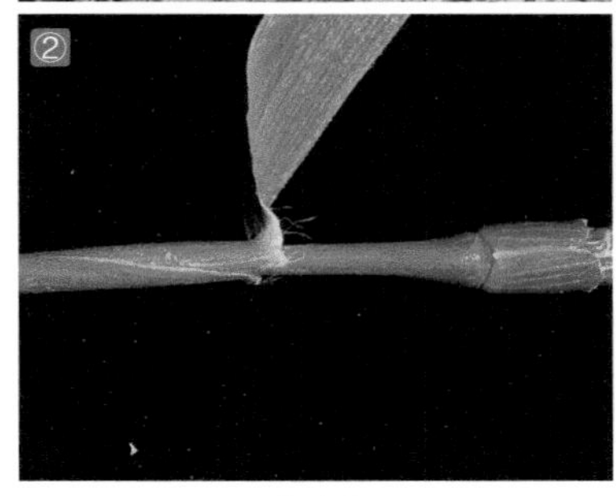

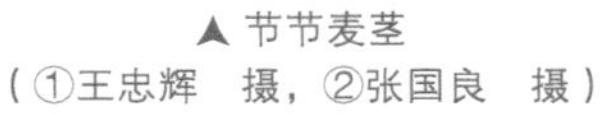

▲ 节节麦茎
（①王忠辉　摄，②张国良　摄）

▲ 节节麦花（张国良　摄）

▲ 节节麦子实（张国良　摄）

▲ 近似种圆柱山羊草（张国良　摄）

三、生物习性与生态特性

节节麦生长周期与小麦相似。冬小麦田节节麦有 2 个出苗高峰期：一是秋季出苗期，主要在小麦播种之后，于 9 月下旬至 11 月下旬；二是翌年 2 月下旬至 3 月。在河北、河南、山东等地，节节麦主要以幼苗越冬，11 月中旬左右进入冬前分蘖期，3 月底至 4 月初分蘖基本结束。花果期 5—6 月。

节节麦以种子繁殖，其分蘖能力强，一般每株有 10～20 个分蘖，随着水肥条件的改善，单株最高可达 50 个分蘖；主茎和分蘖一般都能抽穗结籽，每穗结实量一般为 27～39 粒。1 粒节节麦种子当年一般可产生 100～800 粒种子。在 5～35 ℃节节麦种子均可萌发，萌发的最适温度为 15～25 ℃；节节麦的最适播种深度为 1～3 cm，当播种深度小于 3 cm 时，出苗率高于 70 %；节节麦的萌发不受光照和 pH 值的影响，pH 值 3～10 萌发良好；种子具休眠特性，引起颖壳物理休眠的原因为机械阻碍。节节麦对环境适应性极强，部分种群具有耐盐、抗旱、抗冻等优良生物学特性，在沙漠、沙滩、峭壁、草原、荒地、路旁、湿热雨林等环境条件下均可生存。

四、传播扩散与危害特点

（一）传播扩散

节节麦最早收录于《中国主要植物图说·禾本科》(1959 年),《江苏植物志》(1982 年）有记载。1955 年首次在河南新乡采集到节节麦标本。20 世纪 70—80 年代在新疆伊犁河及其支流尼勒河、喀什河谷、巩乃斯河谷与特克斯河谷发现野生节节麦群落。节节麦作为小麦的伴生杂草，主要随着小麦的栽培广泛传播。通过对联合收割机、收获小麦籽粒、小麦秸秆、商品麦种 4 种媒介远距离传播节节麦种子的能力调查，发现商品麦种是节节麦最重要的远距离传播途径，携带率为 20 %，平均携带小穗为 0.51 个 /kg。节节麦抽穗及颖果成熟期一般比小麦早 5～7 天，成熟的小穗具有一触即落的特性，风吹、农事活动、机械收割等都能使大量种子落入田间，形成巨大的土壤种子库；同时也有一部分节节麦种子混入小麦种子。可随种子调运、粮食贸易、农业机械转移和未腐熟的有机肥携带远距离传播。节节麦在国内分布广，凡冬小麦种植区域均可生长。

（二）危害特点

节节麦为小麦田恶性杂草，是很多国家和地区的检疫对象，与小麦的遗传背景相近、生活习性接近，能与小麦(*Triticum aestivum*）激烈竞争光、肥、水等资源，通过影响小麦的有效穗数来影响其产量，造成减产甚至绝收。节节麦是小麦条锈病原菌（*Puccinia striiformis*）的寄主，条锈病菌危害小麦，影响小麦产量及品质，造成经济损失。节节麦种子和小穗常混杂于收获后的小麦谷粒中，难以清除，降低小麦品质。

▲ 节节麦危害（张国良　摄）

五、防控措施

植物检疫：在不同区域间的小麦贸易过程中，禁止从节节麦危害地区引种、调种；小麦收获时，禁止大型联合收割机大面积跨区域作业或者严格清理干净，确保无节节麦种子携带。

农艺措施：精选麦种，提高种子纯度；小麦播种前，对农田进行深度不小于 20 cm 的深耕，将土壤表层杂草种子翻至深层，可减少出苗；在节节麦暴发区，倒茬种植非小麦禾谷类作物 3～5 年，消减节节麦土壤种子库存量；筛选具有竞争优势的小麦品种，合理密植以及科学施肥的田间管理，增强小麦的竞争优势，减轻节节麦的危害。

物理防治：对于节节麦发生量较少的小麦田，在节节麦成熟前人工拔除；在节节麦暴发区，应对联合收割机严格清仓控制；在灌溉水系上游加设滤网，拦截收集节节麦等杂草种子；在小麦或麦秸运输过程中防止沿途散落；禁止饲喂家畜，减少节节麦种子随家畜粪便还田造成扩散风险。

化学防治：

小麦田：播后苗前，可选择异丙隆＋噁草酮除草剂，土壤均匀喷雾，土壤处理；在节节麦 2～4 叶期，可选择甲基二磺隆、异丙隆等除草剂，茎叶喷雾。

荒地、路旁：节节麦 2～4 叶期，可选甲基二磺隆、草甘膦等除草剂，茎叶喷雾。

90 野燕麦

野燕麦 *Avena fatua* L. 隶属禾本科 Poaceae 燕麦属 *Avena*。

【英文名】Wild oat。

【异名】*Avena meridionalis*、*Avena fatua* subsp. *meridionalis*。

【俗名】乌麦、铃铛麦、燕麦草、南燕麦、香麦。

【入侵生境】常生长于农田、荒地、路旁等生境。

【管控名单】属“重点管理外来入侵物种名录”。

一、起源与分布

起源：欧洲、亚洲中部和西南部。

国外分布：欧洲、北美洲、非洲、大洋洲、亚洲温带和寒带地区。

国内分布：北京、天津、河北、黑龙江、吉林、辽宁、内蒙古、上海、江苏、安徽、浙江、福建、山东、河南、湖北、湖南、江西、广东、广西、重庆、四川、贵州、云南、西藏、山西、陕西、甘肃、宁夏、青海、新疆等地。

二、形态特征

植株：一年生草本植物，植株高 30～150 cm。

根：须根，较坚韧。

茎：秆单生或丛生，直立或基部膝曲，具 2～4 节。

叶：叶鞘光滑或基部被柔毛，叶片长 10～30 cm，宽 4～12 mm；叶舌膜质透明，长 1～5 mm。

花：圆锥花序呈金字塔状开展，分枝轮生，长 10～40 cm；小穗长 17～25 mm，含小花 2～3 朵，其柄弯曲下垂；颖披针形，几相等，草质，具 9～11 条脉；外稃质地坚硬，下半部与小穗轴均被淡棕色或白色硬毛，穗轴成熟时在小花之间脱节，节间长约 3 mm；第 1 外稃长 15～20 mm，芒自外稃中部稍下处伸出，长 2～4 cm，膝曲。

子实：颖果被淡棕色柔毛，腹面具纵沟。

▲ 野燕麦植株（张国良　摄）

▲ 野燕麦茎（张国良 摄）

▲ 野燕麦叶（张国良 摄）

▲ 野燕麦花（张国良 摄）

▲ 野燕麦子实（张国良 摄）

田间识别要点：野燕麦叶舌透明膜质，圆锥花序开展，小穗长 18～25 mm，含小花 2～3 朵，小穗轴密被淡棕色或白色硬毛，易脱落，其柄弯曲下垂，顶端膨胀，第二外稃具芒。近似种燕麦（*Avena sativa*）小穗含小花 1～2 朵，小穗轴无毛或疏被短毛，不易脱落，第二外稃通常无芒。

三、生物习性与生态特性

成熟期的野燕麦植株高大，平均株高达 76.25 cm。繁殖能力很强，单株结籽量 400～500 粒，个别植株多于 1 000 粒。种子最适萌发温度为 15～20 ℃；种子对光周期不敏感，全黑、全光照条件下均可正常萌发；当水势为 −0.2～0 MPa 时，发芽率可达 80 % 左右，当水势降低至 −0.8 MPa 时，不能萌发；覆土 2～15 cm 深度种子均可萌发，其中 2～10 cm 土层中发芽率最高；pH 值 5～9，发芽率大于 70 %；耐盐胁迫能力较强，NaCl 浓度 160 mmol/L 时，发芽率大于 50 %。野燕麦种子具有“再休眠”的特性，野燕麦第 1 年发芽率一般不超过 50 %，其余在以后 3～4 年中陆续出土，在土壤中保持 8 年后还可萌发出苗。野燕麦种子抗旱、抗高温能力强，在 50～60 ℃热水中浸种，种子仍有一定发芽能力。经牲畜吞食后排出的种子和已经被火烧焦外壳的种子仍具一定的发芽能力。

在自然条件下，当地表 5 cm 温度达到 10 ℃时野燕麦种子开始萌发。在东北和西北地区，4 月上旬出苗，4 月中下旬达到出苗高峰，6 月下旬开始抽穗开花，7 月中下旬成熟。在冬麦区，9—11 月出苗，4—5 月开花结实，6 月枯死。

四、传播扩散与危害特点

（一）传播扩散

野燕麦在中国最早记载于 *Flora Hongkongensis*（1861 年），《动植物名词汇编》（1935 年）收录了野燕麦，《中国主要植物图说・禾本科》（1959 年）有记载。1917 年之后广东、安徽、浙江、江苏、福建、江西，辽宁、新疆、湖南、云南等地有野燕麦标本采集记录。推测可能作为小麦的伴生杂草随栽培小麦从地中海地区向东传入中国。野燕麦一般单株分蘖 15～25 个，每株结实量 410～530 粒，多的可 1 000 粒。野燕麦落粒性强，混生在小麦田中的野燕麦早抽穗、早落粒，到小麦收获时，80 % 的野燕麦种子已经脱落。野燕麦种子在 10 m 范围内扩散密度最大，可达 460 粒 /m^2，随着距离增加，密度逐渐减少，50 m 处种子密度接近于零。野燕麦种子轻，有芒，易随风、水流、农业机械、牲畜粪肥等传播；野燕麦种子常混杂在小麦等谷物中随调种远距离传播。可能扩散的区域为全国各地。

（二）危害特点

野燕麦为农田恶性杂草，入侵农田，与小麦（*Triticum aestivum*）争光、争空间，具化感作用，抑制小麦生长，导致小麦减产；同时还危害玉米（*Zea mays*）、高粱（*Sorghum bicolor*）、马铃薯（*Solanum tuberosum*）、油菜（*Brassica rapa* var. *chinensis*）、大豆（*Glycine max*）等作物。种子大量混杂于小麦等粮食内，影响粮食品质。

▲ 野燕麦危害（周小刚　摄）

五、防控措施

农艺措施：精选种子，提高作物种子纯度；播种前，对农田进行深度不小于 20 cm 的深耕，将土壤表层种子翻至深层，降低野燕麦出苗率；将小麦与油菜、豌豆（*Pisum sativum*）等作物进行轮作，利用油菜、豌豆可以适当晚播的特性，让野燕麦种子先萌发，通过浅耕灭除出苗的野燕麦。

物理防治：对于农田内点状、零散分布的野燕麦，在种子成熟前，结合田间管理，对野燕麦进行刈割、手工拔除。拔除或刈割的植株进行无害化处理。

化学防治：

小麦田：在野燕麦 4～6 叶期，可选择炔草酯、乙羧氟草醚、唑啉草酯、精噁唑禾草灵、甲基二磺隆、氟唑磺隆、啶磺草胺等除草剂，茎叶喷雾。

荒地：在野燕麦 4～6 叶期，可选择草甘膦、野燕枯等除草剂，茎叶喷雾。

91 扁穗雀麦

扁穗雀麦 *Bromus catharticus* Vahl. 隶属禾本科 Poaceae 雀麦属 *Bromus*。

【英文名】Rescuegrass、Prairie grass。

【异名】*Serrafalcus unioloides*、*Zerna unioloides*、*Schedonorus unioloides*、*Bromus unioloides*、*Bromus willdenowii*。

【俗名】大扁雀麦。

【入侵生境】常生长于农田、荒地、草场、路旁、沟边等生境。

【管控名单】无。

一、起源与分布

起源：南美洲。

国外分布：全球温带、热带的高海拔地区。

国内分布：北京、河北、内蒙古、黑龙江、江苏、安徽、湖北、广西、四川、贵州、云南、新疆、甘肃、青海、台湾等地。

二、形态特征

植株：一年生或短期多年生草本植物，植株高 60 ~ 100 cm。

根：须根细弱，较稠密。

茎：秆直立，丛生，直径约 5 mm。

叶：叶鞘闭合，被柔毛；叶舌长 2 ~ 3 mm，具缺刻；叶片线状披针形，长 30 ~ 40 cm，宽 4 ~ 7 mm，疏被柔毛。

花：圆锥花序疏松开展，长约 20 cm；具 1 ~ 3 枚大型小穗，小穗两侧急压扁，通常含小花 6 ~ 7 朵或多至 12 朵，长 2 ~ 3 cm；小穗轴节间长约 2 mm，粗糙；颖窄披针形，第 1 颖长 1 ~ 1.2 cm，具 7 条脉，第 2 颖稍长，具 7 ~ 11 条脉；外稃长 1.5 ~ 2 cm，具 11 条脉，沿脉粗糙，顶端具芒尖，基盘钝圆，无毛；内稃窄小，长为外稃的 1/2，两脊被纤毛；雄蕊 3，花药长 0.3 ~ 0.6 mm。

子实：颖果与内稃贴生，长 7 ~ 8 mm，顶端被茸毛。

田间识别要点：扁穗雀麦为一年生或短期多年生，小穗两侧压扁，外稃具 7 ~ 13 条脉，中脉显著呈脊，外稃无芒或具 1 mm 芒尖，外稃长为内稃长的 2 倍。近似种显脊雀麦（*Bromus carinatus*）为一年生，叶鞘无柔毛，外稃约等长于内稃。近似种山地雀麦（*Bromus marginatus*）为多年生，叶鞘被倒向柔毛，外稃常被毛，芒长 5 ~ 7 mm。

▲ 扁穗雀麦植株（①②王忠辉　摄，③张国良　摄）

▲ 扁穗雀麦茎（王忠辉　摄）

▲ 扁穗雀麦叶（①王忠辉　摄，②张国良　摄）

▲ 扁穗雀麦花（王忠辉　摄）

▲ 扁穗雀麦子实
（①王忠辉　摄，②张国良　摄）

三、生物习性与生态特性

扁穗雀麦在北方为一年生，南方为短期（2～4 年）多年生。主要以种子繁殖，单株干重为 186.31 g，单株籽粒重为 27.212 g，子实生产率为 15.85 %，单株有效分蘖数为 24.8 个，每穗平均小穗数为 42.1 个，每穗平均籽粒数为 127.2 个，生殖枝密度为 248/m^2。喜温暖、湿润的气候，适宜生长气温 10～25 ℃，喜肥沃黏重的土壤，但也能在盐碱地及酸性土壤生长。种子具休眠特性，储藏 80 天后，种子萌发率超过 85 %，休眠期解除。扁穗雀麦种子在 30 ℃ /20 ℃的变温条件下萌发率最高，达到 92.1 %；在日平均温度接近 10 ℃种子几乎不萌发；在 pH 值 5～10 条件下，种子萌发率均能达到 90 %，弱酸和弱碱处理的种子萌发率显著高于中性处理；在 160 mmol/L 的 NaCl 处理种子萌发率仍可达到 85 % 以上；在 −0.4 MPa 的渗透势条件处理下种子的萌发率仍高于 80 %；在 60 % 相对湿度的土壤中，种子的萌发率和萌发势均最高，达 100 %。土壤表层的种子萌发势和萌发率均最高，播种深度达 10 cm 时，种子几乎不萌发。扁穗雀麦北方地区春季出苗，夏季种子成熟；南方多以春播和秋播 2 种方式。在锡林浩特，5 月下旬播种，6 月上旬出苗，7 月上旬分蘖，8 月初开花，8 月下旬或 9 月上旬种子成熟，生育期 84 天。在贵阳，10 月中旬播种，12 月下旬分蘖，翌年 4 月下旬开花，5 月下旬种子成熟，生育期 220 天。

四、传播扩散与危害特点

（一）传播扩散

1923 年首次在福建厦门采集到扁穗雀麦标本。根据采集标本推算，扁穗雀麦在 1923 年之前已经传入中国东南部沿海地区。可能作为牧草引入栽培，后逃逸蔓延。扁穗雀麦以种子繁殖或分蘖繁殖，随人为引种进行远距离传播；种子和茎段可通过风、水流传播，也可通过农业机械、人类及动物携带传播。可扩散的区域有华北、华东、华中、西南等地区。

▲ 扁穗雀麦危害（王忠辉　摄）

（二）危害特点

扁穗雀麦耐寒、耐旱、耐酸碱，是农田、路旁、草场杂草，也是部分作物病虫害的宿主。

五、防控措施

引种管理：加强扁穗雀麦的引种管理，禁止作为牧草和绿化植物引种于开阔地。

农艺措施：对作物种子进行精选，提高种子纯度；作物种植前，对农田进行深度不小于 20 cm 的深耕，将土壤表层种子翻至深层，降低杂草出苗率；结合栽培管理，在扁穗雀麦出苗期，中耕除草，降低杂草的种群密度；对农田及周边田埂、坡坎的杂草植株进行清理，保持田园清洁。

物理防治：对于农田内零散发生的扁穗雀麦，在种子成熟前，连根拔除，将植株带出农田，进行晒干、深埋等无害化处理。

化学防治：

小麦田：小麦苗期或拔节期、扁穗雀麦苗期，可选择莠去津、甲嘧磺隆、精吡氟禾草灵等除草剂，茎叶喷雾。

荒地、路旁：在扁穗雀麦苗期，可选择甲嘧磺隆、草甘膦等除草剂，茎叶喷雾。

92 长刺蒺藜草

长刺蒺藜草 *Cenchrus longispimts*（Hack.）Fern 隶属禾本科 Poaceae 蒺藜草属 *Cenchrus*。

【英文名】Long-spined sandbur、Burgrass、Field sandbur、Longspine sandbur、Sandsbur。

【异名】*Cenchrus pauciflorus* var. *longispinus*。

【俗名】刺蒺藜草、草狗子、草蒺藜。

【入侵生境】常生长于农田、菜地、荒地、果园、道路、草原、林地等生境。

【管控名单】属“重点管理外来入侵物种名录”“中华人民共和国进境植物检疫性有害生物名录”。

一、起源与分布

起源：北美洲。

国外分布：美国、墨西哥、阿根廷、智利、乌拉圭、澳大利亚、阿富汗、印度、孟加拉国、黎巴嫩、葡萄牙、南非等。

国内分布：河北、辽宁、吉林、内蒙古等地。

二、形态特征

植株：一年生草本植物，植株高 10～90 cm。

根：须根，具沙套。

茎：基部分蘖，呈丛生状，茎横向匍匐后直立生长，近地面数节具根，茎节处稍有膝曲。

叶：叶鞘近边缘疏被细长柔毛，下部边缘无毛，压扁具脊；叶片线形或狭长披针形，干后常对折，两面无毛。

花：总状花序直立，长 4.1～10.2 cm，花序轴具棱；刺苞呈长圆球形，长近 1 cm，由多个基部联合的扁平刺组成，裂片细长似针刺，裂片背面被白色短毛或长绵毛，裂片近基部边缘被平展的白色纤毛或无毛；刺苞的近基部被 1～2 圈较细的刚毛，上部刚毛粗壮，质坚硬，呈三角形，长约 3 mm，与刺苞片近等长，直立开展，刚毛上被极疏的不明显的倒向粗糙毛或几无毛，刺苞基部楔形；总梗被短柔毛；刺苞内具小穗 2～3 个，小穗椭圆形，含小花 2 朵；颖片膜质；第 1 小花雄性，外稃纸质，具 5 条脉，与第 2 小花等长，其内稃与外稃等长；第 2 小花两性，外稃纸质，成熟后质地渐硬，具 5 条脉，其内稃短于外稃；鳞被退化，花柱基部联合。

子实：颖果卵状球形，背腹压扁。

田间识别要点：长刺蒺藜草颖果呈长圆球形，刺苞裂片细长似针刺，刺苞基部具多数刚毛状刺，刺坚硬且较蒺藜草少，无典型的反向刺。近似种蒺藜草（*Cenchrus echinatus*）刺苞呈稍扁的圆球形，裂片扁平刺状，基部联合成完整的一圈，刺苞基部具大量刚毛状刺，刺柔韧，顶端常向内反曲。

▲ 长刺蒺藜草植株（张国良　摄）

▲ 长刺蒺藜草茎（①付卫东　摄，②张国良　摄）

▲ 长刺蒺藜草叶（付卫东　摄）

▲ 长刺蒺藜草花（张国良　摄）

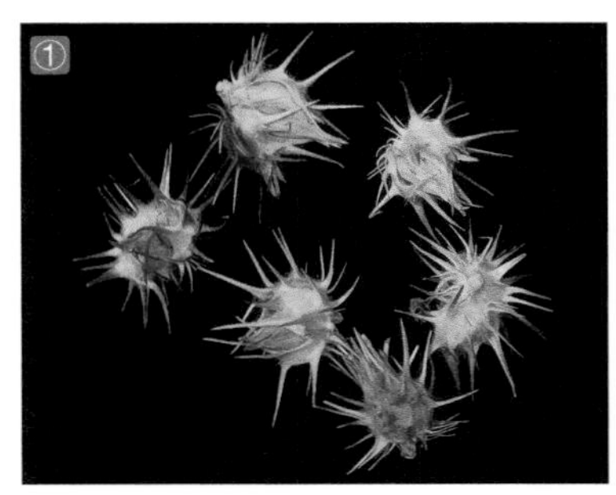

▲ 长刺蒺藜草子实
（①付卫东　摄，②王忠辉　摄）

▲ 近似种蒺藜草（张国良　摄）

三、生物习性与生态特性

长刺蒺藜草在内蒙古通辽，5 月中旬出苗，6 月 20 日左右抽茎分蘖，7 月 20 日左右抽穗，8 月 5 日左右开花结实。单株结实 70～80 粒，最多者可达 500 粒，每年除冬季外，其他三季只要环境适宜，可随时萌发、开花、结实。能抵抗干旱，在恶劣的环境条件下，仅表现为分蘖数减少，植株仍能结实，完成生活周期。抗寒能力极强，冬季暴露于 -30～-20 ℃的种子在第 2 年仍能萌发和生长繁殖。每个刺苞中的 2 粒种子在条件适宜时，只有 1 粒吸水萌发形成植株，另外 1 粒处于休眠状态，保持生命力，但当萌发出苗的植株死亡后，另外 1 粒未萌发的种子立刻打破休眠萌发出苗进行繁殖。

四、传播扩散与危害特点

（一）传播扩散

有文献记载，1942 年日本在我国东北垦殖过程中无意带入长刺蒺藜草，繁殖后随着人们打草、放牧等迅速蔓延。《内蒙古植物志（第二版）》（1994 年）收录了蒺藜草，但此记载及描述有误，应为长刺蒺藜草。1963 年首次在辽宁采集到该物种标本，之后河北景县（1972 年）、北京（1975 年）、内蒙古（2005 年）有标本采集记录。长刺蒺藜草刺苞表面多刺，极易附着于动物皮毛或人类衣服，具有较强的传播扩散能力。在中国，长刺蒺藜草主要通过放牧、牲畜的流转以及车辆携带沿草原、公路和铁路沿线扩散。可能扩散的区域为华北、东北以及西北地区的草原和退化的沙质草场。

（二）危害特点

长刺蒺藜草入侵农田，给农事操作带来很多不便，降低农事操作效率，增加投入成本。长刺蒺藜草刺苞被牲畜吞食会造成机械性损伤，使羊群不同程度地发生乳房炎、阴囊炎、蹄甲炎及跛行，严重时会引起死亡，对羊毛的产量和质量也会造成严重的影响。长刺蒺藜草具有旺盛的生命力，耐旱、耐贫瘠、抗寒、抗病虫害，易形成单一优势种群。

▲ 长刺蒺藜草危害（张国良　摄）

五、防控措施

植物检疫：加强对发生区种子和种畜、农产品和畜产品与农业机械的检疫，若发现长刺蒺藜草刺苞，应作检疫除害处理。

农艺措施：对农田和果园进行深度不小于 20 cm 的深耕，可将土壤表层种子翻埋到深层，减少种子出苗。通过增肥、控水等栽培措施，提高作物或草场的植被覆盖度和竞争力，可有效抑制长刺蒺藜草的生长。在长刺蒺藜草孕穗期到抽穗期进行低位刈割，可以控制结实量。结合农事操作，在长刺蒺藜草出苗期，中耕除草，可以控制其种群数量。在长刺蒺藜草结实前进行放牧控制，可减少其结实量。作物种植前，清理农田土壤表层长刺蒺藜草的刺苞，降低土壤中长刺蒺藜草种子库。

物理防治：对于发生面积小的区域，在长刺蒺藜草 4～5 叶期，可人工拔除或铲除；对于发生面积大的区域，在长刺蒺藜草抽穗期前用割草机进行机械防除。

化学防治：

玉米田：播后苗前，可选择甲嘧磺隆、精异丙甲草胺等除草剂，均匀喷雾，土壤处理；在玉米 3～5 叶期、长刺蒺藜草 3～5 叶期，可选择烟嘧磺隆、烟嘧磺隆 + 甲基化植物油、甲酰胺磺隆等除草剂，茎叶喷雾。

阔叶作物田：在长刺蒺藜草 3～5 叶期，可选择精喹禾灵、精喹禾灵 + 甲基化植物、精吡氯禾草灵、氯吡甲禾灵等除草剂，茎叶喷雾。

林地、果园：在长刺蒺藜草 3～5 叶期，可选择精吡氯禾草灵、氟吡甲禾灵、精喹禾灵等除草剂，茎叶喷雾。

荒地：在长刺蒺藜草 3～5 叶期，可选择精吡氯禾草灵、精吡氯乙禾灵、氯吡甲禾灵、精喹禾灵、稀禾定、草甘膦等除草剂，茎叶喷雾。

替代控制：可选择种植向日葵（*Helianthus annuus*）、沙打旺（*Astragalus laxmannii*）、羊草（*Leymus chinensis*）、紫穗槐（*Amorpha fruticosa*）等替代控制长刺蒺藜草，可取得较好的控制效果。

93 多花黑麦草

多花黑麦草 *Lolium multiflorum* Lam. 隶属禾本科 Poaceae 黑麦草属 *Lolium*。

【英文名】Annual ryegrass、Italian ryegrass、Rye grass。

【异名】*Lolium italicum*。

【俗名】意大利黑麦草。

【入侵生境】常生长于农田、路旁、草地等生境。

【管控名单】无。

一、起源与分布

起源：欧洲南部、非洲西北部、亚洲西南部。

国外分布：英国、美国、丹麦、新西兰、澳大利亚、日本等。

国内分布：北京、河北、辽宁、上海、江苏、安徽、浙江、山东、河南、湖北、湖南、重庆、四川、贵州、云南、陕西、甘肃、宁夏、青海、新疆等地。

二、形态特征

植株：一年生、越年生或短期多年生草本植物，植株高 50～130 cm。

茎：秆丛生，直立或基部平卧，节上生根。

叶：叶鞘疏散，叶舌小而不明显，有时长可达 4 mm，有时具叶耳；叶片扁平，长 10～20 cm，宽 3～8 mm，无毛，正面微粗糙。

花：总状花序直立或弯曲，长 15～30 cm，宽 5～8 mm；穗轴柔软，小穗在花序轴上排列紧密；小穗含小花 11～22 朵，长 1～1.8 cm，宽 3～5 mm，侧生于穗轴上；小颖披针形，具狭膜质边缘，具 5～7 条脉，长 5～8 mm，长为小穗长的 1/2，通常与第 1 小花等长；外稃长圆状披针形，顶端膜质透明，长约

6 mm，具 5 条脉，具长 5～15 mm 的细芒，或上部小花无芒；内稃与外稃近等长，脊上被微小纤毛。

子实：颖果长圆形，长为宽的 3 倍。

田间识别要点：多花黑麦草与近似种黑麦草（*Lolium perenne*）的区别在于黑麦草为多年生，穗状花序具多数互生的侧扁小穗，花期具分蘖叶，外稃无芒，多花黑麦草为一年生，花期无分蘖叶，小穗含小花 11～22 朵，侧生于穗轴上，外稃顶端具长 5～15 mm 的细芒。

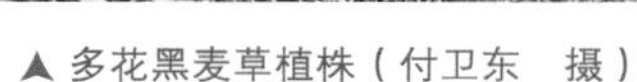

▲ 多花黑麦草植株（付卫东　摄）

▲ 多花黑麦草根（付卫东　摄）

▲ 多花黑麦草茎（张国良　摄）

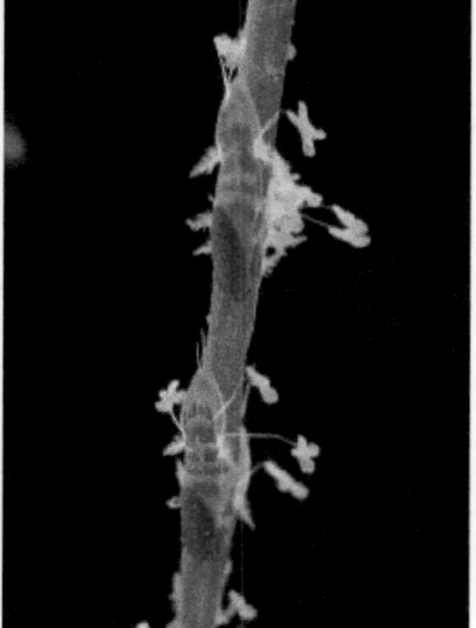

▲ 多花黑麦草花（张国良　摄）

▲ 多花黑麦草子实（张国良　摄）

▲ 近似种黑麦草（张国良　摄）

三、生物习性与生态特性

多花黑麦草分蘖多，以种子繁殖，自繁能力强，正常生长情况下单株可有 60 多个分蘖；异花授粉，单株种子量 15 000 余粒；种子不具休眠特性，萌发率高，可达 93 %；在土壤中深埋 4 年后仍有少数种子具有活力（发芽率为 3 %）。在江西、湖南、江苏、浙江等地多采用秋播，东北三省、内蒙古等地采用春播，花果期 7—8 月。喜温热、湿润的气候，在昼夜温度为 27 ℃ / 12 ℃时，生长最快；耐潮湿，但忌积水；喜壤土，也适宜黏壤土，最适宜土壤 pH 值为 6～7，在 pH 值为 5、8 时仍能生长。

四、传播扩散与危害特点

（一）传播扩散

多花黑麦草在中国较早的记载见于《植物分类学报》（1952 年），《牧草学各论》（1956 年）收录了该物种，《中国主要植物图说 · 禾本科》有记载。1930 年首次在山东青岛采集到该物种标本。可能作为牧草人为传入我国，后因管理不善而逸生。多花黑麦草以种子繁殖，种子质量较大，千粒重为 1.3～2.6 g。自播性不强，种子仅能散播至母体周围不远处。远距离传播依赖农业、园林等人类活动。全国各地都适宜于该物种生长。

（二）危害特点

多花黑麦草入侵农田，与作物争水、肥、空间，影响作物生长，导致减产；同时混入收获的作物粮食内，影响品质。为赤霉病和冠锈病的寄主。

▲ 多花黑麦草危害（张国良　摄）

五、防控措施

引种管理：控制引种于荒山、荒坡，防止多花黑麦草逃逸入侵农田。

物理防治：在多花黑麦草种子成熟前，可人工或机械连根铲除或刈割养殖饲用；可放牧利用，也可用于饲喂草鱼。

化学防治：

小麦田：在多花黑麦草苗期，可选择唑啉草酯、唑啉·炔草酯、啶磺草胺、精噁唑禾草灵、甲基二磺隆等除草剂，茎叶喷雾。

荒地、路旁等：在多花黑麦草苗期，可选择草胺膦、草甘膦等除草剂，茎叶喷雾。

94 毒麦

毒麦 *Lolium temulentum* L. 隶属禾本科 Poaceae 黑麦草属 *Lolium*。

【英文名】Darnel ryegrass、Darnel、Poison ryegrass。

【异名】无。

【俗名】黑麦子、闹心麦、小尾巴麦子。

【入侵生境】常生长于农田、农田边缘、荒地、路旁等生境。

【管控名单】属“中华人民共和国进境植物检疫性有害生物名录”。

一、起源与分布

起源：欧洲地中海地区和亚洲西南部。

国外分布：印度、斯里兰卡、阿富汗、日本、韩国、土耳其、约旦、以色列、埃及、肯尼亚、南非、突尼斯、德国、法国、英国、西班牙、意大利、希腊、俄罗斯、美国、加拿大、墨西哥、阿根廷、巴西、智利、委内瑞拉、澳大利亚、新西兰等。

国内分布：内蒙古、江苏、安徽、湖北、湖南、四川、陕西、甘肃等地。

二、形态特征

植株：一年生草本植物，植株高 20～120 cm。

茎：秆直立，疏丛生，光滑无毛，坚硬。

叶：叶鞘疏散，叶舌长 1～2 mm，叶片线形，质地较薄，长 10～25 cm，宽 4～10 mm，无毛，顶端渐尖，边缘微粗糙。

花：穗形总状花序，长 10～15 cm，穗轴增厚，节间长 5～10 mm，无毛；小穗长约 1 cm，含小花 4～10 朵；颖片宽大，长 10～17 mm，等长或稍长于小穗，质地硬，具 5～9 条脉，具狭膜质边缘；外稃 5～8 mm，椭圆形或卵形，成熟时肿胀，顶端膜质透明，芒自近外稃顶端伸出，长为 1～2 cm，粗糙。

子实：颖果长椭圆形，长 4～6 mm，为其宽的 2～3 倍，成熟后肿胀，厚 1.5～2 mm，绿色稍带紫褐色。

田间识别要点：穗状花序具 8～19 个互生的小穗，小穗单生无柄，侧扁，第 1 颖退化，第 2 颖宽大，长于小穗，颖果成熟后膨胀，外稃具 7～15 mm 的长芒。

▲ 毒麦植株（周小刚　摄）

▲ 毒麦小穗（周小刚　摄）

▲ 毒麦花
（①周小刚　摄，②倪汉文　摄）

▲ 毒麦子实（周小刚　摄）

三、生物习性与生态特性

毒麦以种子繁殖，夏季抽穗。播种至出苗约需 10 天，出苗至分蘖约 88 天，分蘖至孕穗约 70 天，孕穗至抽穗约 25 天，抽穗至成熟约 30 天，全生育期约 223 天。在北方，毒麦 4 月末至 5 月初出苗，5 月下旬抽穗，成熟期在 6 月上旬；在长江中下游麦区，毒麦当年 11 月中旬左右出土，12 月中下旬分蘖，翌年 2 月中下旬返青，4 月上旬拔节，4 月末至 5 月初抽穗，6 月上旬成熟；在陕西麦区，10 月中下旬毒麦出苗。毒麦发育起点温度为 9 ℃，有效积温 15.97 ℃，从播种到出苗活动积温为 80 ℃。毒麦分蘖能力较强，一般生有 4～9 个全分蘖；单株平均产籽 30～66 粒，繁殖力比小麦强 2～3 倍。在温度 10～15 ℃、湿度 3 %～12 % 条件下保存 110 年的种子仍然具有活力。毒麦抗寒、抗旱、耐涝能力强，种子可在不同季节的不同温度（5～30 ℃）下萌发，但植株对高温（35 ℃）敏感。

四、传播扩散与危害特点

（一）传播扩散

《植物学大词典》（1918 年）收录了毒麦，《中国主要植物图说・禾本科》（1959 年）有记载。1957 年首次在黑龙江黑河采集到毒麦标本，之后在北京（1958 年）、浙江（1966 年）有标本采集记录。毒麦可能于 20 世纪 40 年代后期随麦种传入中国，首次传入地为黑龙江。毒麦种子千粒重 13～13.2 g，不易随风力传播，易随稃片脱落，在小麦收获时，毒麦的落籽率为 10 %～20 %，极易混于小麦种子中，随粮食或种子运输而扩散。全国除热带和南亚热带地区之外都有可能扩散。

（二）危害特点

毒麦为小麦田杂草，入侵后严重影响小麦（*Triticum aestivum*）产量和品质。当毒麦为 0～10 株 /m^2 时，小麦损失率为 0～0.62 %；10～20 株 /m^2 时，损失率为 0.62 %～6.7 %；20～35 株 /m^2 时，损失率为

6.7 %~15.2 %。毒麦籽粒中，在种皮与淀粉层之间，有一种“有毒寄生真菌”，能产生麻痹中枢神经的毒麦碱，人畜误食后能中毒，轻者引起头晕、呕吐等症状，重者会使中枢神经系统麻痹以致死亡；此外毒麦可致使视力障碍。

五、防控措施

植物检疫：对进口粮食及种子（特别是进口小麦），要严格依法实施检验，把疫情拒之门外，一旦发现毒麦应对该批粮食进行除害处理；带有疫情的小麦不能下乡，不能做种子用；加强种子的管理及检验，杜绝毒麦在调运过程中扩散传播。

▲ 毒麦危害（周小刚　摄）

农艺措施：精选良种，提高小麦种子纯度；结合栽培管理，在毒麦出苗期，中耕除草，可控制毒麦种群数量；对发生过毒麦的麦茬地，通过与其他作物轮作 2 年以上，可以防除毒麦。

物理防治：麦收前，在毒麦尚未完全成熟时，对毒麦植株进行人工拔除，并集中销毁。

化学防治：

小麦田：小麦播后苗前，可选择绿麦隆、异丙隆、氟噻草胺等除草剂，均匀喷雾，土壤处理。小麦 3~5 叶期、杂草 2~4 叶期（冬前或早春），可选择绿麦隆、异丙隆、精噁禾灵、禾草灵等除草剂，茎叶喷雾。

95 红毛草

红毛草 *Melinis repens*（Willdenow）Zizka 隶属禾本科 Poaceae 糖蜜草属 *Melinis*。

【英文名】Natal grass、Natalgrass、Natal redtop、Rose natal grass。

【异名】*Rhynchelytrum repens*、*Tricholaena rosea*、*Rhynchelytrum roseum*、*Saccharum repens*。

【俗名】红茅草、笔仔草、金丝草、文笔草。

【入侵生境】常生长于河边、荒地、山坡、草地、采石场、公路等生境。

【管控名单】无。

一、起源与分布

起源：非洲南部。

国外分布：洪都拉斯、墨西哥、美国、哥伦比亚、巴西、南非、北非、柬埔寨、印度尼西亚、日本、马来西亚、新加坡、泰国、印度、澳大利亚等。

国内分布：福建、江西、广东、广西、海南、云南、香港、澳门、台湾等地。

二、形态特征

植株：多年生草本植物，植株高可达 1 m。

根：根茎粗壮。

茎：秆直立，常分枝，节间常被疣毛，节被软毛。

叶：叶鞘松弛，大都短于节间，下部也散被疣毛；叶舌被长约 1 mm 的柔毛；叶片线形，长可达 20 cm，宽 2～5 mm。

花：圆锥花序展开，长 10～15 cm，分枝纤细，长达 8 cm；小穗柄纤细弯曲，顶端稍膨大，疏被长柔毛；小穗长约 5 mm，常被粉色绢毛；第 1 颖小，长为小穗的 1/5，长圆形，具 1 条脉，被短硬毛；第 2 颖和第 1 外稃具 5 条脉，被疣基长绢毛，顶端微裂，裂片间生 1 短芒；第 1 内稃膜质，具 2 脊，脊上具睫毛；第 2 外稃近软骨质，平滑光亮；雄蕊 3，花药长约 2 mm；花柱分离，柱头羽毛状；鳞被 2，折叠，具 5 条脉。

子实：颖果连带颖片和稃片；种脐点状，基生，胚长为颖果的 1/2。

▲ 红毛草植株（张国良　摄）

▲ 红毛草根（张国良　摄）

▲ 红毛草茎（张国良　摄）

▲ 红毛草叶（张国良　摄）

▲ 红毛草花（张国良　摄）

▲ 红毛草子实（张国良　摄）

田间识别要点：红毛草茎直立，小穗被粉红色长丝状毛，圆锥花序开展。近似种糖蜜草（*Melinis minutiflora*）植株被腺毛，具匍匐茎，分泌糖蜜味液体。

三、生物习性与生态特性

红毛草既可以种子繁殖，也可利用根茎繁殖。初期采收的新鲜成熟种子有很强的休眠性，种子几乎不发芽或发芽率极低；红毛草种子产量多，可达 3 906 粒 /m^2，每公顷可产种子 113.5 kg；种子在大于 10 ℃时才会萌发，并且在 15 ℃时萌发率仅为 4 %～5 %；在 45 ℃高温情况下，种子发芽率可达 30.2 %。在 4 ℃条件下，红毛草种子储藏 9 个月，常温下的发芽率为 73.2 %；储藏 48 个月，种子发芽率仍然保持在较高水平（41.8 %）。红毛草耐高温、耐干旱，并且生长不择土壤。花果期 6 月至翌年 1 月。

四、传播扩散与危害特点

（一）传播扩散

1948 年首次在中国采集到红毛草标本，采集地不详。红毛草于 20 世纪 50 年代作为牧草在中国台湾、广东栽培，1963 年有文献报道红毛草在中国台湾台东归化。红毛草圆锥花序开展，分枝纤细，小穗疏被柔毛，主要靠风力传播扩散。长距离传播依靠植物和种子贸易。我国热带和亚热带地区为可以扩散的区域。

（二）危害特点

红毛草种子量大，繁殖力强，扩散速度快。当红毛草进入一个新区域时，能快速繁衍、建群、扩展，发展成为优势种群，对入侵地的景观和生态环境造成一定的危害。

▲ 红毛草危害（张国良　摄）

五、防控措施

引种管理：加强对引种区域的监测与管理，防止逃逸。

物理防治：对于野外逸生植株应及时清除。对于点状、零散发生的红毛草区域，在开花结果前，可人工铲除；对于大面积发生的区域，可机械铲除。清除时应将根状茎拔除，铲除或拔除的植株和根状茎应进行暴晒、深埋、烧毁、粉碎等无害化处理。

化学防治：在红毛草苗期，可选择草甘膦、草胺膦、丙草胺、二甲戊灵等除草剂，茎叶喷雾。

96 石茅

石茅 *Sorghum halepense*（L.）Pers. 隶属禾本科 Poaceae 高粱属 *Sorghum*。

【英文名】Johnson grass、Arabian millet、Egyptian millet。

【异名】*Holcus halepensis*、*Andropogon halepensis*、*Andropogon sorghum* subsp. *halepensis*。

【俗名】詹森草、琼生草、亚刺柏高粱、假高粱、阿拉伯高粱、宿根高粱。

【入侵生境】常生长于路旁、荒地、农田、果园、草地、河岸、湖岸、沟渠、山谷等生境。

【管控名单】属“重点管理外来入侵物种名录”“中华人民共和国进境植物检疫性有害生物名录”。

一、起源与分布

起源：地中海地区。

国外分布：欧洲（阿尔巴尼亚、奥地利、俄罗斯、白俄罗斯、法国、希腊、德国、英国、西班牙、意大利等）、亚洲（阿富汗、孟加拉国、印度、伊朗、以色列、韩国、泰国、日本、叙利亚等）、美洲（古巴、洪都拉斯、牙买加、美国、墨西哥、阿根廷、巴西、智利、巴拉圭、秘鲁、委内瑞拉、巴拿马等）、非洲（埃及、纳米比亚、南非、塞内加尔、坦桑尼亚、乌干达等）、大洋洲（澳大利亚、新西兰等）。

国内分布：天津、江苏、浙江、湖北、湖南、海南等地。

二、形态特征

植株：多年生草本植物，植株高 50～150 cm。

茎：根茎发达，秆直立，基部直径 4～6 mm，不分枝或自基部分枝。

叶：叶鞘无毛，或基部节上微被柔毛；叶舌硬膜质，顶端近截平，无毛；叶片线形至线状披针形，长 25～70 cm，宽 0.5～1 cm，无毛，边缘通常具微细小刺齿。

花：圆锥花序长 20～40 cm，宽 5～10 cm，分枝细弱，斜升，1 枚至数枚在主轴上轮生或一侧着生，基部腋间被灰白色柔毛；每一总状花序具 2～5 节，节间易折断，与小穗柄均被柔毛或近无毛；无柄小穗椭圆形或卵状椭圆形，被柔毛，成熟后灰黄色或淡棕黄色；颖薄革质，第 1 颖具 5～7 条脉，顶端两侧具脊，延伸成 3 小齿；第 2 颖上部具脊，略呈舟形；第 1 外稃披针形，透明膜质，具 2 条脉；第 2 外稃顶端多少 2 裂或几不裂，有芒自裂齿间伸出或无芒而具小尖头；鳞被 2，宽倒卵形，顶端微凹；雄蕊 3；花柱 2，仅基部联合，柱头帚状；有柄小穗雄性，较无柄小穗狭窄，颜色较深，质地较薄。

子实：颖果棕褐色，倒卵形。

▲ 石茅植株（张国良　摄）

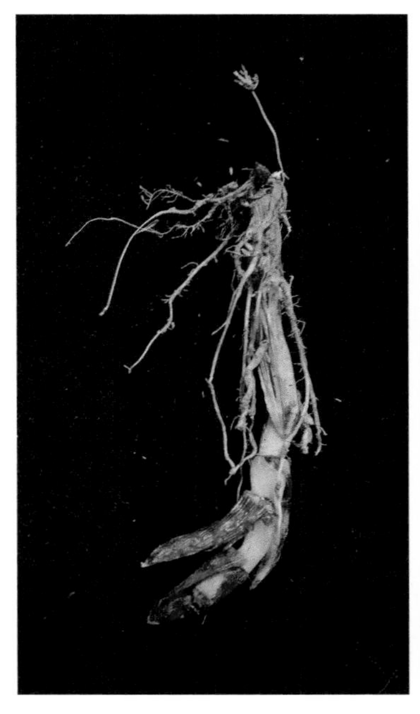

▲ 石茅根茎（张国良　摄）

▲ 石茅茎（张国良　摄）

▲ 石茅叶（张国良　摄）

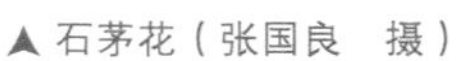

▲ 石茅花（张国良　摄）

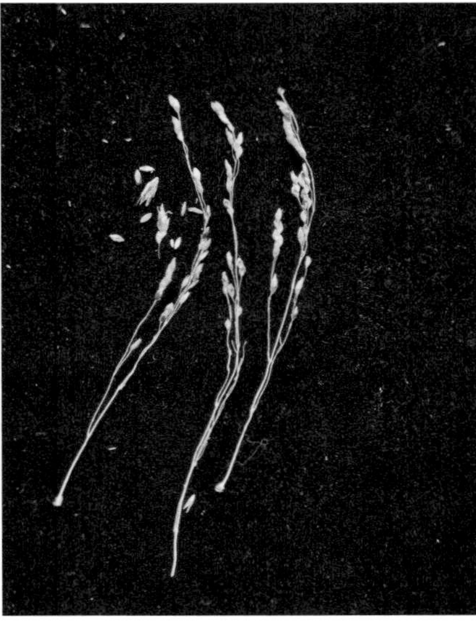

▲ 石茅子实（张国良　摄）

田间识别要点：多年生，具根状茎，叶宽线形，中脉白色，圆锥花序淡紫色至紫黑色，小穗成对，1个具柄，另外1个无柄。

三、生物习性与生态特性

石茅通过种子和根茎繁殖，单株种子量可达28 000粒，在干燥室温下可存活7年。种子通常在0～10 cm的表土层萌发，但在20 cm深的土层中也萌发出苗。根茎形成的最低温度为15～20 ℃。石茅地下茎分蘖能力强，单株石茅1个生长季可产生净重8 kg的物质和70 m长的根茎。新收获的石茅种子具有休眠特性，但在室温条件下，经过后熟，基本可打破休眠。后熟种子在适宜温度20～35 ℃或交替温度20～40 ℃条件下，可达到最高发芽率。但中国东南沿海地区石茅种子只有短暂的休眠过渡期，夏季成熟的种子，当年秋季发芽率为80 %以上，无须跨年度休眠。自然条件下，石茅在春季土壤温度为15～20 ℃时，根状茎开始活动，30 ℃左右发芽，约15天达5叶期，此后叶迅速发育，50天左右植株陆续抽穗开花，花期6—7月，果期7—9月。

四、传播扩散与危害特点

（一）传播扩散

1904年有文献报道石茅在广州和海南有分布记录，1912年文献报道中国香港也有记载，《台湾农家便览》（第六版，1944年）记载石茅在中国台湾作为饲料栽培，《广州植物志》（1956年）有记载。1911年首次在中国香港采集到石茅标本。石茅于20世纪初自美国引入中国香港栽培，同一时期自日本引入中国台湾南部栽培，并在中国香港和广东北部发现归化。石茅成熟时种子易脱落，极易通过风、雨水径流或河道灌溉进行短距离或长距离传播。随着国际粮食贸易以及国内粮食调运的不断增加，石茅的种子极易混入粮食中从而远距离传播。石茅潜在适生区主要集中在东部、中部地区。

（二）危害特点

石茅为农田恶性杂草，不仅使作物产量下降，而且迅速侵占耕地，具有很强的繁殖力和竞争力，强大的根系排挤植株附近作物、果树等，是玉米（*Zea mays*）、棉花（*Gossypium hirsutum*）、谷类等30多种农田里最难防除的杂草之一。石茅能与高粱属作物杂交，使作物产量降低、品质变劣；为多种作物病虫害提供中间宿主或转主寄主。石茅嫩芽含有较高的氰化物，牲畜误食后会引起中毒甚至死亡。

▲ 石茅危害（张国良　摄）

五、防控措施

植物检疫：加能对能携带石茅繁殖体（种子、根茎）进出口、跨区调运货物及包装物的检验检疫，如发现石茅繁殖体，应对货物作检疫除害处理。

农艺措施：对作物种子进行精选，提高种子纯度；减少土地抛荒和对抛荒地复耕，减少石茅的生长空间，可有效减缓石茅的蔓延；结合栽培管理，以石茅出苗期，进行中耕除草，可减少石茅的种群数量；对田园、果园及周边的杂草植株进行清理，保持田园、果园清洁。

物理防治：对于散生或不适宜化学防治的区域，在石茅营养生长期，可人工铲除，但应对根茎挖深挖透，对植株和根茎应进行无害化处理；对于大面积发生且地势低洼、有水源的区域，可用暂时积水方法，抑制其生长。

化学防治：

果园、荒地、路旁：在石茅苗期，可选择烯草酮、草甘膦等除草剂，茎叶喷雾。

97 大米草

大米草 *Spartina anglica* C. E. Hubb. 隶属禾本科 Poaceae 米草属 *Spartina*。

【英文名】Common cordgrass、English cordgrass。

【异名】*Spartina townsendii* var. *anglica*。

【俗名】绳草、食人草。

【入侵生境】常生长于河口、海湾等沿海滩涂生境。

【管控名单】无。

一、起源与分布

起源：英国，为欧洲米草和互花米草的杂交发生演化产生的可育后代。

国外分布：美国、荷兰、德国、丹麦、澳大利亚、新西兰。

国内分布：辽宁、河北、天津、山东、江苏、浙江、福建、广东、广西等地。

二、形态特征

植株：多年生草本植物，植株高 10～120 cm。

茎：秆直立，分蘖多而密聚成丛，直径 3～5 mm，无毛。

叶：叶鞘大多长于节间，无毛，基部叶鞘常撕裂呈纤维状而宿存；叶舌长约 1 mm，被长约 1.5 mm 的白色纤毛；叶片线形，长约 20 cm，宽 8～10 mm，中脉在上面不显著，新鲜时扁平，干后内卷，先端渐尖，基部圆形，无毛。

花：穗状花序长 7～11 cm，劲直而靠近主轴，先端常延伸呈芒刺状，穗轴具 3 棱，无毛，2～6 枚总状着生于主轴上；小穗单生，长卵状披针形，疏被短柔毛，紧密重叠，长 14～18 mm，无柄，成熟时整个脱落；颖片和外稃顶端钝，沿主脉被粗毛，背部质硬，边缘膜质，第 1 颖长为小穗长的 1/2，具 1 条脉；第 2 颖与小穗等长；外稃草质，稍长于第 1 颖，具 1 条脉，但短于第 2 颖；内稃膜质，具 2 条脉，几等长于第 2 颖。

子实：颖果圆柱形，长约 1 cm。

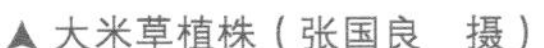

▲ 大米草植株（张国良　摄）

▲ 大米草花（虞国跃　摄）

田间识别要点：大米草小穗被短柔毛，紧密重叠贴伏于颖片，小穗长 15～26 mm。近似种互花米草（*Spartina alterniflora*）小穗无毛，小穗长 10～18 mm。

三、生物习性与生态特性

大米草以无性分蘖生殖和种子繁殖。耐碱、耐潮汐淹没；喜温凉的气候；对土壤的适应性较广，在黏土、壤土和粉沙土中均能生长，但以河流入海口淤泥质海滩为最佳。每年 11 月，叶片从外向内逐渐枯死，到翌年 1 月上旬，每株仍有 1～2 片是青的，1 月底叶片全部枯死；地下茎的腋芽在 10 月中旬形成，11 月初露出滩面，高 4 cm，叶片 3～4 片，紫褐色，4 月初返青，4 月底前（13 ℃左右）大部分返青。8 月、9 月为生长旺盛期，8 月后地上茎生长开始放缓，叶片逐渐枯死，但地下茎则继续生长并向外扩展，形成新芽，并钻出土面。花期 5—11 月，7—8 月为盛花期；10—12 月结实。开花占全穗花朵数的 65 %～90 %，结实率只占花朵数的 24.6 %。

四、传播扩散与危害特点

（一）传播扩散

为了保护海滩、提高海滩生态生产力，1963—1964 年从英国、丹麦引入大米草，1964 年在江苏射阳育苗成功，1978 年推广。大米草分蘖力和繁殖力强，具有发达的地下茎，一般单株大米草一年内可发展到几十株，最高达上百株；种子量大，单株大米草可结种子几十粒甚至上百粒，成熟后的种子能随风浪、海潮四处漂流，可远距离传播蔓延。

（二）危害特点

大米草与沿海滩涂本地植物竞争生长空间，致使海滩原生的大片红树林日趋退缩，有的甚至消失，威胁本地生物多样性；侵占航道，淤塞港口，影响各类船只出入港，给海上渔业、运输业甚至国防带来不便；破坏近海生物栖息环境，降低浮游和底栖生物量，使沿海贝类、蟹类、藻类、鱼类等各种生物窒息死亡，而双齿围沙蚕、褐革星虫等数量明显增加，滩涂生态系统物种多样性指数下降；影响海水交换能力，易诱发赤潮，水质环境恶化；争夺营养，使海带、紫菜等产量逐年下降。

▲ 大米草危害（张国良　摄）

五、防控措施

引种管理：控制随意引种，加强对引种种植的监测，防止逃逸。

物理防治：采用轻型履带车将大米草深埋于 45 cm 以下的土壤中，能阻止再次萌发；在大米草幼苗期，对于小斑块发生区域，可人工铲除，将根一起铲除；对于大面积发生的区域，可机械铲除。铲除的植株应进行无害化处理；采用遮盖物（如黑色塑料膜）将大米草遮盖使其不能进行光合作用而死亡。

替代控制：在近海和滩涂种植本土植物［如红树林（*Mangrove*）等］替代大米草，可有效抑制其蔓延速度。

98 互花米草

互花米草 *Spartina alterniflora* Lois. 隶属禾本科 Poaceae 米草属 *Spartina*。

【英文名】Smooth cordgrass、Atlantic cordgrass、Saltmarsh cordgrass、Salt-water cordgrass。

【异名】*Trachynotia alterniflora*、*Spartina maritima* var. *alterniflora*、*Spartina stricta* var. *alterniflora*。

【俗名】米草。

【入侵生境】常生长于河口、海湾等沿海滩涂生境。

【管控名单】属“重点管理外来入侵物种名录”。

一、起源与分布

起源：北美洲与南美洲大西洋沿岸。

国外分布：加拿大、美国、墨西哥、圭亚那、巴西、英国、法国、西班牙、新西兰等。

国内分布：辽宁、天津、河北、山东、江苏、上海、浙江、福建、广东、广西、香港等地。

二、形态特征

植株：多年生草本植物，植株高 1～2 m。

根：根状茎肉质，柔软。

茎：秆粗壮，团状簇生，直立。

叶：多数的叶鞘长于节间，光滑；叶舌长约 1 mm；叶片呈线形至披针形，扁平，长 10～90 cm，宽 1～2 cm，边缘光滑或稍粗糙，先端长渐尖。

花：花序总状分枝排列，长 10～20 cm，宽 1～2 cm，纤细，直立或开展；小穗轴平滑，几乎不重叠，末端被长 3 cm 的硬毛，小穗长约 10 mm，无毛或近无毛；第 1 颖片线形，长为小穗长的 1/2～2/3，顶端急尖；第 2 颖片卵形至披针形，等长于小穗，无毛或脊上被毛；外稃披针形、长圆形至狭卵形，无毛；内稃比外稃稍长。

子实：颖果长 0.8～1.5 cm，胚呈浅绿色或蜡黄色。

▲ 互花米草植株（王忠辉　摄）

▲ 互花米草根（①王忠辉　摄，②张国良　摄）

▲ 互花米草茎（王忠辉　摄）

▲ 互花米草叶（王忠辉　摄）

▲ 互花米草花（张国良　摄）

▲ 互花米草子实（张国良　摄）

田间识别要点：互花米草高秆型分布在滩涂前沿，矮秆型分布在高程较大的滩涂，与近似种大米草（*Spartina anglica*）主要区别在于小穗无毛，几乎不重叠。

三、生物习性与生态特性

互花米草有高秆和矮秆 2 个生态型，我国分布的互花米草多为高秆型。互花米草对沿海滩涂环境有较强的适应能力，其主要表现为对高盐度与高频度的淹水具有较强的耐受能力。茎秆与叶片上具有泌盐组织，能将组织内的盐分排出植物体。互花米草的最适生长盐度为 1 %～2 %，可耐受高达 6 % 的高盐度。每天能耐受 12 h 的浸泡，全年淹水时间为 30 天左右时叶生长速度最高。

互花米草生长迅速，在适宜的条件下，互花米草 3～4 个月即可达到性成熟，其花期与地理分布有关。互花米草在北美洲花期 6—10 月，在南美洲是 12 月至翌年 6 月，在欧洲 7—11 月，在我国花果期 6—9 月。互花米草种子量大，每个花序的种子数量为 133～636 粒，种子存活时间约 8 个月。种子需要浸泡 6 周后才能有萌发力，种子萌发率高，且在高盐度下也具有一定的萌发率，在淡水条件下种子萌发率高达 90 %。互花米草根状茎具有较强的繁殖能力，根茎繁殖是种群建立、更新与扩张的重要途径；互花米草根状茎的延伸速度很快，速度为每年 0.5～1.7 m。

四、传播扩散与危害特点

（一）传播扩散

1979 年从美国引种到南京大学植物园试种，1980 年引种到福建罗源试种，1982 年扩大种植到江苏、广东、浙江、山东等地，用于防风固滩，目前已成为我国沿海滩涂和滨海湿地最重要的入侵植物。互花米草有性繁殖与无性繁殖均可进行，繁殖体包括种子、根状茎和断落植株。在潮汐作用下，部分互花米草植株及根状茎被冲刷、拍落，与种子一并随潮水漂流，传播蔓延。

▲ 互花米草危害（王忠辉　摄）

（二）危害特点

互花米草对沿海及河口滩涂环境的良好适应能力，使其成为全球海岸盐沼生态系统中最成功的入侵植物之一。破坏近海生物栖息环境，影响滩涂养殖；堵塞航道，影响船只出港；影响海水交换能力，导致水质下降，并诱发赤潮；威胁本土海岸生态系统，致使大片红树林消失。

五、防控措施

农艺措施：在2个生长季内，对互花米草进行10次以上的刈割，具有明显的抑制作用；将互花米草深埋于45 cm以下的土壤中，能阻止再次萌发；在条件允许情况下，刈割后放水将互花米草浸没于深度40 cm以上的水中，浸水6个月，可有效控制互花米草。

物理防治：在互花米草幼苗期，对于小斑块发生区域，可采用人工铲除，将根一起铲除；对于大面积发生的区域，可采用机械铲除。采用遮盖物（如黑色塑料膜）将互花米草遮盖起来使其不能进行光合作用而死亡。

替代控制：在近海和滩涂种植本土植物［如红树林（*Mangrove*）等］替代互花米草，可有效抑制其蔓延速度。

99 奇异虉草

奇异虉草 *Phalaris paradoxa* L. 隶属禾本科 Poaceae 虉草属 *Phalaris*。

【英文名】Awned canary-grass、Hood canarygrass、Paradoxical canary grass、Mediterranean canary grass。

【异名】*Phalaris obvallata*、*Phalaris praemorsa*、*Phalaris pseudoparadoxa*、*Phalaris rubens*。

【俗名】无。

【入侵生境】常生长于农田、荒地等生境。

【管控名单】无。

一、起源与分布

起源：地中海地区、亚洲西南部。

国外分布：全球各大洲温暖地区。

国内分布：云南昆明、玉溪、大理、保山、楚雄等地。

二、形态特征

植株：一年生草本植物，植株高30～120 cm。

茎：秆直立，基部屈曲。

叶：叶舌长2～3 mm，膜质，截头形；叶片长达15 cm，宽3～5 mm，线形，光滑，先端渐尖。

花：圆锥花序紧密，长2～9 cm，部分藏在上部叶鞘内；小穗6～7个簇生，整簇脱落，无柄的中间为孕性小穗，其余的5～6个为有柄不孕小穗；孕性小穗的颖长5.5～8.2 mm，不孕小穗的颖长9 mm，上部具翼，翼具齿状突起；孕花外稃长2.5～3.5 mm。

子实：颖果椭圆形，先端具宿存花柱，长2～2.5 mm，宽0.6 mm，厚约1.2 mm，深褐色；胚长约占颖果的1/3。

田间识别要点：奇异虉草叶片光滑，幼苗茎基部常呈红色，开花时，小穗6～7个簇生，中央小穗大，颖片具翼，翼上具齿。

▲ 奇异虉草植株（张国良　摄）

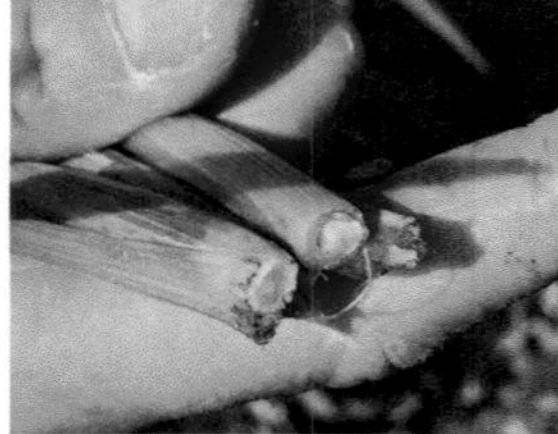

▲ 奇异虉草茎（付卫东　摄）

▲ 奇异虉草叶（①张国良　摄，②付卫东　摄）

三、生物习性与生态特性

奇异虉草以种子繁殖，3 叶期开始分蘖，冬季前以根蘖为主，春季后产生大量的茎蘖，单株的分蘖能力强。奇异虉草种子萌发的最适温度为 25～30 ℃。土壤含水量 5 %～25 % 时，奇异虉草种子发芽率均在 80 % 以上，土壤含水量 10 % 时，奇异虉草种子发芽虽受到显著影响，但仍达到 19.33 %；奇异虉草种子在埋深 0～5 cm 时出苗率最大，埋深达 30 cm 时完全不出苗。在云南，奇异虉草 9 月下旬开始萌发出土，10 月为出苗盛期，10 月到翌年 2 月为营养生长期，翌年 2 月下旬至 3 月下旬抽穗，4 月上旬至 5 月上旬种子由穗顶至穗端逐渐成熟并脱落，持续时间约 40 天。

▲ 奇异虉草花（张国良　摄）

▲ 奇异虉草子实（张国良　摄）

四、传播扩散与危害特点

（一）传播扩散

奇异虉草于 1974 年前后引种墨西哥小麦时随麦种传入中国，是世界公认的小麦田恶性杂草，以种子传播扩散。种子可借助风、水流以及农事活动传播。

（二）危害特点

奇异虉草具有很强的分蘖能力和竞争能力。入侵农田，与冬春作物激烈竞争光、肥、水等资源，造成作物营养不良、植株矮小、产量降低，给入侵地农业生产和农田生态系统带来巨大的危害。

五、防控措施

农艺措施：在种子播种前精选良种，提高作物种子纯度；在播种冬春作物前，对农田进行深度不小于 20 cm 的深耕，将土壤表层杂草种子翻至深层，降低其出苗率，减轻危害。

物理防治：对于农田零散发生的奇异虉草，可在拔节期和抽穗期，采取人工拔除，但应将拔除的植株带出农田，进行暴晒、销毁等无害化处理。

化学防治：

小麦田：在奇异虉草 3～5 叶期，可选择扑草净、精噁唑禾草灵、异丙隆等除草剂，茎叶喷雾。

荒地：在奇异虉草苗期，可选择扑草净、草铵膦、草甘膦等除草剂，茎叶喷雾。

100 大薸

大薸 *Pistia stratiotes* L. 隶属天南星科 Araceae 大薸属 *Pistia*。

【英文名】Water lettuce、Nile cabbage、Shell flower、Water cabbage。

【异名】*Zala asiatica*、*Pistia crispata*、*Pistia minor*、*Pistia obcordata*、*Apiospermum obcordatum*。

【俗名】水白菜、水浮萍等。

【入侵生境】常生长于河流、池塘、湖泊、沟渠等生境。

【管控名单】属“重点管理外来入侵物种名录”。

一、起源与分布

起源：南美洲。

国外分布：世界热带和亚热带地区。

国内分布：上海、江苏、浙江、安徽、福建、山东、河南、湖北、湖南、江西、广东、广西、海南、重庆、四川、贵州、云南、香港、澳门、台湾等地。

二、形态特征

植株：多年生水生漂浮植物。

根：须状根长而悬垂，羽状，密集。

茎：缩短，悬浮于水面，具匍匐枝。

叶：叶簇生呈莲座状，叶片常因发育阶段不同而形异：倒三角形、倒卵形、扇形，以至倒卵状长楔形，长 1.3～10 cm，宽 1.5～6 cm，先端截头状或浑圆，基部厚，两面被短柔毛，基部尤为浓密；7～15 条叶脉扇状伸展，背面明显隆起呈褶皱状。

花：佛焰苞白色，雄花 2～8 朵着生于上部，雌花 1 朵着生于下部，花柱纤细；子房 1 室，具多数胚球。

子实：浆果小，卵圆形；种子无柄，圆柱形。

田间识别要点：须根羽状，叶簇生呈莲座状，具匍匐枝，佛焰苞白色。

▲ 大薸植株（付卫东　摄）

▲ 大薸根（付卫东　摄）

▲ 大薸茎（付卫东　摄）

▲ 大薸叶（①付卫东　摄，②张国良　摄）

▲ 大薸佛焰苞（付卫东　摄）

▲ 大薸子实（付卫东　摄）

三、生物习性与生态特性

大薸喜高温、湿润的气候，一般 15～45 ℃都能生长，10 ℃以下常发生烂根、掉叶，低于 5 ℃时则枯萎死亡。在适宜生长温度 23～35 ℃条件下生长繁殖最快。大薸喜氮肥，在肥水中生长发育快、分株快、产量高，肥料不足时，根变长，产量也低。能在中性或微碱性水中生长，以 pH 值 6.5～7.5 为好。在自然条件下，主要进行无性繁殖。在广东、广西大部分地区全年生长，能够自然越冬，但冬季生长缓慢。大薸开花结实不一致，在夏季高温多雨季节，陆续开花结实，江苏、浙江一带 7 月开花，从开花到种子成熟需 60～80 天，种子成熟后，果皮裂开，自然脱落于水中。

四、传播扩散与危害特点

（一）传播扩散

1913 年首次在中国香港采集到大薸标本，在广东（1917 年）、中国台湾（1919 年）、福建（1926 年）、云南（1926 年）、广西（1935 年）、海南（1945 年）先后有标本采集记录。大薸可能于 20 世纪初作为观赏植物引入广东，也有文献认为其在 1901 年作为观赏花卉从日本引入中国台湾，并存在多次引入的可能。20 世纪 50 年代，作为猪饲料在南方多地广泛推广栽培。大薸以无性繁殖为主，叶腋中生多个匍匐枝，顶芽生出叶和根，随之成为新株，在一些地区也可以种子繁殖。大薸随人工引种栽培后不慎或故意遗弃而传播扩散。在自然界中其植株可随水流漂浮传播，种子和植株还可附着在渔具、船只等载体上传播。

（二）危害特点

大薸通常在自然水体或潮湿地生长繁殖，能够在较短时间内形成大量植株。入侵沟渠，影响水利、排灌系统；入侵水域，大量消耗溶解在水里的氧气，严重影响水产养殖，排挤本地水生植物的生长，导致沉水植物死亡，破坏水生生态系统。破坏水质，增加蚊虫及病菌的滋生，影响人类健康。入侵河流，堵塞航道，影响航运。

▲ 大薸危害（张国良　摄）

五、防控措施

农艺措施：对于闲置池塘、河道等水域，可进行开发利用，减少适宜大薸滋生的生境；暂时排水，使大薸脱离水源，无法生长。

物理防治：小面积发生水域，可采取人工打捞；大面积发生水域，可采取机械打捞。打捞的植株应妥善进行填埋、堆肥等无害化处理；为防止扩散，可在水域的进水口或出水口、河流的静流处，设置拦截带，并定期进行打捞处理。

主要参考文献

敖苏，范志伟，廖张波，等，2017. 入侵植物含羞草对7种植物的化感作用[J]. 种子，36（4）：13-16.
车晋滇，贾峰勇，梁铁双，2013. 北京首次发现外来入侵植物刺果瓜[J]. 杂草科学，31（1）：66-68.
陈剑，王四海，杨卫，等，2020. 外来入侵植物肿柄菊群落动态变化特征[J]. 生态学杂志，39（2）：469-477.
陈彦，杨中艺，袁剑刚，2013. 红毛草*Rhynchelytrum repens*（Willd.）C. E. Hubbard 的繁殖特性[J]. 中山大学学报（自然科学版），52（5）：111-118.
陈风雷，李祖任，孙光军，等，2014. 扁穗雀麦种子和幼苗的形态学研究[J]. 种子，33（1）：60-62.
陈仕红，叶照春，冉海燕，等，2018. 不同环境条件对外来入侵杂草胜红蓟生物学特性的影响[J]. 贵州农业科学，46（9）：64-66.
崔聪淑，卢新雄，陈辉，等，2001. 野生苋种子休眠特性及发芽方法研究[J]. 种子（2）：55-57.
戴实忠，1993. 大爪草的危害与化学防除技术研究初报[J]. 杂草科学（2）：19-20.
邓玲姣，邹知明，2012. 三叶鬼针草生长、繁殖规律与防除效果研究[J]. 西南农业学报，25（4）：1640-1643.
丁丹，陈超，2016. 红毛草（*Rhynchelytrum repens*）入侵特性、地理分布和风险评估[J]. 杂草学报，34（2）：29-33.
丁炳扬，于明坚，金孝锋，等，2003. 水盾草在中国的分布特点和入侵途径[J]. 生物多样性，11（3）：223-230.
杜浩，李宗锴，只佳增，等，2020. 白花鬼针草种子萌发对不同湿度、pH、盐度和渗透势的响应[J]. 热带农业科学，40（5）：27-33.
杜丽思，李铷，董玉梅，等，2019. 胜红蓟种子萌发/出苗对环境因子的响应[J]. 生态学报，39（15）：5662-5669.
杜珍珠，阎平，任姗姗，等，2014. 新疆菊科3种新的外来植物种[J]. 干旱区研究，31（5）：363-365.
杜志喧，苏启陶，周兵，等，2021. 不同气候变化情景下入侵植物大狼杷草在中国的潜在分布[J]. 生态学杂志，40（8）：2575-2582.
范建军，乙杨敏，朱珣之，2020. 入侵杂草一年蓬研究进展[J]. 杂草学报，38（2）：1-8.
方莉，陈淋，罗中魏，2020. 不同除草剂对空心莲子草的田间防治效果比较分析[J]. 南方农机，51（18）：37-38.
高兴祥，李美，吴宝瑞，等，2011. 32种除草剂对银胶菊的生物活性[J]. 农药，50（11）：837-841.
顾威，马淼，2019. 外来入侵植物刺苍耳的繁殖生物学特性研究[J]. 石河子大学学报（自然科学版），37（3）：332-338.
郭琼霞，黄可辉，1996. 假高粱及其近似种形态特征观察[J]. 福建稻麦科技，14（3）：40-43.
郭琼霞，虞赟，黄振，2015. 检疫性杂草：飞机草[J]. 武夷科学，31（1）：118-122.
韩德新，刘宇龙，芮静，等，2016. 不同除草剂对大豆田反枝苋的防除效果研究[J]. 东北农业科学，41（5）：79-82.
何金星，黄成，万方浩，等，2011. 水盾草在江苏省重要湿地的入侵与分布现状[J]. 应用与环境生物学报，17（2）：186-190.
何昀昆，晏升禄，廖海民，2014. 不同处理对商陆和垂序商陆种子萌发的影响[J]. 山地农业生物学报，33（1）：87-88.
洪岚，沈浩，杨期和，等，2004. 外来入侵植物三叶鬼针草种子萌发与贮藏特性研究[J]. 武汉植物学研究，22（5）：433-437.
胡文亭，李雯，徐桂花，等，2016. 储存温度对多花黑麦草发芽率的影响[J]. 江西畜牧兽医杂志（1）：26-27.
黄萍，陆温，郑霞林，2015. 五爪金龙的生物学特性、入侵机制及防治技术研究进展[J]. 广西植保，27（2）：36-39.
江丰，郭吉山，陈嗣茂，等，2020. 不同除草剂及其复配剂对加拿大一枝黄花防除效果评价[J]. 安徽农业科学，48（3）：133-135，166.
金红玉，张影，王雅玲，等，2018. 加拿大一枝黄花防除化学药剂的筛选及其应用效能[J]. 植物保护，44（4）：194-201.
金效华，林秦文，赵宏，2020. 中国外来入侵植物志：第四卷[M]. 上海：上海交通大学出版社.
蓝来娇，马涛，朱映，等，2019. 外来入侵植物光荚含羞草的研究进展[J]. 河北林业科技（1）：47-52.
李涛，袁国徽，钱振官，等，2018. 7种茎叶处理除草剂对野燕麦的生物活性评价[J]. 植物保护，44（6）：224-229.

李涛，袁国徽，钱振官，等，2018. 野燕麦种子萌发特性及化学防除药剂筛选[J]. 植物保护，44（36）：111-116.
李德厚，汪汇海，1987. 滇南热区光荨猪屎豆的栽培及其利用研究[J]. 云南植物研究，9（4）：436-442.
李光义，侯宪文，邹雨坤，等，2013. 3种牧草不同搭配方式对胜红蓟的替代控制[J]. 杂草科学，31（2）：19-25.
李宏玉，2015. 小子藨草和奇异藨草的识别与防除[J]. 云南农业科技（5）：48-50.
李希娟，漆萍，谢春择，2006. 南美蟛蜞菊的繁殖研究[J]. 韶关学院学报，27（9）：99-101.
李向东，赵国晶，2006. 外来入侵性杂草：大爪草[J]. 杂草科学（4）：62.
李雪枫，周高羽，王坚，2017. 温度、光照和水分对飞扬草种子萌发和幼苗生长的影响[J]. 草业科学，34（7）：1452-1458.
李扬汉，1998. 中国杂草志[M]. 北京：中国农业出版社.
李玉霞，尚春琼，朱珣之，2019. 入侵植物马缨丹研究进展[J]. 生物安全学报，28（2）：103-110.
梁龙飞，代胜，孙文涛，等，2020. 盐旱交互胁迫对多花黑麦草（*Lolium multilorum*）种子萌发及胚生长的影响[J]. 分子植物育种，18（10）：3410-3420.
梁巧玲，刘忠权，陆平，等，2017. 刺苍耳在新疆伊犁河谷的分布及生长发育特性[J]. 杂草学报，35（1）：25-29.
林英，戴志聪，司春灿，等，2008. 入侵植物马缨丹（*Lantana camara*）入侵状况及入侵机理研究概况与展望[J]. 海南师范大学学报（自然科学版），21（1）：87-93.
林美宏，孔德宁，周利娟，2020. 假臭草生物学特性及防治的研究进展[J]. 中国植物导刊，40（12）：82-85.
刘建，黄建华，余振希，等，2000. 大米草的防除初探[J]. 海洋通报，19（5）：68-72.
刘建才，成巨龙，刘艺森，等，2014. 北美独行菜：陕西烟田中的一种新杂草[J]. 西北大学学报（自然科学版），44（1）：81-82.
刘全儒，张勇，齐淑艳，2020. 中国外来入侵植物志：第三卷[M]. 上海：上海交通大学出版社.
刘晓艳，王多伽，赵卜司，等，2011. 反枝苋种子萌发特性的研究[J]. 黑龙江牲畜兽医（10）：79-81.
刘长令，杨吉春，2018. 现代农药手册[M]. 北京：化学工业出版社.
卢东升，吴昊，陈俊帆，等，2019. 入侵植物大狼杷草对2种农作物的化感作用[J]. 信阳师范学院学报（自然科学版），32（4）：544-548.
马永林，覃建林，马跃峰，等，2013. 几种除草剂对柑橘园入侵性杂草假臭草防除效果[J]. 农药，52（6）：444-446.
毛立彦，慕小倩，董改改，等，2012. 光照强度对曼陀罗和紫花曼陀罗生长发育的影响[J]. 植物生态学报，36（3）：243-252.
莫林，张红莲，2014. 飞机草地理分布、危害、传播和防治技术的研究进展[J]. 广西农学报，29（6）：44-47.
潘铭心，朱思睿，张震，2022. 外来入侵植物加拿大一枝黄花在中国的适生区预测[J]. 西安文理学院学报（自然科学版），25（1）：90-96.
全国明，章家恩，徐华勤，等，2009. 外来入侵植物飞机草的生物学特性及控制策略[J]. 中国农学通报，25（9）：236-243.
宋鑫，沈奕德，黄乔乔，等，2013. 五爪金龙、三裂叶薯和七爪龙水浸液对4种作物种子萌发与幼苗生长的影响[J]. 热带生物学报，4（1）：50-55.
苏婉玉，王艳芳，张琳，等，2018. 不同浓度赤霉素对红茄、水茄和刺天茄种子萌发的影响[J]. 北主园艺（16）：61-64.
孙旭春，顾洪如，张霞，等，2018. 3种生长抑制剂对多花黑麦草种子产量的影响[J]. 草业科学，35（8）：1959-1964.
汤东生，董玉梅，陶波，等，2012. 入侵牛膝菊属植物的研究进展[J]. 植物检疫，26（4）：51-55.
唐路恒，马利民，2015. 加拿大一枝黄花入侵机理及控制策略[J]. 安徽农业科学，43（21）：138-139.
田宏，邵麟惠，熊军波，等，2016. 扁穗雀麦种子休眠期和发芽特性的初步研究[J]. 种子，35（10）：83-86.
田兴山，岳茂峰，冯莉，等，2010. 外来入侵杂草白花鬼针草的特征特性[J]. 江苏农业科学（5）：174-175.
王洁，顾燕飞，尤海平，2017. 互花米草治理措施及利用现状研究进展[J]. 基因组学与应用生物学，36（8）：3152-3156.
王丽娟，李爱雨，冯旭，等，2021. 外来入侵植物假苍耳种子的萌发特性[J]. 生态学杂志，40（7）：1979-1987.
王卿，安树青，马志军，等，2006. 入侵植物互花米草：生物学、生态学及管理[J]. 植物分类学报，44（5）：559-588.
王秋实，汪远，闫小玲，等，2015. 假刺苋：中国大陆一新归化种[J]. 热带亚热带植物学报，23（3）：284-288.
王瑞江，王发国，曾宪锋，等，2020. 中国外来入侵植物志：第二卷[M]. 上海：上海交通大学出版社.
王宇涛，李春妹，李韶山，2013. 华南地区3种具有不同入侵性的近缘植物对低温胁迫的敏感性[J]. 生态学报，33（18）：5509-5515.
王玉林，韦美玉，赵洪，2008. 外来植物落葵薯生物特征及其控制[J]. 安徽农业科学，36（13）：5524-5526.